U0306141

贵州太极古茶

GUIZHOU TAIJI GUCHA

© 吴华玲 倪尔冬 陈栋 练惠林 等 著

中国农业科学技术出版社

图书在版编目（CIP）数据

贵州太极古茶 / 吴华玲等著. --北京：中国农业科学技术出版社，
2024.12

ISBN 978-7-5116-6627-7

Ⅰ.①贵…　Ⅱ.①吴…　Ⅲ.①茶文化－贵州　Ⅳ.①TS971.21

中国国家版本馆CIP数据核字（2023）第 256005 号

责任编辑　贺可香
责任校对　李向荣
责任印制　姜义伟　王思文

出 版 者　中国农业科学技术出版社
　　　　　北京市中关村南大街 12 号　　邮编：100081
电　　话　（010）82106638（编辑室）　　（010）82106624（发行部）
　　　　　（010）82109709（读者服务部）
网　　址　https: // castp.caas.cn
经 销 者　各地新华书店
印 刷 者　北京地大彩印有限公司
开　　本　185 mm×260 mm　1/16
印　　张　20
字　　数　420 千字
版　　次　2024 年 12 月第 1 版　　2024 年 12 月第 1 次印刷
定　　价　150.00 元

本书由广东省农业科学院茶叶研究所组织撰著并得到以下项目资助：

1 2022—2023年东西部协作资金：毕节市"太极茶"古茶树资源开发利用及区域品牌打造建设

2 2022年"科技入黔"广州市科技特派员项目"毕节七星太极古茶树资源鉴评"（2023E04J1268）

《贵州太极古茶》

指导委员会

总 顾 问：禄智明

顾　　问：李　飀　张达伟　赵玉平　黄焕葆

主　　任：黄海刚　赵德文　袁　媛

副 主 任：吴　伟　蒋叶俊　练惠林　汤志刚　邓　涛　聂宗顺　张　阳
　　　　　路绍丹　漆自勇

著者名单

主　　著：吴华玲　倪尔冬　陈　栋　练惠林

副 主 著：潘晨东　余龙发　向程葵　谢　涛

著　　者：陈　栋　吴华玲　练惠林　倪尔冬　陈雨虹　秦丹丹　潘晨东
　　　　　向程葵　谢　涛　杨留勇　周　越　余龙发　李德亮　刘　利
　　　　　张　阳　王立新　聂宗顺　蒲　蓉　陈　琼　卢　健　唐应红

供　　图：陈　栋　吴华玲　练惠林　倪尔冬　潘晨东　余龙发　周　越
　　　　　谢　涛　唐应红　杨留勇　陈雨虹　陈朝阳　秦丹丹　陶　林
　　　　　陈慧英　冯韶芳　田先先　文凤萍　徐　渠　王立新　方开星
　　　　　王秋霜　李红建　王　青　李　波　杨　广　简云峰　彭晓丹
　　　　　刘　艳　徐永昌　李启印　刘　丹　李　倩　孙　亮　郭　刚
　　　　　吴　馨

贵州是世界茶树原产地，拥有丰富的茶树基因库。而位于贵州省西北部的毕节市，是贵州茶树生长种植的核心区域，早在秦汉时期的平夷县（今毕节市七星关区亮岩镇一带）就有制茶、饮茶的习惯。

地处乌蒙腹地的七星关区亮岩镇太极村，拥有得天独厚的资源禀赋和自然环境，青山环抱、古树成荫，种茶历史悠久，在清代还出产了著名的"太极贡茶"。经考察发现，太极村一带现存古茶树3万多亩，挂牌茶树近7万株（树龄均在百年以上），如此之大规模的古茶树群落，世所罕见，不愧为野生古茶树的发源地。七星关区在2016年分别获得"贵州古茶树之乡""中国古茶树之乡"称号，并非偶然，实至名归。

好山好水出好茶。太极古茶，历经千年发展，既有历史的厚重感，更有生态茶的高贵品质。用太极古树茶制成的绿茶芬芳馥郁、茶汤清澈明净，红茶乌黑油润、汤色橙红明亮，无论绿茶、红茶都具有"鲜、香、浓、醇"的典型品质特征。近年来，毕节市七星关区太极古茶产业通过粤黔两省跨越山海的协作帮扶再次焕发新的生机，不仅有效地摆脱了"小、散、弱"和"深在闺中无人识"的发展瓶颈，而且成功地探索出了现代"生态茶业"的发展道路，正在实现着"一片叶子富裕一方百姓"的时代梦想。

这本《贵州太极古茶》专著，是在毕节市七星关区人民政府和粤黔协作工作队的关心支持下，由国家茶叶产业技术体系红茶品种改良岗位两位科学家陈栋研究员和吴华玲研究员，带领广东省农业科学院茶叶研究所茶树资源与育种团队，联合毕节市七星关区农业农村局、毕节市科学技术局、七星关区亮岩镇人民政府及毕节七星太极古树茶开发（集团）有限责任公司共同精心打造的力作。它是迄今为止对太极古茶的历史起源、自然环境、茶区分布、资源类型、古树保护、良种选育、栽培管理、茶叶加工、名茶品鉴、市场贸易、政策保障等内容进行系统研究和阐述的著作，较为全面地概述了太极古茶的历史文化内涵，特别是详细地介绍了太极古茶树100个代表性单株的特征特性。

《贵州太极古茶》一书，是著者团队以多年来在毕节乃至国内其他茶区开展大量的考察、调研和生产实践为基础，参考和吸取了当地代表性茶人的宝贵经验，资料翔实、内容丰富，可读性、科普性、实用性强，对于在新时代全面了解和研究太极古茶的历史文化、品质特征、名茶产品以及探索黔茶出山的创新发展模式等，均具有重要的参考价值。同时，必将为更多的爱茶人了解太极古茶、共品太极古茶的茶香古韵提供丰厚的"精神营养"。

值此《贵州太极古茶》面世之际，谨以此序文向著者表示衷心祝贺，期待太极古茶在新时代实现高质量发展，走出贵州、走出中国，香飘世界！

中国工程院院士、湖南师范大学校长 刘仲华

2024年5月1日

序 二

太极茶历史悠久，早在秦汉时期的七星关（古为平夷县）就有种植、制作、饮用茶叶的历史，在清代更是被点为"贡茶"。据说，清朝年间有太极学子携带家乡的太极茶进京赶考，适逢皇帝身体抱恙，机缘巧合下呈到皇帝面前，皇帝喝下太极古茶后身体很快痊愈，于是"龙颜大悦"，将太极茶点为"太极贡茶"。

所谓"高山云雾孕好茶"，太极茶核心产地位于毕节市七星关区的三板桥街道、德溪街道、碧海街道、对坡镇、小吉场镇、杨家湾镇、大银镇、田坝桥镇、龙场营镇、撒拉溪镇、林口镇、水菁镇、青场镇、清水铺镇、田坝镇、朱昌镇、亮岩镇、燕子口镇、鸭池镇、层台镇、何官屯镇、长春堡镇、海子街镇、八寨镇、生机镇、普宜镇、放珠镇、大河乡、野角乡、田坎彝族乡、团结彝族苗族乡、阴底彝族苗族白族乡、千溪彝族苗族白族乡、阿市苗族彝族乡、大屯彝族乡，共计3个街道、24个镇、8个乡（6个民族乡）。七星关区地处乌蒙腹地，高海拔、低纬度、寡日照、无污染，正处于茶叶生长的黄金地带，得天独厚的地理环境，孕育了高品质的茶叶山珍，枝繁叶茂间，是大自然赐予这片土地最美的"绿色银行"。境内野生茶资源丰富，七星关区及周边已探知的古茶树有近30万株，"太极古茶"天然有机、滋味醇厚、辨识度高，具有独特的产业优势和开发前景。因此，通过开展太极古茶树资源普查、保存、利用研究，对科学保护、合理开发太极古茶树资源及提升太极古茶品质有着十分重要的意义。

2016年春夏之际，我时任贵州省茶叶协会会长，兼贵州省古茶树保护委员会主任，率队带领茶叶协会张达伟常务副会长、赵玉平副会长兼秘书长一行人，到太极村进行了调研、走访，访谈实地考察，其丰富的古茶树资源令我们欣喜若狂。回到贵阳之后，经会长办公室研究，决定由贵州省茶叶协会授予太极村"贵州省古茶树之乡"的荣誉称号。

2016年夏秋季之际，由贵州省茶叶协会与七星关区人民政府联合向中国茶叶流通协会申报七星关区为中国古茶树之乡。中国茶叶流通协会经过认真地考察、对资料进行了细致而周全地审核，决定授予七星关区"中国古茶树之乡"的荣誉称号。

2021年起，在广州天河区·七星关区东西部协作产业帮扶的支持下，广东省茶叶收藏与鉴赏协会（以下简称"协会"）会长陈栋研究员与广东省农业科学院茶叶研究所茶树资源与育种研究室主任吴华玲研究员带领团队，联合毕节市七星关区农业农村局和毕节七星太极古树茶开发（集团）有限责任公司在太极村成立了"七星太极古茶专家研究工作站"和"毕节茶叶技能人才培训基地"，全方位科技支撑太极古茶品牌打造。专家组多次深入亮岩、层台、清水铺、小吉场、燕子口等乡镇，实地勘察太极古茶生态环境、生长状况，详细测量、记录野生茶树数据，采集太极古茶树代表性单株枝、叶、花、果标本，进行植物形态学、生物化学、芳香物质的研究，并对极具当地特色和风格的单株古茶树进行红茶适制性试验和品质鉴定，系统研究太极原生古茶树资源类型及特点，同时开展太极古茶树优异品种选育和短穗扦插繁育。目前已筛选出40份优良太极茶树核心种质，并向农业农村部申报了5个植物新品种权，为擦亮毕节古茶品牌和高质量发展毕节茶产业提供了不可或缺的"种业芯片"。同时，专家团队还重点聚焦了毕节本土制茶师的培养和太极古茶加工工艺提升，先后举办了两期制茶师培训班，现场指导学员针对太极古茶进行制茶、品鉴，培育本土高素质制茶人才队伍。在2023年4月14—15日举办的"太极古茶杯"贵州省第七届古树茶斗茶暨制茶大赛中，两届粤黔协作毕节市七星关区制茶师培训班中的学员取得了优异的成绩，而毕节七星太极古茶开发（集团）责任有限责任公司选送的茶样也获得绿茶茶王及红茶金奖荣誉。

"七星太极古茶专家研究工作站"是粤黔协作引智入黔的重要举措，也是七星关区发展茶产业的重要抓手，通过多方位的科技帮扶为贵州茶产业高质量发展夯实基础，加快推进毕节七星关区古茶树资源开发利用，促进粤黔东西部协作和乡村振兴战略实施。下一步，毕节将遵循在保护中开发、在开发中保护的原则，逐步引导群众在开发利用太极古茶树时减少对古茶树资源的破坏。同时，加快古树茶开发进程，大力推进古树茶优异后代的标准化、规模化、产业化发展，提升产品品质和品牌美誉度，进一步打造贵州高端古树茶品牌。

贵州省人大常委会原党组副书记、副主任
贵州省茶叶协会会长
2023年11月28日

前言

PREFACE

太极茶，原产于贵州省毕节市七星关区以亮岩镇太极村为中心的茶区。由于其地处云贵高原，种性基因独特，生态条件优良，历史文化悠久，感官品质细腻鲜活，凸显木脂香带花果香，成为贵州省和全国名茶家族的一个奇葩。

在西汉时期，现七星关、大方、纳雍三县（区）归属平夷县管辖，那时包括太极村在内的古平夷县已有盛产茶叶的记载。到明清时期，据史书记载和民间传说，七星关太极茶与金沙清池茶、大方海马宫竹叶青茶、纳雍姑箐御茶、织金平桥茶、黔西化竹茶一道，成为毕节茶区久负盛名的贡茶珍品。

太极茶区，地处黔西北赤水河上游，这里既是世界茶树发源地的重要核心区域，更是贵州与云南、四川等地茶、盐和主要农产品互市的水路和古驿道之重要关口与集散地，因此自汉代金沙清池茶成为贡品后，带来了太极茶叶产销的快速发展。但是，随着近百年来现代公路、铁路运输逐步替代了内河与古驿道，太极茶区的地位逐步衰落，百年前自然野生和人工种植的茶树、茶园逐步被荒弃失管，并与林共生，形成了山林中和田埂边的一群百年乃至数百年生的古茶树群落，即太极古茶树群，俗称"太极古茶"。

在我国计划经济时代，茶叶实行统购统销，虽然太极茶叶以地方国有和社队茶场的形式得以恢复发展，但太极古茶树群落的优势并未得到有效的挖掘和开发，甚至在20世纪80年代放开茶叶市场和取消茶叶出口补贴政策后，太极茶又被一些新兴经济作物所取代。

2015年6月，习近平总书记在贵州召开部分省（自治区、直辖市）党委主要负责同志座谈会上指出，扶贫开发贵在精准，重在精准，成败之举在于精准，要求各地都要在扶持对象精准、项目安排精准、资金使用精准、措施到户精准、因村派人精准、脱贫成效精准上想办法、出实招、见真效。由此进一步拉开了毕节精准扶贫和粤黔协作新的序幕。2015年下半年，毕节市信访局派帮扶干部进驻太极村，调研发现一万余棵太极古茶树，并创办了小型茶叶加工作坊和茶叶生产合作社。2016年3月，贵州省茶叶协会张达伟会长、赵玉平秘书长到太极村茶厂创制了太极古树名优绿茶，同时邀请广东省茶叶收藏与鉴赏协会陈栋研究员创制了第一批太极古树红

前言

茶产品，并荣获同年贵州省名优茶质量竞赛"茶王奖"。2016年6月，贵州省茶叶协会和中国茶叶流通协会先后授予七星关区"贵州省古茶树之乡"和"中国古茶树之乡"牌匾。

太极古树红茶和绿茶的成功开发，极大地激发了当地干部群众和企业发展茶叶产销事业的积极性，并纳入广州市和毕节市对口帮扶、区域协作和精准扶贫工作的重大日程。2016年11月，七星关区成立了毕节七星太极古树茶开发有限公司，并成功注册了"七星太极"商业品牌，先后挖掘古茶树30余万株，开启了"公司+合作社+农户"模式的太极古茶产业发展新征程。2021年起，广州天河区驻七星关区工作组引入国家茶叶产业技术体系红茶品种改良岗位科学家、广东省农业科学院茶叶研究所茶树资源与育种研究室吴华玲研究员团队和广东省茶叶收藏与鉴赏协会会长陈栋研究员团队，深入太极茶区调查研究，并开启了太极古树资源品质鉴定、新品种选育和太极红茶感官品质标准及太极古树红茶加工技术规范等研究，举办制茶职业人才培训等，为太极古树红茶产业提质增效提供技术支撑。2022年初，"七星太极古树茶产业园"被纳入广州天河·毕节七星关共建的现代农业产业园，并给予大力支持，取得了可喜的成效。

然而，太极古树茶与其他古树茶的感官品质有什么不同？太极古茶树与云南古茶树在植物学分类上有什么差异？怎样加快单株古树新品种的繁育、种植与新产品开发？怎样才能生产高品质的太极古树茶？如何鉴别太极古树茶的品质优劣？如何促进太极茶产业持续健康发展？……这一连串的问题，越来越引起茶叶生产者、政府主管部门和社会各界的关注。

为了系统梳理太极古茶的历史文化和种质资源，本书全面总结了太极茶叶生产技术经验和最新研究成果，用于指导太极古茶产业高质量发展。本书编写团队，立足于近年来对文史资料和太极茶技术研究的进展，广泛吸收毕节茶叶企业的技术经验和其他专家的研究成果，力求用简洁的文字，对太极茶的起源发展、品种特性、生产技艺、品质特色、文化习俗和产销现状等方面做一系统的阐述，抛砖引玉，期待引起同行和茶叶爱好者真诚地批评与指教，共同为实施东西部协作和乡村振兴战略尽微薄之力。

限于著者的水平和能力，书中难免有不当之处，敬请各位同行专家和读者批评指正。

著　者
2023年11月

目 录

CONTENTS

003

目录

目录

第一章

太极古茶概述

　　众所周知，中国是茶的故乡，世界各国的茶树、茶叶和茶文化都是直接或间接从中国引进的。云贵高原是世界茶组植物的发源地。1980年7月13日在黔西南州晴隆与普安县交界云头大山发现的164万年前（新生代的第三纪）四球茶的茶籽化石，以及大量现存的数百年乃至千年野生大茶树群落，进一步证明了贵州是世界茶树原产地的重要核心区域（图1-1）。

图1-1　1980年从晴隆县云头山出土的茶籽化石及化石挖掘地

　　贵州产茶历史悠久，茶树种类繁多，茶类花色齐全，饮茶文化丰富多彩。太极古茶的所在地毕节，古代为夜郎古国辖地，是贵州茶叶和茶文化的重要发祥地。因此，要了解太极古茶的历史文化，必须从毕节茶叶的起源与发展说起。

第一节　毕节茶叶的起源与发展

　　根据历史典籍记载，推断毕节茶叶产业的兴衰发展与贵州茶业同根同相，即源于周始、贡于汉初、兴于明清、衰于民末、盛于当下。

　　东晋常璩于永和四年至永和十年（公元348—354年）成书的《华阳国志·巴

志》载:"周武王伐纣,实得巴、蜀之师著乎《尚书》……其地东至鱼复,西至僰道,北接汉中,南极黔、涪。土植五谷,牲具六畜。桑、蚕、麻、纻,鱼、盐、铜、铁、丹、漆、茶、蜜……皆纳贡之。"《华阳国志》又载:"平夷县郡治。有津、安乐水。山出茶、蜜。"《华阳国志》是中国第一部地方志,是一部专门记载巴蜀和西南地区的历史、地理、人物情况的著作,虽然成书在东晋,却不影响包括贵州毕节在内的西南地区早在商周时期已经产销茶叶的推测。

西汉作者扬雄在《方言》记述:"蜀西南人,谓茶曰设。"晋傅撰《七海》有"南中茶子"的记载。南中,在历史上是蜀汉的一部分,相当于今天的云南、贵州全部和四川的西南部。据此可以推断,包括毕节在内的贵州,至少在汉初及以前已确实产茶,并在晋代已有了人工栽培茶树的存在。

毕节,古代为夜郎国辖地。秦汉时期,今天的毕节这片地域分属犍为郡和牂牁郡所辖的平夷县、汉阳县、漏江县、鳖县、存䣖县、夜郎县地。今太极茶区所在的七星关区和大方县、纳雍县属于古平夷县。秦始皇二十六年(公元前221年),大将常頞奉秦始皇之命出使夜郎,将夜郎国之地域改置为夜郎、汉阳二县,归蜀郡管辖。常頞还对今宜宾经毕节至曲靖一段的道路进行了改造,筑成了历史上著名的"五尺道",并在"五尺道"上设置驿站,成为南中地区与秦始皇中央王朝的联系纽带。这为毕节茶叶和农产品入云南、出四川、进中原,提供了运销便利。

据东汉史学家、文学家班固所撰的《汉书》载:"西汉建元六年(公元前135年),遣汉中郎将唐蒙通夷,携购酱、茶、蜜返京……。"贵阳师院历史系周春元、王燕玉等编著的《贵州古代史》(1981年,贵州人民出版社)也载:"西汉建元六年(公元前135年),遣中郎将唐蒙通夷,发现夜郎市场上除了僰僮、笮马、髦牛之外,还有枸酱、茶、雄黄、丹砂等商品,商业发达,市场繁荣。"唐蒙受汉武帝委派,在征伐巴蜀途经毕节金沙县清池镇期间,因品尝到回味甘甜的清池茶后而盛喜,临走时,他带上清池茶上贡汉武帝。汉武帝品尝后,大加赞誉,又从稳定疆域、安抚少数民族的角度出发,亲自将此茶命名为"夜郎茶",并传旨作为贡茶。唐蒙出使夜郎,不单是汉朝一次简单的政治外交活动,而是汉文化与贵州少数民族经贸与文化的大交流,唐蒙率兵走过的这条道也因此被后人叫作夜郎古道,金沙贡茶也因此一直延续至今,仍产销两旺,驰名海内外。

西汉元鼎六年(公元前111年),夜郎国灭,分犍为郡置牂牁郡,两年后,又分牂牁郡置益州郡,益州郡治所在滇池附近,将犍为郡的汉阳县析出设置"平夷县",归属牂牁郡管辖,平夷从此成为县治机构。据《中国历史图集》中西汉、东汉、三国和西晋地图明显标示:古平夷县即今毕节市的七星关、大方、纳雍三县区。也就是说,太极茶区归属于古代平夷县管辖。

到明代,毕节等南中地区茶叶已经普遍种植。《明史·食货志四》记载:"洪武末,置成都、重庆、保宁、播州茶仓四所,令商人纳米中茶",并在乌撒(今威宁）增设茶马市场。明洪武十七年（公元1384年），朝廷规定，"每年从乌撒市买马6 500匹，每匹给三十匹布，100斤茶或盐"，茶马古道较为繁忙。《大定府志》记述："《华阳国志》云，平夷产茶蜜，此大定土物之见于古籍者。"这就是说，平夷这地方盛产茶叶和蜂蜜，仅见于《华阳国志》，其他古籍还没见到。明初，大定府土司奢香夫人前往南京朝拜朱元璋，除了向朝廷献马23匹外，还进贡了平夷县所产的海马宫茶等大批茶叶，深得朱元璋喜爱并厚赏金银及丝织品等物。奢香夫人为报答朱元璋的恩典，也方便驿使往来，亲率各部，披荆斩棘，开辟了以偏桥（今施秉县境）为中心的两条驿道。一条经水东（今贵阳东北）过乌撒（今威宁）达乌蒙（今云南昭通）；另一条向北经草塘（今修文县内）、六广（今修文县六广镇）至黔西、大方县到毕节二铺，迢迢五百里，史称"龙场九驿"。明洪武四年（公元1371年），奢香夫人在现在的纳雍县乐治镇设立行馆，有效维护茶叶交易，在今织金县北部川盐入县境必经之地的滇东北走廊上设立茶店（供过往商贾多于此歇脚饮茶的地方，明代称保龙桥塘，清代称倮龙汛），因此促进了纳雍、织金茶叶的发展。

到清代，纳雍县的姑箐茶开始成为贡茶。乾隆《贵州通志》载："茶出平远山岩间，制如法，味甚佳。"姑箐茶，鸪箐茶，因主要产自纳雍县姑箐村（元明鸪箐村）而得名。到清代中期，威宁县茶叶也开始闻名天下。清雍正十二年（1734年），陆廷灿《续茶经》载："威宁府茶出平远，产岩间，以法制之，味亦佳。"

毕节，古代也是云贵川茶叶等商品流通的重要通道和集散地。在地处茶盐古道旁的金沙县清池镇，商贾云集，商人们把清池茶运到云南、四川、南京等地出卖，再把清池需要的食盐、日用品等物品运回来销售。在今天，金沙县清池与四川古蔺县交界处的"川黔义渡"古渡口，还保存有立于清同治年间的三块贡茶碑，其中一块就记载道"清水塘茶，渡船经古蔺出川，畅销各地，连年税贡，惜产少耳"（图1-2）。

图1-2　位于金沙县清池镇与四川古蔺县交界的川黔义渡

《贵州通志》载："黔省各属皆产茶，贵定云雾山最有名"，云雾茶"为贵州之冠，岁以充贡"。除云雾茶外，务川都濡茶、普定朵贝茶、织金平桥茶、金沙清池茶、思州银钩茶、湄潭眉尖茶、贞丰坡柳茶、都匀毛尖茶、大方海马宫茶等都很有名，销往国内外。

毕节茶叶自古品质优良，富有花香。《毕节县志·食货志》载："梅、兰、桂、菊、桃、茶、李……"把茶列为"花之属"，有"茶味如花香"之意。

1890年后，随着英国在印度、斯里兰卡等殖民地茶叶的兴起，特别是经历了第二次世界大战、抗日战争，海路中断，毕节茶叶和全国一样，出口受阻，从此每况愈下，到1949年跌至历史最低谷。据不完全统计，毕节市在1949年11月28日解放时，茶园面积仅存800 hm²，年产量仅16 t。

中华人民共和国成立后，国家和贵州省实行了一系列扶持茶叶生产政策，实行茶叶内外贸统购统销，茶叶生产得到快速恢复和发展。

1988年开始，毕节被列为国家"开发扶贫、生态建设"试验区，规划建设"三林一茶"茶园30万亩（1亩≈667 m²，全书同），推行茶果间作、密集免耕、机械加工等先进技术，茶叶生产力得到有效提高。

进入20世纪90年代，毕节地委、行署先后出台《关于加快茶产业发展的意见》《关于加快高山有机茶产业发展的意见》《毕节地区茶产业发展规划（2008—2020）》等茶叶扶持政策，同时充分发挥东西部协作、精准扶贫等政策机遇，加大对茶产业的财政、技术和组织扶持，大力发展各种形式的茶叶经营主体，加强茶文化宣传和茶叶品牌推介，举办"奢香贡茶杯"斗茶大赛和茶文化节等活动，茶叶产销取得了前所未有的发展，历史名茶得到迅速恢复并规模生产，各种创新名茶层出不穷。到2022年，毕节全市茶园面积发展到100万亩，总产茶叶18 370 t，综合产值达44.51亿元。

七星关区作为毕节的主产茶区之一，千百年来经历了与毕节茶产业同样的发展历程。特别是在实施东西部协作战略后，广州与毕节携手同行，广州天河区与七星关区结对帮扶，紧密协作，开创了茶业发展新局面。据不完全统计，到2023年，七星关区已扶持发展茶叶专业合作社27家，其中，国家级农民专业合作社1家（七星关区茶叶种植农机服务专业合作社）；扶持建设茶叶企业或合作社等16家，其中，毕节盛丰农业发展有限公司、贵州乐达商贸有限公司被认定为省级龙头企业，毕节盛丰农业发展有限公司（贵州七星奢府茶叶发展有限公司）、贵州省毕节市乐达商贸有限公司（大坡茶场）、贵州茂岑白茶发展有限公司、毕节七星太极古树茶开发（集团）有限责任公司、毕节市七星关区长春堡镇茶叶有限责任公司、七星关区青场镇初都茶场、七星关区红岩河白茶种植专业合作社等已经初具规模。这些企业按照"公司+合作社+农户"利益连接模式，辐射带动农户2万余人，生产的"太极古茶""奢香贡茶""七星韵雾""海寨银针""走心绿茶""初都河""黔滇神怡"等产品质量过硬、味道纯正。以"海寨银针""初都河""黔滇神怡"等为代表的生态白茶更是备受省外茶商青睐。

第二节 太极古茶的起源与发展

太极产茶历史悠久，茶叶品质独特，茶文化内涵丰富。现存大量的古茶树和古茶园默默地诉说着历史的沧桑，也同时传颂太极茶区人民的勤劳智慧和茶叶的芬芳。由于太极茶历史远古，茶叶成品又以古茶树鲜叶为原料加工而成，故被当代人冠予"太极古茶"之美誉。

一、太极古茶的历史源于晋代至汉代

茶叶发乎于神农，闻知于鲁周公。据汉代《方言》《汉书》和晋代《华阳国志》等古籍著作的记载，西汉中郎将唐蒙携带清池茶上贡汉武帝，开启了毕节辖区乃至贵州全省名茶和贡茶发展的历史长河。东晋永和四年（公元348年）《华阳国志》载："平夷县，郡治有洮津、安乐水。山出茶、蜜。"据史书记载，西汉元鼎六年（公元前111年）置平夷县，治所在今毕节七星关区，隶牂牁郡，就是说古代平夷县的行政管理机构（即县城）设在今七星关区。这说明《华阳国志》中记载的"平夷县，……山出茶、蜜"就必然包括今七星关区在内，而作为七星关区现存古茶树资源最多、产茶历史最悠久的太极茶区，也必然属于晋代以前古平夷县的茶叶主产地。综上所述，我们可以推断，今亮岩镇的太极地区至少在东晋及以前（即古平夷县时期）已经有茶叶加工、贩运、销售和饮茶活动，产茶历史最少可以确认为1 669年。由于《华阳国志》成书于东晋时期，但记述的又是史学家们公认的汉代史实，因此太极产茶的起源最远古的时间也可以追溯到西汉时期，距今有2 000年左右的历史。

二、太极古茶是盐茶古道上的一颗明珠

古平夷县，其地域范围包括今毕节市七星关、大方、纳雍三县区。据史书记载，西汉元鼎六年（公元前111年）置平夷县，治所（即县城）在今毕节七星关区，隶牂牁郡。晋建兴元年（公元313年）置平夷郡，平夷县为郡治，东晋文帝时改为平蛮郡、平蛮县。据《华阳国志》载："自僰道（今宜宾）、南广（今盐津至镇雄一带）有八亭，道通平夷（今毕节）"，这条路是著名的茶马古道的一部分。当时蜀地茶叶冠盖天子六饮，香气遍布全国，而益州川谷中所产的"茗"指的就是平夷山上所产的"平夷茶"，即今太极古茶、海马宫茶和姑箐茶，成为上贡朝廷的贡茶。作为古平夷县县衙所在地的今七星关就成了当时茶马古道（盐茶古道）上重要的盐茶集散地，而太极茶区地处七星关，既是茶叶主产地，又紧靠茶叶集散地，其茶叶自然产销两旺，成为这条茶马古道上璀璨的明珠。正因为太极茶历史悠久，

加上当下主要以古树鲜叶为原料加工茶叶为主，太极茶也因此被冠以"太极古茶"之美誉，成为古代盐茶古道上一颗璀璨的明珠。

三、太极古茶的运输与销售途径

在人类发明火车和汽车之前，茶叶和其他商品货物的运输，主要是依靠水运、人挑、背驮和兽驮（马、驴、牛驮），以各大江河水系以及连接各大水系之间的驿道形成交通网络来实现的。

在毕节境内，河长大于10 km的河流有193条，分别流入乌江、赤水河、北盘江、金沙江四大水系（图1-3）。属长江流域乌江水系的主要干流有偏岩河、野济河、六冲河、三岔河；属赤水河水系的有赤水河，而赤水河水系是连通长江水系的，故也归属长江流域；属金沙江水系的有牛栏江、白水河；属珠江流域的有北盘江上游的可渡河。在七星关区的河流则属于长江水系，境内河流有赤水河、六冲河。太极茶区地处赤水河上游，其茶叶沿赤水河下游经仁怀县、赤水市、合江县可汇入四川泸州进入长江，或者从七星关出发取奢香古道经贵阳、下乌江、进湖南、连通长江交通网而运往江南、江北各地，并可以通过京杭大运河进入淮河、汉水水系而抵达中原。太极茶叶还可以通过长江水系的赣江、湘江上游的梅关古道、京西古道和灵渠等进入珠江水系入广州，也可以从赤水河上游取道明代古驿道（茶盐古道）下北盘江、入西江上游到珠江、进广州，然后再经"海上丝绸之路"出口欧洲、美洲、非洲和东南亚各国。太极茶叶销往云南，可以取赤水河逆行经赫章、威宁进云南昭通，还可以取赤水河上游或茶马古道（茶盐古道）到金沙县金池镇川黔义渡直接入四川古蔺县经川，或取水路逆赤水河经威宁入云南。

图1-3 毕节境内主要水域示意图

到明代，随着毕节与四川、云南盐茶贸易量的逐年增多，先后形成了太极古茶及其他毕节茶叶出川滇、进湘粤，或入中原，或下广州经海路出口欧美非和东南亚各国。初步研究，太极古茶明清时期内销和外销的主要路径以下有4条：①赤水河—亮岩（太极码头）—七星关—赫章—威宁—云南—东南亚；②亮岩（太极码头）—赤水河上游—盐茶古道—清池（川黔义渡）—四川古蔺县—合江县（赤水河下游）—泸州—长江—南京—京杭大运河—中原；③亮岩（太极码头）—赤水河上游—仁怀（赤水河中游）—赤水市黎明关（赤水河下游）—合江县（赤水河下游）—四川泸州—长江（武汉换大船）—南京—京杭大运河—中原；④亮岩（太极码头）—七星关—奢香古道（九驿站）—贵阳—入湖广（下柳江入西江或下清水河/乌江进洞庭/湘江，再连接西江、珠江，进广州十三行）（图1-4、图1-5）。

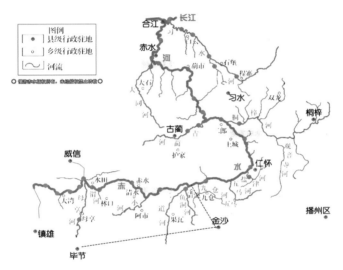

图1-4 赤水河水系图，红色虚线可能为茶盐古道示意图

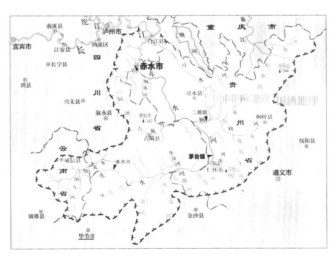

图1-5 赤水河水系连接长江水系示意图

在今大方县瓢井镇粮管所还能见一块残存的石刻图像，图像为农户用大象犁地；远在威宁县头趟驿站古驿道旁的石像雕塑至今保存完好；位于七星关区中华南路41号的毕节陕西会馆（图1-6），又名春秋祠、陕西庙，是清朝乾隆年间陕西在毕节的盐帮客商筹资修建的，由造型秀雅、工艺精湛的临街门面、戏楼、大殿、厢房、钟鼓楼等组成，2013年5月3日，国务院将陕西会馆核定公布为第七批全国重点文物保护单位"茶马古道"贵州毕节段的17个文物景点之一。这些都无不印证明清时七星关太极茶及茶马古道的辉煌历史。

图1-6 位于七星关区的茶帮商会陕西会馆

四、太极古茶产区的发展

（一）地形与土壤

太极茶产于七星关区亮岩镇太极村，平均海拔900 m，地形复杂，冬无严寒，雨水充沛，气候湿润，云雾多，漫射光强，土层深厚，空气清新，生态环境优良。该村有一条名叫太极河的赤水河支流沿山绕行，转了270°，呈现"S"形大拐弯，把山丘村庄一分为二，形成了一个完美的天然"山水太极图"。据考证，明末清初时期，太极村是重要的物资流通集散地，当时的太极村，码头、客栈、天井等比比皆是，周边的小吉场、燕子口、清水铺等地的老百姓都来这里赶场，所以这里又被称为"太极场"（中心集市）。太极贡茶和太极古茶商品也许就是从太极码头出发，通过古驿道和河道水系走向全国。

由于太极村地势较平，土壤又多为紫色的"马血泥"，而且水源丰富，出产的水稻很有名气，当地人习惯把这里称为"水田坝"。水田坝出产的太极古茶最大特点是叶子宽大、味道醇厚，一罐茶可以熬煮四五次，而且几天以前煎熬的茶叶和新加进去的一样，水煮不烂，大人小孩都喜欢喝。因而当地还流传着一首歌谣："水田坝人真是勤，家家有个茶叶林。还有一个熬茶罐，茶水解渴又提神。"

（二）产业发展

茶叶经营主体是茶叶产业发展的主力军。在古代，太极古茶茶树零星分布，以小商号、小作坊生产经营为主。中华人民共和国成立后发展太极社队茶场、社队茶厂，生产的茶叶统一交供销社和外贸系统统购统销。改革开放后，社队集体茶园实行联产承包责任制，国家放开茶叶内销市场，取消统购统销政策，茶叶产销面临分散经营、品质不稳、市场不畅等新问题。在20世纪90年代，茶区曾一度出现"毁茶种粮"现象。

进入21世纪，七星关太极茶区坚决贯彻落实"开发扶贫、生态开发"战略和《毕节地区茶产业发展规划（2008—2020）》。特别是2015年实施精准扶贫和粤黔协作以来，太极茶叶在人才、政策、资金等方面得到贵州各级党委、政府和广州市的大力扶持，茶叶产业进入了高质量发展新时期。

2015年下半年，毕节市信访局帮扶干部进驻太极村，调研发现太极古茶树一万余棵，并创办了太极村小型茶叶加工作坊和茶叶生产合作社，谋划发展太极茶产业，以此作为产业扶贫的火车头。

2016年3月，贵州省茶叶协会张达伟会长、赵玉平秘书长率队进入太极村，指导驻村干部和茶厂技术员利用太极古树鲜叶创制太极古树绿茶，达到名茶级水平，极大地鼓舞了发展茶叶产业的积极性。同年3月30日至4月4日，贵州省茶叶协会邀请时任广东省茶叶收藏与鉴赏协会常务副会长、湖南农业大学茶学博士生导师陈栋研究员深入太极茶区开展制茶与古茶树资源调研，并根据太极古茶的种性和自然优势，与贵州省茶叶协会及茶厂技术员一道，开展了为期4天的红茶创制研究探索，形成了一套以太极古茶鲜叶为原料加工"木脂香带花果香"型红茶的加工技术要点，成功创制第一批"太极古树红茶"产品。该产品同年参加贵州省第二届古树茶斗茶赛荣获"茶王奖"，太极古树红茶就此一举成名。为此贵州省茶叶协会授予太极村"贵州省古茶树之乡"称号。同年6月，中国茶叶流通协会授予七里关区"中国古茶树之乡"牌匾。

太极古树红茶和绿茶的成功开发，极大地激发了当地干部群众和企业发展茶叶产销事业的积极性，并纳入广州市和毕节市对口帮扶、区域协作和精准扶贫工作的重大日程。2016年11月，对原来的太极村小作坊茶厂进行股份制改造，引入能人和资金重组成立了毕节七星太极古树茶开发（集团）有限公司，成功注册了"七星太极"品牌，先后挖掘古茶树30万余株，并开启了"公司+合作社+农户"模式的太极古茶产业发展新征程。

2021年起，广州天河区驻七星关区工作组练惠林等引入国家茶叶产业技术体系红茶品种改良岗位科学家、广东省农业科学院茶叶研究所茶树资源与育种研究室主任吴华玲研究员团队和广东省茶叶收藏与鉴赏协会陈栋研究员团队，深入太极茶区调查研究，并开启了太极古树资源品质鉴定、新品种选育、太极红茶感官品质标准和太极古树红茶加工技术规范等研究，举办制茶职业人才培训等，为太极古树红茶产业提质增效提供技术支撑。2022年初，"七星太极古树茶产业园"被纳入"广州天河·毕节七星关共建的现代农业产业园"计划并给予大力支持，取得可喜的成效。

太极古茶产区，不仅限于今太极村所在的亮岩镇茶区，而是包括以太极村为核心的七星关区所辖的亮岩镇、燕子口镇、层台镇、小吉场镇、生机镇和清水浦镇全部茶区。目前，全区茶园面积达到5.45万亩，年产商品茶356 t，产值达9 516万元，带动茶农4 650人，创造二三产业就业1 000多人，实现人均茶叶增收3 000元以上。

五、太极古茶的茶类演化

（一）土青茶和杆杆茶

太极茶区具有山势高大，云雾缭绕，茶季湿度大、阳光少等自然和气候特点，加上古代制茶技术条件落后，当地人世世代代喜爱煮饮罐罐烤茶，因此古代主要生产的是"土青茶"，即带有一定程度闷黄工艺的绿茶。除了进贡朝廷的贡茶是比较精细的绿茶外，大部分产销的茶叶是原料比较成熟的不带梗子的条形"土青茶"和带梗子、老叶的"杆杆茶"。据考证，当地茶农通常将"杆杆茶"用布袋保存起来，悬挂于火塘阁楼之上，待其粗青涩味醇化可口之后，再取来煎煮泡饮，据说饮用这样的茶叶，不但口感好，而且可以强身健体。

（二）大宗绿茶和创新绿茶

计划经济"统购统销"，太极古茶几乎全部按照国家炒青绿茶和烘青绿茶生产技术标准，生产加工大宗绿茶，其他茶类很少生产。那个时代的绿茶，外形条索较紧结，汤色黄绿，滋味浓醇较鲜爽，叶底明亮。进入21世纪，毕节太极古树茶叶开发（集团）有限责任公司和贵州省茶叶协会创制了高级太极绿茶，其外形紧细较卷，略显白毫、色泽绿润；汤色嫩绿明亮；嫩板栗香带兰花香清高持久；滋味鲜浓、饱满、回甘；叶底嫩匀、明亮、鲜活、完整。由于太极茶区具有高海拔、低纬度、寡日照、冷凉多雾等优势，孕育出茶叶色绿润、嫩栗香、浓爽味的特点，达到名茶级绿茶感官品质水平。

（三）太极古树红茶

过去太极茶区不产红茶，太极古树红茶属于太极创新茶类。说到太极红茶的创始人，应当归功于由陈栋研究员牵头的贵州省茶叶协会和毕节太极古树茶开发（集团）有限责任公司技术研发小组。2016年3月30日，太极村成立七星关区太极茶叶种植农机服务专业合作社，邀请全国著名红茶专家陈栋研究员和贵州省茶叶协会领导前来开展太极古树红茶加工研究。研究小组陈栋、张达伟、赵玉平、谢涛、李德亮（驻村第一书记）等同志结合当地古树茶的鲜叶特性和气候条件，立足打造本土品质特性展开加工技术参数优化研究，终于成功创制了"太极古树红茶"。因其外形紧细、乌褐鲜润，"木脂香、花果韵"厚重醇爽，汤色红亮，耐泡饱满，回味悠长而荣获当年和连续多届贵州省古树茶斗茶赛"茶王奖"、金奖和毕节市"奢香贡茶杯"红茶类一等奖，产品深受毕节本地和广东等地红茶消费者的喜爱。

"太极古茶"良好的品质，吸引了许多专家把目光聚集到"太极古茶"的保护与开发、种植和加工上来；七星关区也被授予"中国古茶树之乡"荣誉称号。为此，当地采取了"党支部+合作社+农户"的发展模式，大力发展"太极古茶"产业。几年间，太极古茶产业发展迅速，太极村建成了集采茶、制茶、品茶于一体的休闲旅游地。"太极古茶树"成了当地部分村民的"致富树"。

在中华人民共和国成立前，毕节茶叶产品比较单一，只生产绿茶，且多以农户自产自销为主。近年来，茶产业作为毕节市农村产业结构调整的优势产业得到了毕节市委、市政府的高度重视，通过积极加大政策倾斜扶持和区域品牌的宣传打造，推进茶旅融合发展和古茶树资源保护与产业化开发，再加上科研部门的大力支持和茶企的自主研发，增加了红茶、黄茶和创新古树茶的生产。目前，太极古树茶主要分太极古树红茶、太极古树绿茶和传统"杆杆茶"三大类，其中"杆杆茶"属于黄茶类，各大茶叶企业共生产不同茶类、不同等级的茶叶花色产品近30款，丰富了茶叶产品种类，出现了产销两旺的大好局面，先后获得省级以上"茶王奖""特等奖""一等奖"39个，在贵州省各市州名列前茅（图1-7、图1-8）。

图1-7　太极古树茶苑

图1-8　品饮太极杆杆茶

2022年5月，粤黔两省启动"七星太极古茶"产业科技合作新征程，推动太极古茶迭代升级。在制定的《太极古树红茶加工技术规程》（T/GZTA 001—2023）中，两省研究者以追求太极古树红茶特有的"木脂（甜）香、花果味"品质为目标，对原有加工技术又进行了"轻晒青、轻碰青"工艺优化，并形成了可供复制系列标准。

第二章　自然环境与茶区分布

第一节　太极茶区地形地貌

　　七星关区位于贵州省西北部川、滇、黔三省交汇处，隶属毕节市，地处黔西山地北部，地处东经104°51′～105°55′、北纬27°03′～27°46′，西部较高，南部及东北部较低，属喀斯特地貌类型。东北部地处大娄山山脉，山地与沟谷交错，地势陡峭，中部属中山山地和河谷平地，西南部属中山和高中山及谷地。东北与金沙县接壤，东与大方县相邻，南与纳雍县连接，西南与赫章县、西与云南省镇雄县毗邻，北与四川省叙永、古蔺县隔赤水河相望；最高处花厂村与纳雍县交界处的乌箐梁子，海拔2 217 m，最低处赤水河谷里匦岩，海拔470 m，一般地区标高1 511 m左右，城市海拔1 475 m；相对高差一般为100～400 m，最大相对高差达1 747 m，峰谷延伸方向与地质构造方向基本一致，多为北东—南西向，地貌类型主要为侵蚀—溶蚀中山沟谷、丘陵及岩溶地貌。

　　七星关区地层较为齐全，地质结构复杂，褶皱断裂交错发育，区内主要的褶皱构造有：太极场向斜、鲍家向斜、毕节向斜、罗家院子向斜、草堤冲背斜等；主要的断裂有：花厂坪断层、落水洞断层、岩头寨断层、响水滩断层、塘边断层、馆西场断层、大吉场断层、阿市断层、普宜断层、核桃树断层、白岩脚断层、清丰断层、白龙地断层、新寨断层、野角断层等；区内地势西高东低，山峦重叠，河流纵横，山地、谷地、峰丛、洼地等交错其间。土壤类型以黄壤为主，还分布有黄棕壤、红壤、石灰土、紫色土等。

　　区内共有白甫河、赤水河、六冲河、堡合河、倒天河（含倒天河水库、龙官桥水库）、观音河（利民水库）等大小33条河流流经各乡镇，年均地表径流量为14.92亿m³，平均每亩土地地表降水总量654.3 m³，径流量为291.4 m³，地下水储量为4.33亿m³，尚待进一步开发利用。水能资源可开发量为115 714 kW，在贵州省属水能资源丰富县区。

第二节　太极茶区气候资源

一、气温

七星关区夏无酷暑、冬无严寒，属于亚热带湿润季风气候，气候温和，雨量充沛，日照总时数多年平均为1 306.12 h，年降水量多年平均为954 mm，无霜期多年平均为250 d左右。境内地势西高东低，海拔相对高差大，气候垂直变化明显，利于多种植物的生长和发展。

七星关区多年平均气温13.87℃，月平均最低气温出现在1月和12月，气温3.67℃，月平均最高气温在8月，气温23.33℃。七星关区有古茶树较多的乡镇分别是亮岩镇、阿市乡、小吉场镇、层台镇、燕子口镇、清水铺镇，这几个乡镇近几年出现最低气温是在2021年1月12日燕子口镇（-6.7℃），最高气温在2022年7月26日层台镇（42.4℃）（图2-1、表2-1、表2-2）。

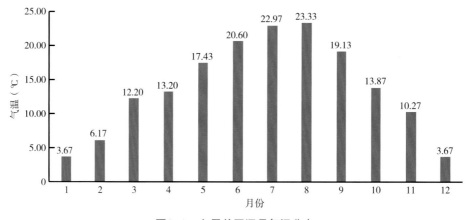

图2-1　七星关区逐月气温分布

表2-1　七星关区古茶树所在乡镇出现极端最低气温的日期

乡镇	极端最低气温（℃）	出现日期
亮岩镇	-6.5	2021年1月12日
阿市乡	-4.7	2021年1月12日
小吉场镇	-3.2	2021年1月12日
层台镇	-5.3	2021年1月12日
燕子口镇	-6.7	2021年1月12日
清水铺镇	-4.5	2021年1月12日

表2-2　七星关区古茶树所在乡镇出现极端最高气温的日期

乡镇	极端最高温度（℃）	出现日期
亮岩镇	37.5	2020年5月7日
阿市乡	40.2	2020年5月7日
小吉场镇	38.3	2020年5月7日
层台镇	42.4	2022年7月26日
燕子口镇	39.8	2020年5月7日
清水铺镇	36.7	2022年7月15日

二、降水量

七星关区降水量分布为夏秋多，春冬少，其中降水量最多的在7月（187.6 mm），降水量最少的在11月（9.9 mm）（图2-2）。

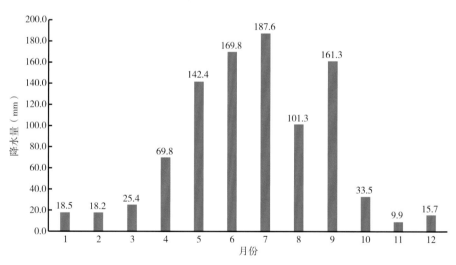

图2-2　七星关区逐月降水量分布

三、日照时数

七星关区年平均日照时数分布为夏秋季最多，冬季最少，其中年平均日照时数最多的月份是8月（215.7 h），最少的月份是12月（23.6 h）（图2-3）。

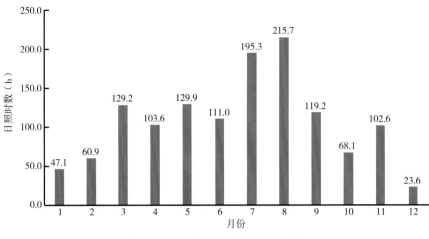

图2-3　七星关区逐月日照时数分布

第三节　太极茶区土壤条件

毕节市自然条件复杂，土壤类型众多，主要分布有潮土、黄壤、冲积土、黄棕壤、粗骨土、沼泽土、石灰土、水稻土和紫色土9个土类、19个亚类、68个土属、202个土种。各土壤类型的分布面积及所占比例见表2-3，其中古茶产区土壤主要以黄壤、紫色土、水稻土、黄棕壤为主，占全区土壤的76.67%，分别占土壤总面积的43.27%、17.50%、10.57%、5.33%，这4种土壤均呈酸性反应，非常适宜茶树的生长发育。

表2-3　毕节市不同土壤类型面积统计表

土类	面积（hm²）	占土壤总面积比例（%）
潮土	142.31	0.10
黄壤	60 072.03	43.27
黄棕壤	7 404.53	5.33
粗骨土	10 724.08	7.72
沼泽土	48.21	0.03
石灰土	21 448.17	15.46
水稻土	14 680.35	10.57
冲积土	25.98	0.02
紫色土	24 296.14	17.50
合计	138 841.79	100

黄壤面积为全区各种土壤类型之首，共有60 072.03 hm²，占全市土壤面积的43.27%。各乡镇海拔1 900 m以下地区均有分布，属亚热带湿润季风气候条件下发育的地带性土壤，成土母质以石灰岩、砂页岩、玄武岩为主。这类土壤在风化作用的进行和生物活动的过程中，有机质分解生成大量的有机酸，导致土壤原生矿物受到破坏，土壤中钙、镁、钾等离子不断被淋洗流失，铁、铝等氧化物相对在土层中积累，富铝化作用表现强烈，使土壤呈深浅不同的黄色，心土呈蜡黄色。黄壤矿物质风化程度深，土层深厚，发育层次比较明显、有机质含量低，呈酸性反应，质地黏重。此类土壤由于所处母岩、地势等成土条件的不同，其理化性状和生产性能差异很大，黄壤有机质含量最大值为91.40 g/kg，最小值为5.30 g/kg，平均值为34.46 g/kg，有机质含量为30～40 g/kg。

紫色土（俗称"马泥血"）面积仅次于黄壤，面积达24 296.14 hm²，占土壤总面积的17.5%，亮岩镇、燕子口镇、层台镇、生机镇等乡镇均有分布。紫色土是紫色岩上发育的岩性土，属初育土纲，石质初育土亚纲。紫色土矿质养分较为丰富，自然肥力较高，但由于紫色土地区植被屡遭破坏，表土侵蚀严重，加上紫色土主要分布区域是山地丘陵，送肥困难，而且耕作轮作过程中绿肥种植少，所以有机质和全氮含量普遍不高。紫色土的磷、钾元素储量继承母岩的地球化学特点，含量随母岩而有不同，母岩为紫色砂页岩的，磷、钾含量较高，紫色页岩和泥岩次之，紫色砂页岩更次之。紫色土有机质含量最大值为75.83 g/kg，最小值为3.40 g/kg，平均含量为30.27 g/kg，有机质含量多为30～40 g/kg。

水稻土面积为14 680.35 hm²，占全区土壤总面积的10.57%，层台镇、亮岩镇、燕子口镇、清水铺镇等乡镇均有分布。水稻土隶属人为土纲水稻土亚纲。是由多种地带性或非地带性土壤经水耕熟化作用后分别形成的水稻土。由于土壤灌水后，处于厌氧状态，有机质得到积累，因此水稻土有机质含量比旱作土有机质含量高。但由于钾元素是易溶元素，容易随水流失，因此水稻土速效钾含量较旱作土速效钾含量低。土壤有机质含量最大值为93 g/kg，最小值为3.9 g/kg，平均值为32.45 g/kg，有机质含量多为30～40 g/kg。

黄棕壤面积为7 404.53 hm²，占全区土壤总面积的5.33%，亮岩镇、清水铺镇、燕子口镇、普宜镇等乡镇有零星分布。黄棕壤属于淋溶土纲的温暖淋溶土亚纲，黄棕壤所处区域的地形地貌以中山和中低山居多，植被为常绿、落叶阔叶及针叶阔叶混交林。由于黄棕壤地处温凉、湿润的北亚热带气候条件，因而土壤原生矿物风化蚀变强度，以及脱硅和富铁铝化作用较黄壤和黄红壤弱。在该气候条件下土壤有机物的矿化率低，有利于有机质的积累，因而黄棕壤的有机质和全氮含量相当丰富。

其他土壤类型如粗骨土、沼泽土、石灰土、潮土等面积为32 388.75 hm²，占全市土壤总面积的23.33%，其中又以石灰土和粗骨土为主，面积分别为

21 448.17 hm²、10 724.08 hm²，分别占土壤面积的15.46%、7.72%，七星关区各乡镇均有零星分布。

第四节　太极古茶的茶区分布

据普查，七星关区现有古茶树资源近万株。"太极古茶"带主要分布在亮岩镇太极村、层台镇、燕子口镇。太极村位于七星关区亮岩镇东南部，俗称水田坝，距离毕节城区60 km左右。山村青山环绕，田园风光秀美，清澈的河水沿山绕行，形成一个"S"形大拐弯，把村庄一分为二，在河岸平原上自然形成一个完美天然的"山水太极图"，太极村因此而得名（图2-4）。

图2-4　太极村俯瞰图（七星关区文联提供）

太极村周边是当地茶叶的核心产区，拥有较大的古茶树群落，产茶历史悠久。经考证，以太极村为起点，周围23 km内发掘100年以上古茶树资源达到了30多万株，且其红茶具有木脂蜜甜香，有较高辨识度。大部分古树呈聚集群落形式存在田间地头、屋前房后及半山腰处，群落与群落间相距较远，往往相隔数座山峰（图2-5）。据统计，在七星关区太极村及附近村落里，目前已探知保留的古茶树基径（根茎直径）20～30 cm的有767株，基径30～36 cm的有17株，单个主干基径最大52.9 cm，株高最高8.8 m。

太极古茶生长海拔较高的地区，15%的分布在海拔1 300 m以上，16%的分布在海拔在1 200～1 300 m，15%的分布在海拔1 100～1 200 m，41%的分布在海拔1 000～1 100 m，仅13%的分布在海拔800～1 000 m（图2-6）。

图2-5　"太极古茶"带山脉（七星关区文联供图）

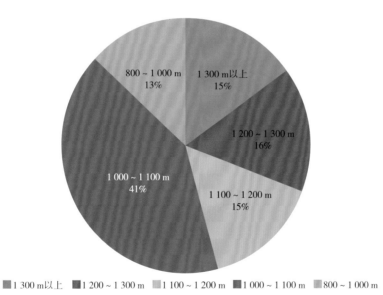

图2-6　太极古茶树海拔分布

第三章 / 太极古茶树资源与品种

第一节　太极古茶资源概况

一、树姿树型

据广东省农业科学院茶叶研究所茶树资源与育种团队调研结果，太极古茶树类型极为丰富，其中75%属小乔木型，24%属灌木型，1%属乔木型，树姿多半开张或开张，少直立。太极古茶与云南、广东等地乔木型古茶树不同，多为灌木型或小乔木型，所以其树冠较小，普遍为1~5 m。树干直径10 cm的以下占31%，10~30 cm的占58%，30 cm的以上占11%。树高2 m的以下占12%，2~4 m的占65%，4~6 m的占15%，6 m以上的占8%（图3-1至图3-3）。

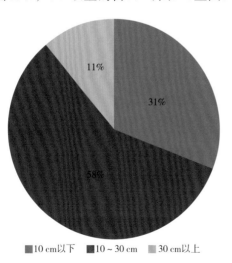

■10 cm以下　■10~30 cm　■30 cm以上

图3-1　太极古茶树干直径大小统计

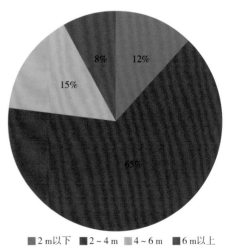

■2 m以下　■2~4 m　■4~6 m　■6 m以上

图3-2　太极古茶树高统计

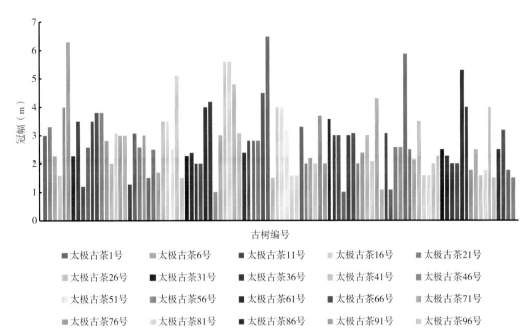

太极古茶1号　　太极古茶6号　　太极古茶11号　　太极古茶16号　　太极古茶21号

太极古茶26号　　太极古茶31号　　太极古茶36号　　太极古茶41号　　太极古茶46号

太极古茶51号　　太极古茶56号　　太极古茶61号　　太极古茶66号　　太极古茶71号

太极古茶76号　　太极古茶81号　　太极古茶86号　　太极古茶91号　　太极古茶96号

图3-3　太极古茶树冠幅统计

二、芽叶特征

太极古茶新梢嫩芽多为黄绿色或绿色，茸毛类型多样，有的单株无茸毛，有的单株茸毛短而稀，而有的单株茸毛又长又密。成熟叶片普遍呈深绿色，质地中等偏硬，少量属小叶，多属中大叶，类型丰富。叶长6.5～16.8 cm，均值为12.1 cm，变异系数为15.7%；叶宽2.7～6.9 cm，均值4.7 cm，变异系数为18.1%；叶面积16.1～80.0 cm²，均值为40.9 cm²，变异系数为31.5%（表3-1）；叶脉5～10对，多为6～8对；叶型各异，主要有椭圆形（31%）、长椭圆形（58%）、披针形（11%）（图3-4）；叶身大多平，少部分呈内折或背卷；叶面大多平或微隆，少见隆起；多有叶齿，少部分叶齿锐深；叶缘大多为平（58%）、少数微波浪型（31%）和波浪型（11%）（图3-4、图3-5）。

表3-1　太极古茶树叶片性状基本统计分析

性状	最大值	最小值	平均值	标准差	变异系数（%）
叶长（cm）	16.8	6.5	12.1	1.9	15.7
叶宽（cm）	6.9	2.7	4.7	0.9	18.1
叶面积（cm²）	80	16.1	40.9	12.9	31.5

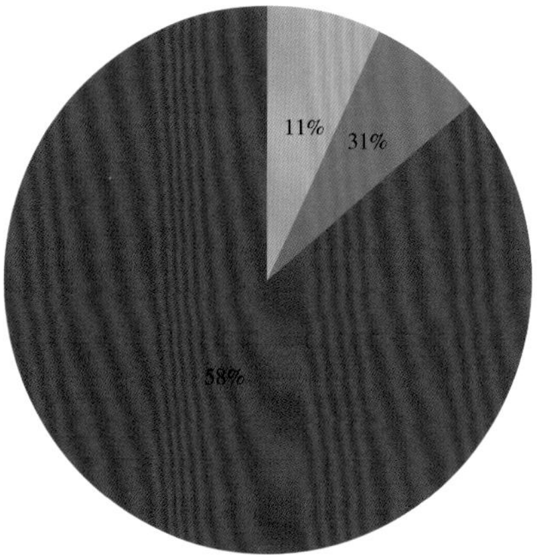

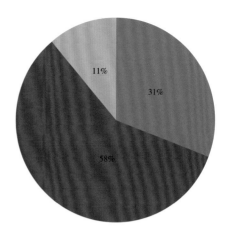

■ 椭圆形　■ 长椭圆形　■ 披针形

图3-4　太极古茶树叶型统计

■ 微波浪型　■ 平　■ 波浪型

图3-5　太极古茶树叶缘性状统计

太极古茶树成熟叶片较厚，厚度为155.6～616.3 μm，变异系数为25.5%。叶片横切面由上表皮、下表皮、叶肉组织3个部分构成。上表皮细胞较大，细胞壁薄，厚度8.7～53.3 μm，多数大于15 μm，变异系数为30.8%；下表皮细胞稀而大，厚度8.7～32.6 μm，变异系数为24.7%。叶肉包括栅栏组织和海绵组织，栅栏组织有1层或2层，多数为1层，厚度27.6～167.4 μm，变异系数为43.5%；海绵组织细胞较为松散，厚度85.8～363.0 μm，变异系数为26.1%（表3-2）。叶肉组织内常见棒状或骨状的石细胞。

表3-2　太极古茶树叶片解剖结构基本统计分析

性状	最大值	最小值	平均值	标准差	变异系数（%）
叶片厚度（μm）	616.3	155.6	243.9	62.2	25.5
上表皮厚度（μm）	53.3	8.7	19.5	6.0	30.8
下表皮厚度（μm）	32.6	8.7	15.0	3.7	24.7
栅栏组织厚度（μm）	167.4	27.6	61.1	26.6	43.5
海绵组织厚度（μm）	363.0	85.8	148.4	38.8	26.1

三、花果特征

太极古茶花瓣呈白色，花直径2.5～6.1 cm，均值为3.6 cm，变异系数为21.1%（表3-3）；雌蕊多数高于雄蕊或与雄蕊等高，少量雌蕊低于雄蕊（图3-6）；

子房有茸毛，花柱多为3裂，罕见4裂，分裂位置多为高，部分为中，少量为低（图3-7）。太极古茶果多为三裂果，调查过程中发现极少茶树为四裂果。

表3-3　太极古茶花直径统计分析

性状	最大值	最小值	平均值	标准差	变异系数（%）
直径（cm）	6.1	2.5	3.6	0.76	21.1

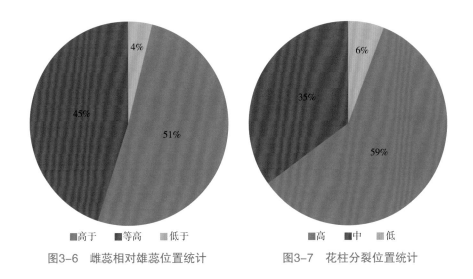

图3-6　雌蕊相对雄蕊位置统计　　　　图3-7　花柱分裂位置统计

四、常规生化成分特征

太极古茶内含物较为丰富，经检测，其一芽二叶蒸青样水浸出物含量37.4%～47.8%，均值为43.0%，变异系数为6.0%；氨基酸含量2.4%～5.0%，均值为3.7%，变异系数为13.5%；可溶性糖含量1.9%～5.2%，均值为3.3%，变异系数18.2%；茶多酚含量为11.6%～29.3%，均值为20.2%，变异系数为16.8%（表3-4）。大多数古茶树中EGCG含量较高（5.9%～15.4%），其中57%茶树EGCG含量大于等于10%（图3-8），是筛选高EGCG特异种质的优异群体。

表3-4　太极古茶主要生化成分基本统计分析

成分	最大值	最小值	平均值	标准差	变异系数（%）
水浸出物（%）	47.8	37.4	43.0	2.6	6.0
氨基酸（%）	5.0	2.4	3.7	0.5	13.5
可溶性糖（%）	5.2	1.9	3.3	0.6	18.2
茶多酚（%）	29.3	11.6	20.2	3.4	16.8
EGCG（%）	15.4	5.9	10.4	1.9	18.1

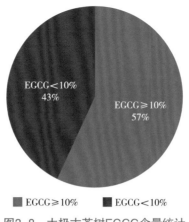

图3-8　太极古茶树EGCG含量统计

五、太极古茶香气成分分析

广东省农业科学院茶叶研究所的专家们用七星关区大吉村和太极村古茶树制作红茶和绿茶，同时收集了国内外8份代表红茶样品（英红九号、鸿雁12号、金萱、滇红、遵义红茶、祁门红茶、大吉岭红茶、斯里兰卡红茶），通过对太极古茶树与国内外代表性红茶样品进行感官审评以及香气组分检测分析，明确了七星古树茶香气品质特征及化学成分。

（一）太极古树茶感官审评特征分析

太极古树茶和国内外红茶的审评结果（表3-5）表明：太极古茶树制作的绿茶外形紧细绿润、多银毫，花甜香、豆香高锐，滋味浓厚鲜爽。太极古茶树制作的红茶（大吉红茶和太极红茶）外形均为条索紧结乌润略带毫，差异较少；香气以花香和木甜香为主；滋味收敛性均较强。与国内外其他代表性红茶相比较，太极古茶树制作的红茶具有木甜香和收敛性较强的特点。

表3-5　太极古树茶和国内外红茶的审评结果

样品名称	外形	香气	汤色	滋味	叶底
太极绿茶	紧细略弯曲、绿润多银毫	花甜香、豆香高锐	黄绿明亮	浓厚、鲜爽、略涩带苦	黄绿、柔嫩、匀齐
大吉红茶	紧结乌润略带毫	甜香持久，带花香	红亮	甜醇花香、收敛性强	红匀、柔嫩
太极红茶	紧结乌润略带毫	木甜香	红亮	木甜香，醇和鲜爽，收敛性强	红匀、柔嫩
英红九号	紧结乌褐、显金毫、匀整	甜香高长持久	红亮	甜醇浓厚、鲜爽含芳、绵柔细腻	红匀
鸿雁12号	紧结、匀整、乌褐、油润	甜花香细锐持久	橙黄明亮	浓、较醇、花香	红明、匀整

样品名称	外形	香气	汤色	滋味	叶底
金萱	紧结、匀整、乌褐、较润	甜香、花香浓郁持久	橙红、较亮	甜醇鲜爽、含芳	较红明
滇红	紧结、较匀整、乌润、显金毫、润	甜香、花香清长	红亮	浓、较醇、微涩	较红明
遵义红茶	紧细、匀整、乌褐、润	甜香、花香浓郁持久	橙黄明亮	醇和鲜爽	暗红
祁门红茶	紧细、匀整、显金毫、乌褐、较润	甜香、高长	橙红、较亮	较浓醇	暗红
大吉岭红茶	棕褐、润、匀整	清花甜香、较锐长	红、较亮	浓醇、较爽	棕红、较柔匀
斯里兰卡红茶	短条较紧细、匀整、红褐、较润	甜香清长	红、亮	浓强、微涩	棕红、匀亮

（二）太极古树茶挥发性香气成分分析

采用顶空固相微萃取提取表3-5中茶叶样品的香气，并通过气相色谱-质谱联用技术（GC-MS）共检测出80种主要香气成分（表3-6）。按照官能团、化学结构可将挥发性成分分为9类化合物，包括13种酯类、5种烃类、8种烷烃类、9种酮类、3种酸类、9种醛类、9种含氮化合物、8种芳香族化合物、15种醇类。从图3-9A可以看出，太极红茶和大吉红茶香气物质含量丰富，分别为15 565.2 ng/g和15 992.3 ng/g，除斯里兰卡红茶是酯类挥发性化合物含量最高外，其他样品红茶均醇类含量最高，酯类化合物次之，其中太极绿茶、太极红茶和大吉红茶的醇类含量超过50%，综合呈现出"花甜香"和"木甜香"（图3-9）。

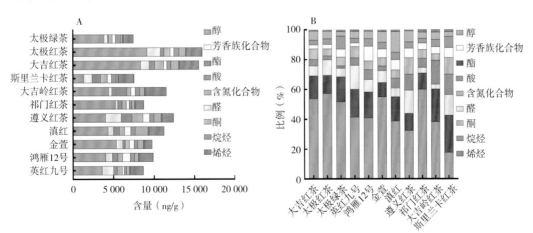

图3-9 太极古树茶和国内外红茶的挥发性化合物含量比较

注：A：太极古树茶和国内外红茶的挥发性化合物总量；B：太极古树茶和国内外红茶的挥发性化合物组分百分比。

在太极古树红茶醇类化合物中，香叶醇、苯乙醇、苄醇、芳樟醇、芳樟醇氧化物的含量远高于其他醇物质，香叶醇和芳樟醇具有相同的合成前体——香叶基焦磷酸酯，香叶醇具有典型玫瑰香、蔷薇香，芳樟醇具有花香，是太极红茶和大吉红茶主要的香气物质；苯乙醇具有玫瑰花香，也是太极古茶树红茶的重要的香气物质；此外太极红茶和大吉红茶中这些化合物含量也显著高于大部分其他代表性红茶样本，说明这些化合物对太极红茶和大吉红茶特征香气的形成具有重要的作用（图3-10）。

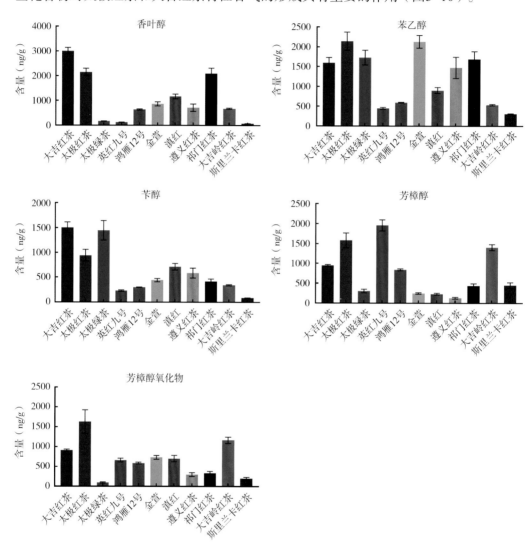

图3-10 太极古树茶高含量醇类化合物

酯类物质在太极红茶和大吉红茶中的含量仅次于醇类，其中水杨酸甲酯（薄荷味、甜味）、己酸己酯（果味）、庚酸乙酯（菠萝香气味）、2-乙基1,2,3-丙三酯丁酸等化合物在这两者中含量较高。其中己酸己酯（果味）、庚酸乙酯（菠萝香气味）、2-乙基1,2,3-丙三酯丁酸在太极红茶和大吉红茶中的含量极显著高于其他代表性红茶样本（图3-11），说明这些化合物对太极红茶和大吉红茶的甜香有重要贡献。

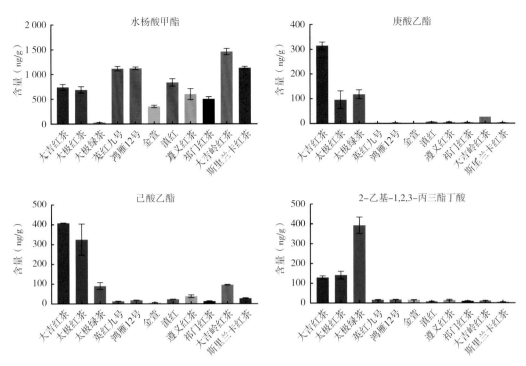

图3-11 太极古树茶高含量酯类化合物

在酮类化合物中，3,4-二甲基-1,5-二氢-2H-吡咯-2-酮、β-紫罗兰酮、4-[2,2,6-三甲基-7-氧杂二环[4.1.0]庚-1-基]-3-丁烯-2-酮在太极红茶和大吉红茶中的含量中含量较高。β-紫罗兰酮具有典型的木香和紫罗兰香气（图3-12）。

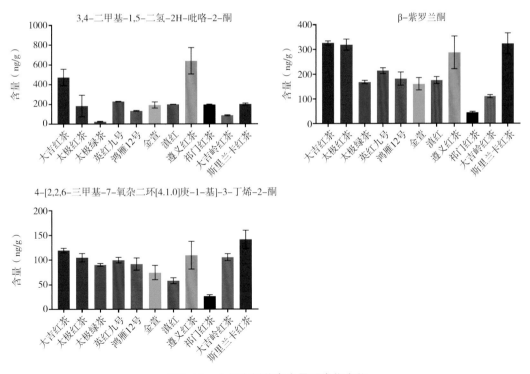

图3-12 太极古树茶高含量酮类化合物

在醛类化合物中（图3-13），苯甲醛、3-糠醛、正己醛在太极红茶和大吉红茶中的含量中含量较高，苯甲醛具有杏仁香，正己醛具有青草香，是铁观音、金萱等清香型乌龙茶的重要香气组分；此外，3-糠醛是茶叶"烘烤香"的主要香气成分，对红茶的"焦糖香"的形成具有一定的促进作用。

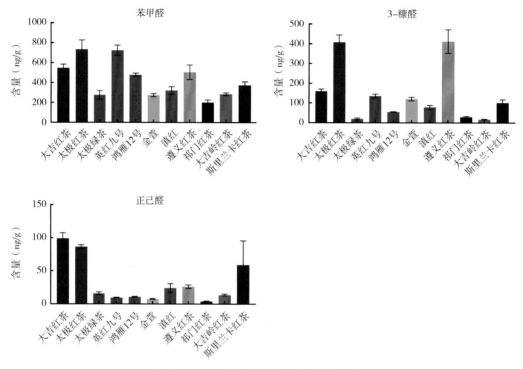

图3-13　七星古树茶高含量醛类化合物

通过太极古树茶和国内外红茶感官审评特征分析，发现与国内外其他代表性红茶相比较，太极古茶树制作的红茶具有木甜香和收敛性较强的特点。进一步采用顶空固相微萃取和气相色谱-质谱联用技术进行挥发性香气成分检测和分析，发现太极古茶树制作的红茶香气物质含量丰富，挥发性香气成分总含量远高于其他地区代表性红茶。此外，太极绿茶、太极红茶和大吉红茶香气中的醇类含量超过50%。其中，太极红茶和大吉红茶中还有高含量的花香类醇类物质，如香叶醇、苯乙醇、苄醇、芳樟醇、芳樟醇氧化物等；还具有高含量的呈现果甜香的化合物己酸己酯、庚酸乙酯、2-乙基-1,2,3-丙三酯丁酸等，具有木香和紫罗兰香气的β-紫罗兰酮、青草香的正己醛、杏仁香的苯甲醛、烘烤香的3-糠醛等化合物在太极古树茶中含量显著高于大部分其他代表性红茶。这些化合物对太极古树茶的"花香""甜香""木香"香气品质的形成作出了重要贡献。

表3-6 太极古树茶和国内外红茶的挥发性化合物含量

保留时间(min)	化合物	含量（ng/g）										
		大吉古茶	太极红茶	太极绿茶	英红九号	鸿雁12号	金萱	滇红	遵义红茶	祁门红茶	大吉岭红茶	斯里兰卡红茶
6.31	2-乙氧基四氢呋喃	11.78±1.25	16.37±3.89	0.48±0.10	18.94±1.05	7.53±0.58	16.91±1.06	6.79±0.42	8.32±1.19	3.55±0.32	2.22±0.26	12.35±0.87
6.71	正己醛	99.41±8.01	153.37±115.09	16.29±2.12	9.68±0.71	11.06±0.65	7.58±0.58	24.46±6.59	26.38±2.67	3.95±0.74	13.96±1.34	59.29±36.39
8.23	1,3-二甲基苯	25.84±1.92	39.76±5.68	41.16±10.59	7.4±0.49	21.93±7.28	7.70±0.48	18.8±5.73	17.91±2.82	5.38±1.21	25.74±7.19	9.84±2.85
9.47	2-庚酮	31.22±0.53	36.59±2.19	24.78±2.40	4.31±0.4	9.52±0.57	2.93±0.17	6.07±1.81	9.29±0.80	6.64±0.96	28.19±7.34	12.49±3.99
9.86	D-柠檬烯	21.19±3.01	43.44±13.49	24.05±5.13	55.65±4.40	27.80±0.88	21.41±1.14	30.33±1.97	23.13±3.96	42.71±-.46	123.26±0.71	19.41±1.90
10.11	β-水芹烯	7.87±0.38	8.39±1.30	1.32±1.38	17.75±1.61	9.53±0.55	12.77±0.73	17.27±1.18	11.93±2.21	25.36±2.98	16.08±0.51	11.05±1.15
10.88	2-正戊基呋喃	216.37±9.95	192.39±6.18	70.8±19.28	15.44±1.37	23.19±0.34	8.73±0.40	23.03±5.02	45.21±4.61	12.92±.63	68.6±14.33	54.35±22.97
10.98	己酸乙酯	407.8±1.23	325.33±78.4	90.39±17.47	13.29±0.87	18.73±0.80	6.72±0.57	23.49±0.70	38.47±6.64	13.13±.45	96.35±1.48	28.29±2.44
11.8	甲基吡嗪	27.44±0.78	58.28±6.77	3.93±0.60	19.19±1.84	8.72±0.27	19.03±1.36	23.65±3.31	116.62±17.22	11.75±.87	14.97±0.89	5.85±0.25
11.9	2-乙基-1,4-二甲基苯	9.37±0.46	12.11±0.39	9.45±1.03	31.44±3.32	15.96±0.72	14.74±0.69	20.78±1.51	12.54±2.03	21.19±.98	109.82±0.34	13.18±1.23
12.86	3-己烯酸乙酯	115.53±5.92	68.31±24.20	12.01±2.89	36.42±2.47	12.01±0.42	5.24±0.37	12.68±0.41	40.45±7.12	4.82±.98	95.84±1.96	13.58±1.36
13.43	（Z）-2-戊烯-1-醇	33.25±2.24	200.3±132.19	26.53±5.62	75.62±6.16	73.21±7.73	22.09±1.59	18.33±1.85	16.90±1.77	10.38±1.85	18.93±1.77	62.36±17.33
13.56	11-甲基十二烷醇	0.54±0.06	0.75±0.23	2.98±0.73	3.27±0.34	1.30±0.04	3.73±0.25	10.63±1.39	20.26±3.09	2.63±.39	3.31±0.14	1.07±0.05
13.75	庚酸乙酯	314.7±14.63	96.27±35.48	118.17±17.82	1.57±0.13	3.03±0.17	1.36±0.06	6.30±0.08	5.23±0.87	3.21±.69	26.70±0.05	3.21±0.21
14.36	1-己醇	43.53±1.17	223.37±89.03	43.82±6.30	20.84±0.96	80.91±2.05	51.18±13.50	65.31±7.6	55.08±11.12	33.60±5.17	82.14±18.95	80.37±7.47
15.51	十四烷	59.05±2.82	51.82±5.68	83.89±23.23	100.94±3.29	74.88±7.72	58.89±3.48	75.30±6.43	50.95±15.40	40.28±4.41	47.14±8.61	81.17±15.86
16.55	2,6,10-三甲基十三烷	69.66±3.05	77.05±8.58	81.53±7.24	41.17±2.48	117.32±6.77	102.62±10.69	130.79±13.57	99.85±25.14	57.92±7.51	116.09±31.2	129.98±11.96
16.97	植烷	2.47±0.22	2.88±0.14	4.91±0.38	13.35±0.67	81.52±6.40	64.21±8.55	81.87±8.45	63.13±16.3	37.98±5.31	82.26±13.34	82.11±7.55
17.06	3-蒈烯	159.81±11.07	408.38±36.3	19.87±4.05	135.17±9.89	54.68±1.70	120.51±9.17	78.28±10.88	412.59±59.84	29.06±3.84	17.01±1.78	100.55±16.49
17.37	氧化芳樟醇	913.15±25.74	1 630.02±296.03	95.83±15.50	664.73±47.48	591.09±21.97	733.93±47.84	705.83±80.58	298.7±48.11	336.75±43.86	1 167.58±81.37	199.75±34.62
17.83	（E，E）-2,4-庚二烯醛	54.71±3.23	57.41±12.90	49.24±4.39	21.70±1.11	36.99±0.22	37.91±2.7	67.26±9.66	58.43±8.84	10.04±1.36	30.68±2.93	205.59±80.06
17.96	正十八烷	96.25±3.96	109.63±6.16	110.01±8.37	53.64±3.03	89.66±8.87	91.6±10.72	113.39±11.46	80.89±18.91	45.4±.66	96.97±13.28	86.91±8.48
18.07	十五烷	196.28±1.45	304.82±110.12	285.71±43.61	4.48±0.34	34.86±8.14	12.93±3.84	17.28±2.81	13.36±4.03	9.97±-.03	17.88±12.53	20.52±3.93
18.53	苯甲醛	548.3±36.45	736.41±91.68	276.23±43.46	725.48±50.88	480.57±15.17	274.1±15.17	322.23±38.5	505.7±72.92	198.76±27.69	283.94±13.28	375.91±34.54
19.32	芳樟醇	945.87±22.86	1 579.05±187.44	306.41±44.44	1 957.28±140.79	840.4±23.23	246.29±18.57	229.70±23.4	129.54±23.00	436.05±54.35	1 406.16±74.64	449.31±69.56
19.74	3-甲基十五烷	7.98±0.38	9.58±0.79	6.75±0.37	16.83±0.52	24.45±1.39	13.53±2.86	51.96±6.96	59.57±10.8	43.05±5.39	57.75±5.02	46.14±6.85
19.75	3,5-辛二烯-2-酮	120.47±4.4	83.31±9.05	69.78±6.45	18.20±0.93	40.14±0.88	19.25±1.40	40.75±4.75	80.45±13.00	51.17±6.99	75.60±6.73	60.72±15.66
20.51	十六烷	32.55±0.31	39.70±3.29	43.06±1.83	46.83±2.24	54.01±0.57	35.56±2.60	56.55±5.87	72.73±9.60	22.21±2.67	100.37±9.35	122.31±38.75
20.65	4-羟基-2-甲基苯酚	148.43±9.28	174.99±19.38	55.27±8.30	79.99±7.41	68.72±2.18	41.19±2.30	74.83±9.51	165.41±26.07	60.99±7.87	85.30±4.62	21.36±0.43
20.78	3,7-二甲基-1,5,7-辛三烯-3-醇	136.64±4.77	165.1±18.85	26.64±3.25	129.83±10.24	500.24±6.93	393.87±33.71	294.52±24.25	166.18±30.85	68.47±7.65	194.76±7.02	27.63±1.18

第三章 太极古茶树资源与品种

保留时间(min)	化合物	含量（ng/g）										
		大吉茶	太极红茶	太极绿茶	英红九号	鸿雁12号	金萱	滇红	遵义红茶	祁门红茶	大吉岭红茶	斯里兰卡红茶
20.95	β-环化柠檬醛	71.33±1.9	117.43±10.54	46.54±4.9	14.79±1.29	17.65±0.32	11.64±0.70	10.97±1.65	23.93±3.3	3.27±0.45	8.27±0.58	40.20±9.76
21.11	1,2-乙二醇	12.52±0.6	12.86±3.31	10.09±1.43	11.71±0.59	6.96±0.36	7.09±0.78	21.99±1.46	14.1±2.46	6.43±0.65	12.64±0.72	9.09±0.37
21.36	苯乙醛	44.71±3.95	80.59±5.65	12.74±1.39	454.64±43.34	141.2±10.86	135.89±9.55	39.52±5.05	166.64±27.78	33.11±7.83	20.05±1.41	222.94±11.29
21.68	N-甲酰乙胺	4.04±0.39	4.23±0.45	28.26±3.96	4.71±0.24	6.23±1.73	4.40±0.37	12.98±1.71	9.22±1.56	6.76±0.92	23.66±1.4	4.18±0.68
22.11	3-甲基丁酸	69.87±2.33	74.60±36.6	23.41±5.51	0.17±0.03	0.17±0.07	65.46±4.47	132.88±15.25	85.52±14.58	82.98±11.00	102.29±5.81	22.76±0.76
22.9	2-乙基1,2,3-丙三酯丁酸	129.48±8.13	141.18±19.83	392.58±41.17	16.53±1.30	17.48±1.00	16.35±0.79	8.34±0.89	15.38±2.93	9.47±1.52	11.59±0.79	5.05±0.49
22.93	四十四烷	29.69±0.76	29.22±3.86	37.17±4.23	5.74±0.18	5.67±0.19	8.25±0.99	15.99±1.85	9.65±1.99	10.18±1.12	5.16±0.33	2.99±0.41
23.39	2,5-二甲基苯甲醛	17.85±0.74	22.93±1.69	4.34±0.04	15.32±0.83	19.57±0.87	18.31±1.62	22.57±2.40	25.44±4.33	4.29±0.38	5.74±0.18	31.07±5.8
23.43	奥苷菊环	6.44±0.09	5.56±2.16	7.12±0.79	3.42±0.11	5.43±0.22	8.96±0.95	35.38±4.59	21.77±4.34	8.08±1.02	9.54±0.61	1.69±0.14
23.6	皮酸	22.41±1.05	29.24±1.78	24.23±1.39	54.24±1.9	288.69±20.33	226.56±68.15	274.22±66.92	185.71±58.86	124.35±28.88	154.58±71.32	315.13±37.13
23.64	奥苷菊酯	64.11±0.22	58.73±21.95	25.73±4.14	0.83±1.37	0.19±0.01	0.03±0.03	121.18±11.33	93.88±13.63	52.06±6.46	211.55±11.64	128.66±10.26
23.73	(3R, 6S)-2.2.6-三甲基-6-乙烯基四氢-2H-吡喃-3-醇	382.51±8.79	348.68±34.87	47.24±5.00	103.57±8.39	266.88±7.22	324.14±24.19	536.35±49.29	141.19±24.91	99.93±12.40	113.16±4.55	18.02±1.10
23.88	2(5H)-呋喃酮	21.70±1.64	12.95±1.38	8.17±1.19	22.94±0.92	16.93±0.14	16.11±1.65	47.60±4.48	18.20±3.59	18.69±2.47	26.81±1.58	14.31±0.40
24	(E)-4羊基-2-烯	36.82±1.59	28.55±2.77	16.75±1.57	15.85±1.13	22.46±0.43	10.86±0.83	23.8±2.15	32.78±5.59	14.92±2.15	36.69±1.75	33.13±4.82
24.42	水杨酸甲酯	741.26±57.37	689.29±64.39	30.36±0.45	1115.06±45.7	1122.16±26.4	355.05±24.21	837.48±74.43	601.24±110.92	504.99±43.16	1459.91±64.39	1133.63±24.55
24.79	7-甲基-3-甲基-6-辛-1-醇	6.18±0.48	5.91±0.55	0.48±0.10	5.95±0.47	10.34±0.49	10.29±0.75	6.74±1.01	8.39±1.68	14.59±1.63	4.74±0.17	3.68±0.65
25.09	橙花醇	79.82±3.51	57.04±3.32	3.85±0.09	22.02±1.45	15.76±0.5	15.57±1.5	20.83±1.82	31.28±6.37	66.36±7.30	19.13±0.99	8.53±0.28
25.47	β-大马烯酮	5.29±0.12	5.55±0.74	0.48±0.10	15.11±0.96	13.77±0.98	6.67±0.54	11.20±0.75	7.13±1.49	4.25±0.41	6.56±0.17	6.88±1.37
25.71	顺-昌蒲烯	52.34±1.86	53.54±7.02	46.11±2.32	7.31±0.44	19.66±3.59	59.18±7.99	56.78±3.26	22.44±4.16	51.39±4.01	21.83±1.53	45.97±6.12
25.86	3,4-二甲基-1,5-二氢-2H-吡咯-2-酮	474.47±83.04	183.7±109.04	24.67±4.57	228.04±2.72	133.99±4.64	192.87±31.01	198.64±1.38	640.93±133.93	195.14±5.54	87.35±5.45	201.01±10.67
25.98	己酸	564.18±15.63	340.17±36.5	103.89±21.62	420.67±21.32	616.58±6.08	208.48±15.64	575.34±50.99	875.99±145.15	341.67±36.88	1489.95±76.7	797.45±14.93
26.11	香叶醇	3010.4±134.12	2149.04±151.85	164.82±6.28	121.95±6.32	642.35±22.29	868.62±80.98	1171.51±94.6	716.66±147.56	2095.42±219.76	679.76±23.46	72.87±1.03
26.19	香叶基丙酮	9.82±1.08	18.94±0.43	14.44±0.79	55.15±2.50	45.97±3.38	40.04±5.3	60.26±3.53	45.72±11.03	119.23±12.25	62.46±3.12	72.18±10.07
26.64	苄醇	1505.61±107.06	942.64±117.32	1445.02±196.19	230.06±14.63	301.27±3.35	442.3±33.19	712.80±66.15	586.22±100.41	414.82±51.82	342.50±12.27	89.37±0.98
26.67	1-乙基-2,5-吡咯烷二酮	214.57±16.63	135.97±18.62	51.18±6.85	153.32±9.41	109.75±2.88	85.89±8.22	341.19±32.79	267.61±48.75	112.22±11.61	170.65±8.68	86.05±0.85
26.77	2,2,4-三甲基-1,3-戊二醇二异丁酸酯	55.2±7.42	38.31±7.64	27.23±23.86	20.18±1.69	17.67±1.80	16.03±4.78	18.53±2.59	13.06±4.84	9.70±2.57	10.03±4.10	16.40±0.76
27.17	5,6,7,7A-四氢-3,6-二甲基-2(4H)-苯并呋喃酮	5.04±0.12	6.24±0.62	3.08±0.25	4.10±0.35	4.61±0.24	3.67±0.45	7.66±1.06	4.50±0.86	1.20±0.18	5.64±0.39	6.24±1.33
27.37	苯乙醇	1597.98±130.56	2143.06±230.83	1730.18±186.10	449.03±25.47	594.52±8.81	2133.73±159.44	902.59±76.59	1473.99±268.06	1684.97±201.49	534.69±18.69	311.72±7.01

（续表3-6）

保留时间 (min)	化合物	含量（ng/g）										
		大吉茶	太极红茶	太极绿茶	英红九号	鸿雁12号	金萱	滇红	遵义红茶	祁门红茶	大吉岭红茶	斯里兰卡红茶
27.44	二去氢菖蒲烯	9.56±0.67	10.46±1.33	6.91±0.28	3.03±0.14	12.52±2.35	23.91±3.95	18.34±0.9	6.98±1.6	10.25±.11	5.47±0.24	5.26±0.48
27.59	苯乙腈	5.11±1.09	7.18±1.64	5.95±1.03	8.36±0.44	260.1±5.53	12.12±0.85	65.19±5.81	169.02±30.52	1.91±.20	19.6±1.22	23.43±0.06
27.7	2-苯基-2-丁烯醛	16.16±2.42	20.34±3.33	0.48±0.10	45.89±1.41	13.07±0.58	24.17±2.19	9.63±0.62	50.14±10.14	6.63±.56	2.24±0.26	16.87±0.82
27.91	β-紫罗兰酮	326.32±8.28	319.48±22.69	168.66±6.63	214.18±11.87	181.97±27.05	160.9±25.26	175.82±14.11	287.6±66.12	44.72±.37	109.78±6.35	323.22±42.7
28	茉莉酮	10.3±0.52	3.48±0.43	35.25±1.84	1.22±0.07	32.83±1.76	1.30±0.24	15.99±0.95	20.73±0.50	2.10±.21	6.84±0.38	0.18±0.14
28.11	2,6-二甲基-3,7-辛烷-2,6-二醇	58.05±5.0	30.64±3.21	12.78±1.43	27.52±1.92	135.2±3.29	69.03±10.71	59.99±5.07	19.52±5.36	11.86±.35	48.17±4.77	3.66±0.26
28.44	(E)-3-己烯酸	31.37±4.92	9.56±4.12	3.48±2.53	35.19±1.6	27.11±2.74	13.96±1.17	17.74±1.39	231.51±50.35	112.64±18.95	252.62±17.54	184.34±12.44
28.54	1-(1H-吡咯-2-基)乙酮	20.21±2.38	22.13±1.71	6.71±0.85	90.09±6.01	38.01±2.14	141.53±13.48	343.6±33.82	146.13±27.47	63.45±.85	109.94±5.37	13.15±0.95
28.95	4-[2,2,6-三甲基-7-氧杂二环[4.1.0]庚-1-基]-3-丁烯-2-酮	119.45±4.53	104.9±8.48	90.24±2.85	99.92±5.62	91.85±12.33	74.73±14.55	58.22±6.01	109.70±28.07	26.44±.87	105.48±7.09	141.48±18.51
29.22	苯酚	25.58±1.24	16.04±1.44	14.14±2.88	13.56±0.5	9.58±0.15	13.80±0.96	26.11±1.66	13.53±2.64	34.37±.96	15.28±0.79	11.75±0.53
29.57	1H-吡咯-2-甲醛	24.15±1.88	61.64±8.88	0.48±0.10	39.28±2.31	21.34±0.45	83.57±9.57	73.67±6.62	437.76±82.35	36.03±.22	14.90±0.61	11.83±0.18
29.84	2-吡咯烷酮	9.32±0.70	6.60±1.10	2.77±0.55	3.07±0.19	3.03±0.11	6.56±0.96	20.71±1.58	31.68±6.81	9.88±.72	13.04±0.85	2.67±0.20
29.95	反式-橙花叔醇	48.8±1.37	25.63±0.88	5.42±0.19	22.85±0.84	96.12±14.72	27.83±7.26	13.66±1.28	89.89±24.78	15.03±.15	7.97±0.66	15.46±0.87
31.42	柏木脑	2.86±0.12	7.32±1.14	7.53±0.43	4.37±0.33	2.91±0.4	2.76±0.59	6.90±0.22	2.12±0.36	2.66±.35	5.69±0.84	0.88±0.09
31.62	2,6-二甲基-1,7-辛烷-3,6-二醇	2.55±0.34	0.75±0.23	0.48±0.10	1.08±0.09	0.59±0.05	2.53±0.40	12.57±1.08	4.11±1.05	1.83±.17	3.48±0.37	0.76±0.05
32.65	麝香草酚	5.95±0.38	3.85±0.45	0.48±0.10	0.61±0.10	16.54±0.53	1.86±0.29	3.82±0.39	3.09±0.73	2.35±.21	3.58±0.23	1.15±0.03
33.24	棕榈酸甲酯	12.68±1.57	10.7±1.05	6.42±1.78	16.09±1.70	10.10±1.31	17.31±5.99	45±6.95	20.4±5.78	13.61±.92	31.56±11.45	9.50±3.50
33.91	十六烷酸乙酯	61.21±3.37	33.32±10.82	33.49±4.8	5.80±0.74	10.57±0.74	42.55±22.07	162.73±18.18	29.32±6.56	19.79±.73	44.21±5.39	19.37±2.22
34.13	3-乙基-4-甲基-吡咯-2,5-二酮	7.79±0.62	5.67±0.95	4.39±0.14	8.63±0.41	9.72±0.07	11.09±1.56	27±4.51	20.1±4.51	7.11±.55	36.78±2.71	15.73±2.75
34.93	2,4-二叔丁基苯酚	146.68±9.99	163.61±31.53	248.24±21.75	32.87±4.17	273.87±91.72	154.89±36.14	279.53±35.42	132.04±43.4	121.89±.9.39	97.74±37.99	120.35±12.88
35.34	二氢猕猴桃内酯	125.63±8.38	104.04±12.37	135.41±14.59	152.91±10.65	171.03±5.5	145.9±23.95	371.51±42.66	160.79±50.62	57.21±.05	296.57±25.41	227.89±32.81
35.86	邻苯二甲酸二乙酯	7.01±2.79	6.32±2.15	7.63±2.69	2.99±0.36	12.54±0.84	37.86±8.77	27.7±3.13	7.72±2.3	7.39±.74	25.44±2.42	1.20±0.07
36.02	3,3-二甲基-吡咯烷-2,4-二酮	23.75±3.51	10.74±4.66	2.87±0.46	9.56±0.26	7.71±0.25	12.77±2.08	17.46±0.8	29.2±6.21	9.61±.59	6.35±0.41	13.6±0.21

第三章 太极古茶树资源与品种

第二节 太极古茶树名枞

太极古茶1号

生长地点： 毕节市七星关区清水镇左家滕，海拔1 053 m。

形态特征： 树高5.4 m，胸径17.3 cm，冠幅3.0 m，小乔木型，树姿半开张；叶片椭圆形，长14.6 cm，宽6.7 cm，深绿色，叶面微隆，叶身平，叶缘波，叶脉7对，质地中，叶齿锐度密度中等且深度中等，叶基楔形，叶尖渐尖。芽叶绿色，茸毛稀。花直径5 cm，子房有茸毛，雌蕊高于雄蕊，花柱分3裂，分裂位置高；果3裂。

生化特性： 一芽二叶蒸青样含水浸出物44.9%，氨基酸3.7%，可溶性糖3.5%，茶多酚21.3%，咖啡碱3.3%，GC 2.2%，EGC 2.8%，苦茶碱0.1%，C 0.3%，EC 0.4%，EGCG 10.9%，GCG 2.0%，ECG 1.9%，CG 0.1%。

叶肉细胞特征：

栅栏组织厚（μm）	48.29	角质层厚（μm）	1.89
栅栏组织层数	1	下表皮厚（μm）	15.80
海绵组织厚（μm）	141.05	上表皮厚（μm）	19.30
栅栏系数	0.34	全叶厚（μm）	224.45

太极古茶2号

生长地点：毕节市七星关区清水镇左家滕，海拔1 047 m。

形态特征：树高6.7 m，胸径16.2 cm，冠幅3.3 m，小乔木型，树姿开张；叶片长椭圆形，长12.1 cm，宽4.6 cm，绿色，叶面微隆，叶身内折，叶缘平，叶脉7对，质地硬，叶齿锐度密度中等且深度中等，叶基楔形，叶尖渐尖。芽叶紫绿色，茸毛稀。花直径3.5 cm，子房有茸毛，雌蕊与雄蕊等高，花柱分3裂，分裂位置中；果3裂。

生化特性：一芽二叶蒸青样含水浸出物45.6%，氨基酸2.8%，可溶性糖1.9%，茶多酚29.3%，咖啡碱2.9%，GC 0.7%，EGC 0.9%，苦茶碱0.7%，C 0.5%，EC 0.5%，EGCG 9.5%，GCG 2.0%，ECG 4.7%，CG 0.1%。

叶肉细胞特征：

栅栏组织厚（μm）	85.51	角质层厚（μm）	3.19
栅栏组织层数	1	下表皮厚（μm）	8.70
海绵组织厚（μm）	139.71	上表皮厚（μm）	24.64
栅栏系数	0.61	全叶厚（μm）	258.55

太极古茶3号

生长地点： 毕节市七星关区清水镇左家滕，海拔1 047 m。

形态特征： 树高2.7 m，胸径51.6 cm，冠幅2.3 m，小乔木型，树姿开张；叶片长椭圆形，长12.3 cm，宽4.7 cm，深绿色，叶面微隆，叶身内折，叶缘微波，叶脉6对，质地中，叶齿锐度密度锐中且深度中等，叶基楔形，叶尖渐尖。芽叶黄绿色，茸毛稀。花直径2.5 cm，子房有茸毛，雌蕊与雄蕊等高，花柱分3裂，分裂位置低；果3裂。

生化特性： 一芽二叶蒸青样含水浸出物44.8%，氨基酸3.7%，可溶性糖4.7%，茶多酚22.5%，咖啡碱3.6%，GC 0.8%，EGC 1.2%，苦茶碱0.2%，C 0.1%，EC 0.5%，EGCG 13.7%，GCG 1.2%，ECG 2.6%，CG 0.1%。

叶肉细胞特征：

栅栏组织厚（μm）	125.56	角质层厚（μm）	2.22
栅栏组织层数	2	下表皮厚（μm）	16.67
海绵组织厚（μm）	118.15	上表皮厚（μm）	17.41
栅栏系数	1.06	全叶厚（μm）	277.78

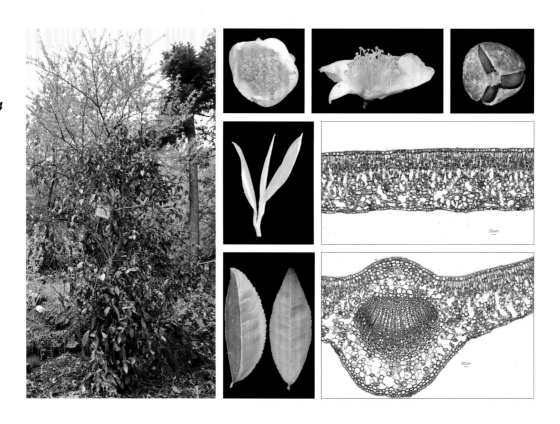

太极古茶4号

生长地点： 毕节市七星关区清水镇左家滕，海拔1 041 m。

形态特征： 树高2.5 m，胸径11.8 cm，冠幅1.6 m，小乔木型，树姿开张；叶片长椭圆形，长15.7 cm，宽5.4 cm，深绿色，叶面平，叶身平，叶缘平，叶脉7对，质地中，叶齿锐度密度中且深度中等，叶基楔形，叶尖渐尖。芽叶黄绿色，茸毛稀。花直径4.8 cm，子房有茸毛，雌蕊高于雄蕊，花柱分3裂，分裂位置高；果3裂。

生化特性： 一芽二叶蒸青样含水浸出物41.8%，氨基酸2.4%，可溶性糖2.8%，茶多酚26.0%，咖啡碱3.7%，GC 1.4%，EGC 1.5%，苦茶碱0.3%，C 0.04%，EC 0.4%，EGCG 15.4%，GCG 2.1%，ECG 2.0%，CG 0.1%。

叶肉细胞特征：

栅栏组织厚（μm）	48.84	角质层厚（μm）	2.04
栅栏组织层数	1	下表皮厚（μm）	15.03
海绵组织厚（μm）	119.25	上表皮厚（μm）	17.14
栅栏系数	0.41	全叶厚（μm）	200.27

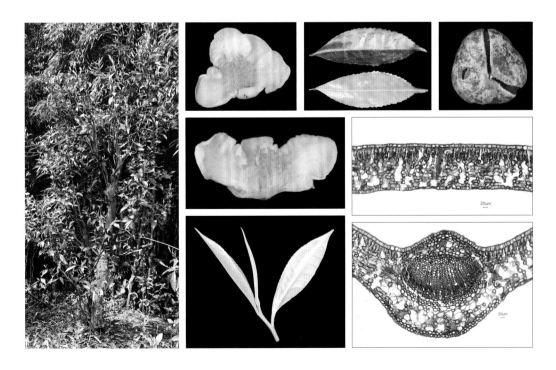

第三章 太极古茶树资源与品种

太极古茶5号

生长地点： 毕节市七星关区清水镇左家滕，海拔1 010 m。

形态特征： 树高3.5 m，胸径42.7 cm，冠幅4.0 m，小乔木型，树姿开张；叶片长椭圆形，长14.5 cm，宽6.0 cm，深绿色，叶面微隆，叶身平，叶缘微波，叶脉7对，质地中，叶齿锐度密度中且深度中等，叶基楔形，叶尖渐尖。芽叶黄绿色，茸毛稀。果3裂。

生化特性： 一芽二叶蒸青样含水浸出物40.3%，氨基酸3.5%，可溶性糖3.5%，茶多酚22.1%，咖啡碱3.4%，GC 1.9%，EGC 1.9%，苦茶碱0.1%，C 0.2%，EC 0.4%，EGCG 11.4%，GCG 2.2%，ECG 2.5%，CG 0.1%。

叶肉细胞特征：

栅栏组织厚（μm）	51.21	角质层厚（μm）	1.82
栅栏组织层数	1	下表皮厚（μm）	14.24
海绵组织厚（μm）	136.36	上表皮厚（μm）	22.12
栅栏系数	0.38	全叶厚（μm）	223.94

太极古茶6号

生长地点：毕节市七星关区清水镇左家滕，海拔1 013 m。

形态特征：树高6.7 m，胸径14.1 cm，冠幅6.3 m，小乔木型，树姿开张；叶片长椭圆形，长14.3 cm，宽5.4 cm，深绿色，叶面平，叶身平，叶缘平，叶脉7对，质地硬，叶齿锐度密度中且深度中等，叶基楔形，叶尖渐尖。芽叶黄绿色，茸毛稀。花直径4.2 cm，子房有茸毛，雌蕊与雄蕊等高，花柱分3裂，分裂位置高；果3裂。

生化特性：一芽二叶蒸青样含水浸出物39.8%，氨基酸3.5%，可溶性糖3.5%，茶多酚23.1%，咖啡碱3.6%，GC 1.7%，EGC 2.1%，苦茶碱0.1%，C 0.1%，EC 0.4%，EGCG 14.4%，GCG 2.4%，ECG 2.3%，CG 0.1%。

叶肉细胞特征：

栅栏组织厚（μm）	63.86	角质层厚（μm）	2.11
栅栏组织层数	1	下表皮厚（μm）	17.54
海绵组织厚（μm）	131.23	上表皮厚（μm）	22.46
栅栏系数	0.49	全叶厚（μm）	235.09

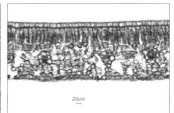
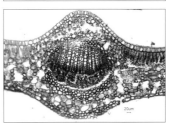

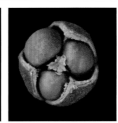

第三章　太极古茶树资源与品种

太极古茶7号

生长地点： 毕节市七星关区清水镇左家滕，海拔1 009 m。

形态特征： 树高3.2 m，胸径24.5 cm，冠幅2.3 m，灌木型，树姿半开张；叶片长椭圆形，长16.0 cm，宽5.8 cm，绿色，叶面微隆，叶身内折，叶缘平，叶脉7对，质地中，叶齿锐度密度中且深度浅，叶基楔形，叶尖渐尖。芽叶绿色，茸毛中等。花直径2.8 cm，子房有茸毛，雌蕊与雄蕊等高，花柱分3裂，分裂位置高；果3裂。

生化特性： 一芽二叶蒸青样含水浸出物38.7%，氨基酸3.8%，可溶性糖3.6%，茶多酚19.0%，咖啡碱3.4%，GC 0.1%，EGC 1.4%，苦茶碱0.2%，C 0.05%，EC 0.6%，EGCG 12.6%，GCG 0.3%，ECG 2.7%，CG 0.1%。

叶肉细胞特征：

栅栏组织厚（μm）	105.64	角质层厚（μm）	3.59
栅栏组织层数	2	下表皮厚（μm）	15.90
海绵组织厚（μm）	244.10	上表皮厚（μm）	26.67
栅栏系数	0.43	全叶厚（μm）	392.31

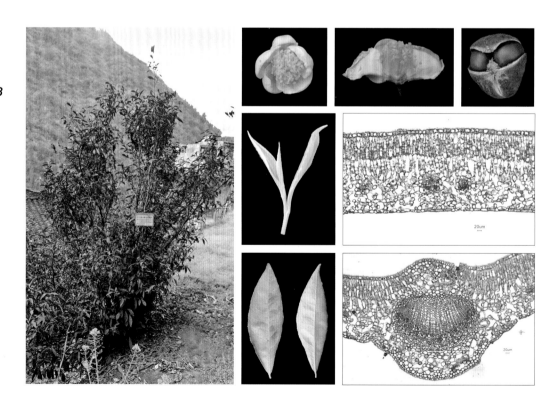

太极古茶8号

生长地点：毕节市七星关区燕子口镇石板坡，海拔1 084 m。

形态特征：树高8.2 m，胸径21.7 cm，冠幅3.5 m，小乔木型，树姿半开张；叶片长椭圆形，长11.6 cm，宽4.1 cm，深绿色，叶面微降，叶身内折，叶缘微波，叶脉7对，质地硬，叶齿锐度密度中且深度浅，叶基楔形，叶尖渐尖。芽叶绿色，茸毛稀。花直径3.0 cm，子房有茸毛，雌蕊与雄蕊等高，花柱分3裂，分裂位置中；果3裂。

生化特性：一芽二叶蒸青样含水浸出物45.2%，氨基酸4.7%，可溶性糖4.2%，茶多酚25.4%，咖啡碱3.5%，GC 0.8%，EGC 1.0%，苦茶碱0.1%，C 0.4%，EC 0.3%，EGCG 8.6%，GCG 1.4%，ECG 4.5%，CG 0.1%。

叶肉细胞特征：

栅栏组织厚（μm）	95.11	角质层厚（μm）	3.11
栅栏组织层数	1	下表皮厚（μm）	16.71
海绵组织厚（μm）	189.33	上表皮厚（μm）	37.33
栅栏系数	0.50	全叶厚（μm）	338.49

太极古茶9号

生长地点：毕节市七星关区燕子口镇石板坡，海拔1 081 m。

形态特征：树高4.1 m，胸径16.6 cm，冠幅1.2 m，小乔木型，树姿直立；叶片长椭圆形，长11.5 cm，宽3.1 cm，深绿色，叶面微隆，叶身内折，叶缘波，叶脉6对，质地硬，叶齿锐度密度锐稀且深度浅，叶基楔形，叶尖渐尖。芽叶黄绿色，茸毛稀。花直径2.5 cm，子房有茸毛，雌蕊高于雄蕊，花柱分3裂，分裂位置高；果3裂。

生化特性：一芽二叶蒸青样含水浸出物40.6%，氨基酸4.4%，可溶性糖2.6%，茶多酚25.5%，咖啡碱3.2%，GC 0.8%，EGC 1.6%，苦茶碱0.7%，C 0.4%，EC 0.4%，EGCG 11.5%，GCG 2.0%，ECG 3.8%，CG 0.1%。

叶肉细胞特征：

栅栏组织厚（μm）	79.22	角质层厚（μm）	4.71
栅栏组织层数	1	下表皮厚（μm）	13.33
海绵组织厚（μm）	176.47	上表皮厚（μm）	29.80
栅栏系数	0.45	全叶厚（μm）	298.82

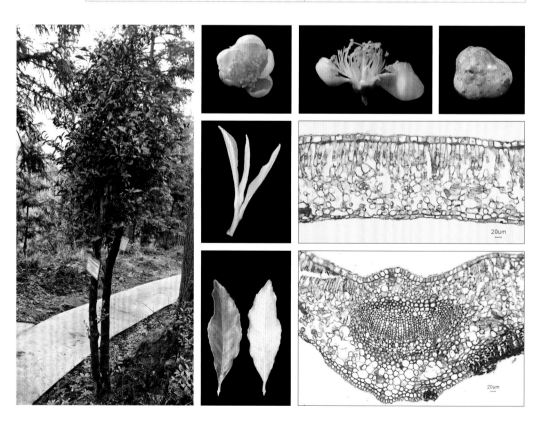

太极古茶10号

生长地点：毕节市七星关区燕子口镇石板坡，海拔1 081 m。

形态特征：树高4.5 m，胸径34.7 cm，冠幅2.6 m，小乔木型，树姿半开张；叶片长椭圆形，长11.5 cm，宽4.2 cm，深绿色，叶面平，叶身内折，叶缘平，叶脉7对，质地硬，叶齿锐度密度中且深度中，叶基楔形，叶尖渐尖。芽叶绿色，茸毛稀。花直径2.6 cm，子房有茸毛，雌蕊与雄蕊等高，花柱分3裂，分裂位置高；果3裂。

生化特性：一芽二叶蒸青样含水浸出物43.0%，氨基酸3.4%，可溶性糖4.4%，茶多酚24.6%，咖啡碱3.5%，GC 2.0%，EGC 2.1%，苦茶碱0.1%，C 0.04%，EC 0.4%，EGCG 12.8%，GCG 3.5%，ECG 2.1%，CG 0.1%。

叶肉细胞特征：

栅栏组织厚（μm）	52.50	角质层厚（μm）	4.17
栅栏组织层数	1	下表皮厚（μm）	28.33
海绵组织厚（μm）	205.83	上表皮厚（μm）	21.67
栅栏系数	0.26	全叶厚（μm）	308.33

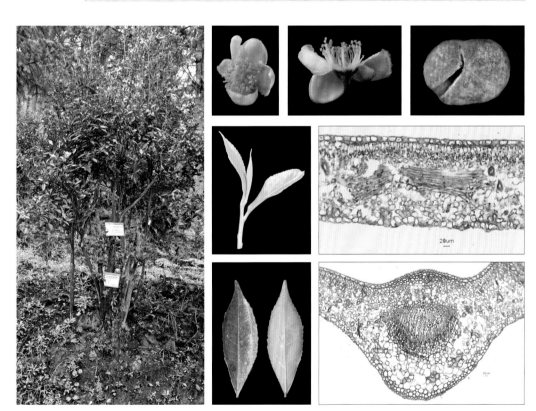

第三章 太极古茶树资源与品种

太极古茶11号

生长地点：毕节市七星关区燕子口镇石板坡，海拔1 080 m。

形态特征：树高8.5 m，胸径21.7 cm，冠幅3.5 m，小乔木型，树姿半开张；叶片长椭圆形，长10.3 cm，宽4.3 cm，绿色，叶面平，叶身内折，叶缘平，叶脉6对，质地中，叶齿锐度密度中且深度中，叶基楔形，叶尖渐尖。芽叶绿色，茸毛稀。花直径3.3 cm，子房有茸毛，雌蕊与雄蕊等高，花柱分3裂，分裂位置中；果3裂。

生化特性：一芽二叶蒸青样含水浸出物45.2%，氨基酸3.1%，可溶性糖3.6%，茶多酚19.4%，咖啡碱2.8%，GC 0.8%，EGC 1.0%，苦茶碱0.7%，C 0.4%，EC 0.5%，EGCG 9.0%，GCG 1.8%，ECG 4.3%，CG 0.1%。

叶肉细胞特征：

栅栏组织厚（μm）	66.03	角质层厚（μm）	3.49
栅栏组织层数	1	下表皮厚（μm）	26.03
海绵组织厚（μm）	128.89	上表皮厚（μm）	23.49
栅栏系数	0.51	全叶厚（μm）	244.44

太极古茶12号

生长地点：毕节市七星关区燕子口镇石板坡，海拔1 080 m。

形态特征：树高8.8 m，胸径20.2 cm，冠幅3.8 m，小乔木型，树姿半开张；叶片长椭圆形，长10.4 cm，宽3.9 cm，深绿色，叶面微降，叶身内折，叶缘微波，叶脉6对，质地中，叶齿锐度密度中且深度中，叶基楔形，叶尖渐尖。芽叶黄绿色，无茸毛。花直径3.5 cm，子房有茸毛，雌蕊与雄蕊等高，花柱分2裂，分裂位置中；果3裂。

生化特性：一芽二叶蒸青样含水浸出物47.0%，氨基酸3.5%，可溶性糖2.5%，茶多酚24.5%，咖啡碱2.7%，GC 0.7%，EGC 0.7%，苦茶碱1.1%，C 0.2%，EC 0.2%，EGCG 9.3%，GCG 1.4%，ECG 2.1%，CG 0.1%。

叶肉细胞特征：

栅栏组织厚（μm）	97.58	角质层厚（μm）	3.64
栅栏组织层数	1	下表皮厚（μm）	15.76
海绵组织厚（μm）	255.76	上表皮厚（μm）	34.55
栅栏系数	0.38	全叶厚（μm）	403.64

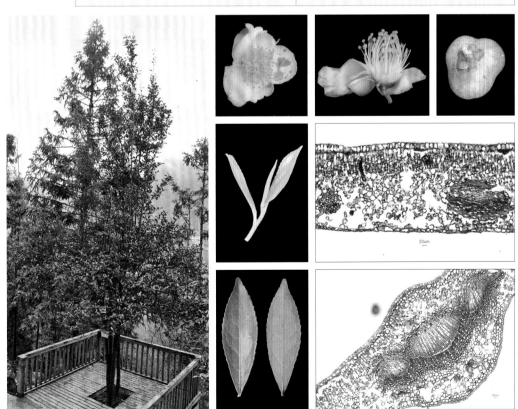

第三章　太极古茶树资源与品种

太极古茶13号

生长地点： 毕节市七星关区燕子口镇石板坡，海拔1 080 m。

形态特征： 树高3.5 m，胸径17.2 cm，冠幅3.8 m，小乔木型，树姿开张；叶片椭圆形，长11.5 cm，宽5.2 cm，绿色，叶面平，叶身内折，叶缘微波，叶脉7对，质地中，叶齿锐度密度锐中且深度中，叶基楔形，叶尖渐尖。芽叶黄绿色，茸毛稀。花直径2.8 cm，子房有茸毛，雌蕊高于雄蕊，花柱分3裂，分裂位置高；果3裂。

生化特性： 一芽二叶蒸青样含水浸出物46.6%，氨基酸3.4%，可溶性糖3.0%，茶多酚25.1%，咖啡碱3.6%，GC 1.0%，EGC 1.0%，苦茶碱0.3%，C 0.4%，EC 0.4%，EGCG 12.2%，GCG 2.3%，ECG 4.2%，CG 0.1%。

叶肉细胞特征：

栅栏组织厚（μm）	115.71	角质层厚（μm）	2.86
栅栏组织层数	2	下表皮厚（μm）	14.76
海绵组织厚（μm）	179.52	上表皮厚（μm）	30.95
栅栏系数	0.64	全叶厚（μm）	340.95

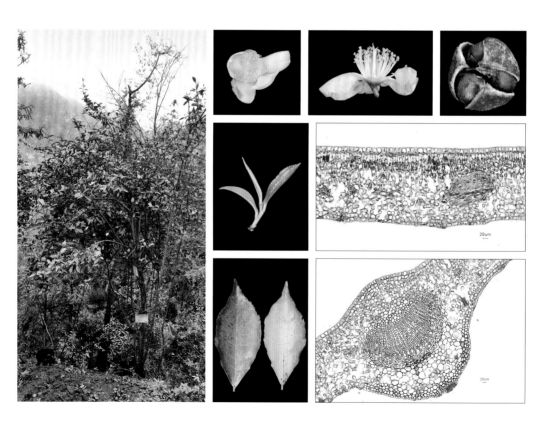

太极古茶14号

生长地点：毕节市七星关区燕子口镇石板坡，海拔1 081 m。

形态特征：树高4.1 m，胸径21.7 cm，冠幅2.8 m，小乔木型，树姿半开张；叶片披针形，长10.1 cm，宽3.2 cm，深绿色，叶面微隆，叶身内折，叶缘平，叶脉6对，质地中，叶齿锐度密度中且深度中，叶基楔形，叶尖渐尖。芽叶黄绿色，茸毛稀。花直径4.0 cm，子房有茸毛，雌蕊与雄蕊等高，花柱分3裂，分裂位置中；果3裂。

生化特性：一芽二叶蒸青样含水浸出物39.1%，氨基酸4.5%，可溶性糖3.4%，茶多酚26.4%，咖啡碱3.1%，GC 0.1%，EGC 1.5%，苦茶碱0.1%，C 0.02%，EC 0.7%，EGCG 8.9%，GCG 0.2%，ECG 3.1%，CG 0.1%。

叶肉细胞特征：

栅栏组织厚（μm）	95.11	角质层厚（μm）	4.44
栅栏组织层数	1	下表皮厚（μm）	14.22
海绵组织厚（μm）	218.67	上表皮厚（μm）	27.56
栅栏系数	0.43	全叶厚（μm）	355.56

太极古茶15号

生长地点：毕节市七星关区燕子口镇石板坡，海拔1 081 m。

形态特征：树高4.8 m，胸径12.4 cm，冠幅2.0 m，小乔木型，树姿直立；叶片长椭圆形，长15.8 cm，宽5.5 cm，绿色，叶面隆起，叶身内折，叶缘平，叶脉6对，质地中，叶齿锐度密度中且深度中，叶基楔形，叶尖渐尖。芽叶黄绿色，茸毛稀。花直径3.0 cm，子房有茸毛，雌蕊高于雄蕊，花柱分3裂，分裂位置高；果3裂。

生化特性：一芽二叶蒸青样含水浸出物46.0%，氨基酸2.5%，可溶性糖3.1%，茶多酚18.3%，咖啡碱4.1%，GC 0.2%，EGC 1.1%，苦茶碱0.4%，C 0.2%，EC 0.4%，EGCG 10.1%，GCG 1.1%，ECG 3.4%，CG 0.1%。

叶肉细胞特征：

栅栏组织厚（μm）	167.41	角质层厚（μm）	5.41
栅栏组织层数	1	下表皮厚（μm）	32.59
海绵组织厚（μm）	362.96	上表皮厚（μm）	53.33
栅栏系数	0.46	全叶厚（μm）	616.30

太极古茶16号

生长地点： 毕节市七星关区燕子口镇石板坡，海拔1 081 m。

形态特征： 树高3.2 m，胸径9.6 cm，冠幅3.1 m，灌木型，树姿半开张；叶片长椭圆形，长11.0 cm，宽4.3 cm，绿色，叶面微隆，叶身平，叶缘微波，叶脉5对，质地中，叶齿锐度密度中密且深度中，叶基楔形，叶尖渐尖。芽叶绿色，茸毛密。花直径3.5 cm，子房有茸毛，雌蕊与雄蕊等高，花柱分3裂，分裂位置高；果3裂。

生化特性： 一芽二叶蒸青样含水浸出物39.8%，氨基酸3.5%，可溶性糖4.0%，茶多酚17.6%，咖啡碱3.1%，GC 1.0%，EGC 2.4%，苦茶碱0.4%，C 0.4%，EC 1.6%，EGCG 10.4%，GCG 1.0%，ECG 4.8%，CG 0.1%。

叶肉细胞特征：

栅栏组织厚（μm）	101.33	角质层厚（μm）	2.67
栅栏组织层数	2	下表皮厚（μm）	11.00
海绵组织厚（μm）	127.00	上表皮厚（μm）	21.00
栅栏系数	0.80	全叶厚（μm）	260.33

太极古茶17号

生长地点： 毕节市七星关区燕子口镇石板坡，海拔1 092 m。

形态特征： 树高7.3 m，胸径15.6 cm，冠幅3.0 m，小乔木型，树姿直立；叶片椭圆形，长12.4 cm，宽4.9 cm，绿色，叶面微隆，叶身平，叶缘平，叶脉6对，质地中，叶齿锐度密度中密且深度中，叶基楔形，叶尖渐尖。芽叶绿色，茸毛密。花直径2.5 cm，子房有茸毛，雌蕊与雄蕊等高，花柱分3裂，分裂位置高；果3裂。

生化特性： 一芽二叶蒸青样含水浸出物44.9%，氨基酸3.4%，可溶性糖3.9%，茶多酚24.8%，咖啡碱3.4%，GC 0.1%，EGC 2.6%，苦茶碱1.0%，C 0.04%，EC 0.3%，EGCG 12.2%，GCG 0.3%，ECG 1.6%，CG 0.1%。

叶肉细胞特征：

栅栏组织厚（μm）	76.49	角质层厚（μm）	2.11
栅栏组织层数	1	下表皮厚（μm）	23.86
海绵组织厚（μm）	152.98	上表皮厚（μm）	31.58
栅栏系数	0.50	全叶厚（μm）	284.91

太极古茶18号

生长地点：毕节市七星关区燕子口镇石板坡，海拔1 081 m。

形态特征：树高3.0 m，胸径6.4 cm，冠幅3.0 m，小乔木型，树姿半开张；叶片长椭圆形，长12.0 cm，宽5.0 cm，深绿色，叶面微隆，叶身平，叶缘微波，叶脉7对，质地硬，叶齿锐度密度中且深度浅，叶基楔形，叶尖渐尖。芽叶黄绿色，茸毛稀。花直径3.2 cm，子房有茸毛，雌蕊与雄蕊等高，花柱分3裂，分裂位置高；果3裂。

生化特性：一芽二叶蒸青样含水浸出物45.2%，氨基酸4.2%，可溶性糖3.6%，茶多酚20.3%，咖啡碱3.5%，GC 0.8%，EGC 0.7%，苦茶碱1.7%，C 0.5%，EC 0.2%，EGCG 6.8%，GCG 1.6%，ECG 4.6%，CG 0.1%。

叶肉细胞特征：

栅栏组织厚（μm）	77.54	角质层厚（μm）	2.11
栅栏组织层数	1	下表皮厚（μm）	16.84
海绵组织厚（μm）	161.40	上表皮厚（μm）	23.51
栅栏系数	0.48	全叶厚（μm）	279.30

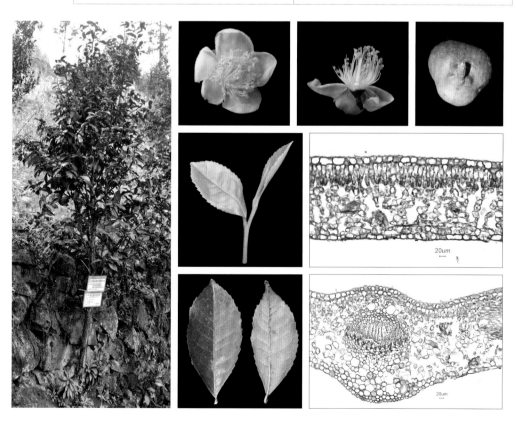

太极古茶19号

生长地点：毕节市七星关区燕子口镇石板坡，海拔1 081 m。

形态特征：树高3.0 m，胸径24.5 cm，冠幅1.3 m，小乔木型，树姿直立；叶片椭圆形，长14.0 cm，宽6.9 cm，深绿色，叶面隆起，叶身内折，叶缘平，叶脉7对，质地硬，叶齿锐度密度中且深度中，叶基楔形，叶尖渐尖。芽叶黄绿色，茸毛稀。花直径3.3 cm，子房有茸毛，雌蕊高于雄蕊，花柱分3裂，分裂位置高；果3裂。

生化特性：一芽二叶蒸青样含水浸出物45.2%，氨基酸4.1%，可溶性糖3.5%，茶多酚21.3%，咖啡碱4.2%，GC 0.6%，EGC 1.0%，苦茶碱0.3%，C 0.4%，EC 0.5%，EGCG 10.1%，GCG 1.6%，ECG 4.1%，CG 0.1%。

叶肉细胞特征：

栅栏组织厚（μm）	87.06	角质层厚（μm）	2.35
栅栏组织层数	1	下表皮厚（μm）	16.86
海绵组织厚（μm）	171.37	上表皮厚（μm）	29.02
栅栏系数	0.51	全叶厚（μm）	304.31

太极古茶20号

生长地点：毕节市七星关区燕子口镇，海拔1 099 m。

形态特征：树高3.1 m，胸径27.4 cm，冠幅3.1 m，小乔木型，树姿半开张；叶片长椭圆形，长10.6 cm，宽4.4 cm，深绿色，叶面微隆，叶身平，叶缘平，叶脉9对，质地中，叶齿锐度密度中且深度中，叶基楔形，叶尖渐尖。芽叶绿色，茸毛中。花直径3.0 cm，子房有茸毛，雌蕊高于雄蕊，花柱分3裂，分裂位置中；果3裂。

生化特性：一芽二叶蒸青样含水浸出物45.8%，氨基酸3.8%，可溶性糖3.6%，茶多酚22.6%，咖啡碱3.5%，GC 0.2%，EGC 1.7%，苦茶碱0.1%，C 0.1%，EC 0.7%，EGCG 9.2%，GCG 0.2%，ECG 3.0%，CG 0.1%。

叶肉细胞特征：

栅栏组织厚（μm）	81.16	角质层厚（μm）	2.03
栅栏组织层数	2	下表皮厚（μm）	13.91
海绵组织厚（μm）	100.29	上表皮厚（μm）	17.39
栅栏系数	0.81	全叶厚（μm）	212.75

太极古茶21号

生长地点：毕节市七星关区燕子口镇，海拔1 099 m。

形态特征：树高3.3 m，胸径15.0 cm，冠幅2.6 m，小乔木型，树姿半开张；叶片长椭圆形，长10.0 cm，宽3.6 cm，深绿色，叶面微隆，叶身平，叶缘平，叶脉7对，质地中，叶齿锐度密度中且深度中，叶基楔形，叶尖钝尖。芽叶绿色，茸毛密。花直径4.0 cm，子房有茸毛，雌蕊高于雄蕊，花柱分3裂，分裂位置高；果3裂。

生化特性：一芽二叶蒸青样含水浸出物40.1%，氨基酸4.7%，可溶性糖3.7%，茶多酚16.2%，咖啡碱3.5%，GC 0.2%，EGC 2.1%，苦茶碱0.1%，C 0.1%，EC 0.7%，EGCG 8.6%，GCG 0.3%，ECG 3.6%，CG 0.1%。

叶肉细胞特征：

栅栏组织厚（μm）	40.53	角质层厚（μm）	1.97
栅栏组织层数	1	下表皮厚（μm）	13.60
海绵组织厚（μm）	137.33	上表皮厚（μm）	12.80
栅栏系数	0.30	全叶厚（μm）	204.27

太极古茶22号

生长地点：毕节市七星关区清水镇左家滕，海拔1 017 m。

形态特征：树高4.1 m，胸径29.0 cm，冠幅3.0 m，小乔木型，树姿开张；叶片长椭圆形，长14.4 cm，宽5.5 cm，深绿色，叶面微隆，叶身背卷，叶缘波，叶脉6对，质地硬，叶齿锐度密度中且深度中，叶基楔形，叶尖渐尖。芽叶绿色，茸毛稀。花直径3.8 cm，子房有茸毛，雌蕊与雄蕊等高，花柱分3裂，分裂位置中；果3裂。

生化特性：一芽二叶蒸青样含水浸出物41.0%，氨基酸4.0%，可溶性糖3.5%，茶多酚18.1%，咖啡碱3.0%，GC 1.2%，EGC 1.1%，苦茶碱0.4%，C 0.6%，EC 0.5%，EGCG 10.8%，GCG 2.4%，ECG 4.1%，CG 0.2%。

叶肉细胞特征：

栅栏组织厚（μm）	45.78	角质层厚（μm）	3.33
栅栏组织层数	1	下表皮厚（μm）	16.89
海绵组织厚（μm）	160.00	上表皮厚（μm）	18.22
栅栏系数	0.29	全叶厚（μm）	240.89

第三章 太极古茶树资源与品种

太极古茶23号

生长地点： 毕节市七星关区清水镇左家滕，海拔1 025 m。

形态特征： 树高2.1 m，胸径10.5 cm，冠幅1.5 m，小乔木型，树姿开张；叶片长椭圆形，长14.5 cm，宽5.6 cm，深绿色，叶面微隆，叶身内折，叶缘平，叶脉6对，质地中，叶齿锐度密度中且深度浅，叶基楔形，叶尖渐尖。芽叶绿色，茸毛稀。花直径3.2 cm，子房有茸毛，雌蕊与雄蕊等高，花柱分3裂，分裂位置中；果3裂。

生化特性： 一芽二叶蒸青样含水浸出物39.4%，氨基酸3.1%，可溶性糖5.0%，茶多酚19.6%，咖啡碱3.1%，GC 2.3%，EGC 2.8%，苦茶碱0.2%，C 0.1%，EC 0.4%，EGCG 9.4%，GCG 1.7%，ECG 1.3%，CG 0.2%。

叶肉细胞特征：

栅栏组织厚（μm）	49.23	角质层厚（μm）	5.13
栅栏组织层数	1	下表皮厚（μm）	21.03
海绵组织厚（μm）	150.77	上表皮厚（μm）	24.62
栅栏系数	0.33	全叶厚（μm）	245.64

太极古茶24号

生长地点：毕节市七星关区清水镇左家滕，海拔1 153 m。

形态特征：树高4.1 m，胸径24.8 cm，冠幅2.5 m，小乔木型，树姿半开张；叶片长椭圆形，长12.0 cm，宽5.0 cm，深绿色，叶面微隆，叶身平，叶缘微波，叶脉7对，质地中，叶齿锐度密度中且深度中，叶基近圆形，叶尖渐尖。芽叶黄绿色，茸毛中。花直径5.0 cm，子房有茸毛，雌蕊与雄蕊等高，花柱分3裂，分裂位置高；果3裂。

生化特性：一芽二叶蒸青样含水浸出物43.2%，氨基酸2.7%，可溶性糖3.4%，茶多酚18.8%，咖啡碱3.2%。GC 2.4%，EGC 1.0%，苦茶碱0.1%，C 0.1%，EC 0.7%，EGCG 8.7%，GCG 1.9%，ECG 2.0%，CG 0.2%。

叶肉细胞特征：

栅栏组织厚（μm）	36.67	角质层厚（μm）	1.54
栅栏组织层数	1	下表皮厚（μm）	11.28
海绵组织厚（μm）	130.00	上表皮厚（μm）	16.67
栅栏系数	0.28	全叶厚（μm）	194.62

第三章 太极古茶树资源与品种

太极古茶25号

生长地点： 毕节市七星关区燕子口镇官庄，海拔1 334 m。

形态特征： 树高2.8 m，胸径6.4 cm，冠幅1.7 m，小乔木型，树姿直立；叶片长椭圆形，长10.8 cm，宽5.0 cm，深绿色，叶面微隆，叶身平，叶缘微波，叶脉7对，质地中，叶齿锐度密度中且深度中，叶基楔形，叶尖渐尖。芽叶绿色，茸毛密。花直径2.6 cm，子房有茸毛，雌蕊高于雄蕊，花柱分3裂，分裂位置中；果3裂。

生化特性： 一芽二叶蒸青样含水浸出物40.1%，氨基酸4.4%，可溶性糖2.8%，茶多酚16.1%，咖啡碱3.5%，GC 0.1%，EGC 1.2%，苦茶碱0.3%，C 0.02%，EC 0.4%，EGCG 9.3%，GCG 0.2%，ECG 2.1%，CG 0.1%。

叶肉细胞特征：

栅栏组织厚（μm）	50.72	角质层厚（μm）	2.32
栅栏组织层数	1	下表皮厚（μm）	10.14
海绵组织厚（μm）	128.12	上表皮厚（μm）	16.23
栅栏系数	0.40	全叶厚（μm）	205.22

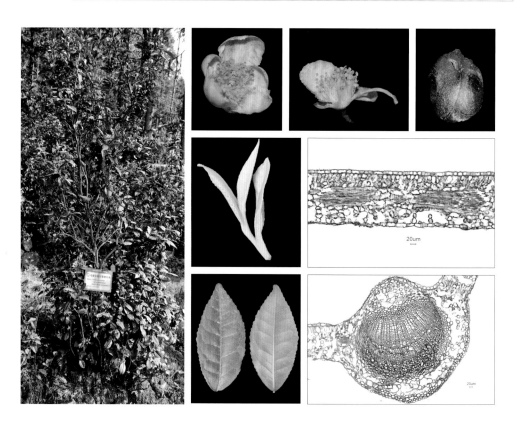

太极古茶26号

生长地点：毕节市七星关区燕子口镇官庄，海拔1 354 m。

形态特征：树高3.1 m，胸径11.5 cm，冠幅3.5 m，小乔木型，树姿开张；叶片长椭圆形，长12.1 cm，宽5.6 cm，深绿色，叶面隆起，叶身平，叶缘平，叶脉9对，质地硬，叶齿锐度密度锐中且深度中，叶基楔形，叶尖渐尖。芽叶绿色，茸毛密。花直径4.0 cm，子房有茸毛，雌蕊高于雄蕊，花柱分3裂，分裂位置中；果3裂。

生化特性：一芽二叶蒸青样含水浸出物40.2%，氨基酸4.0%，可溶性糖2.9%，茶多酚21.0%，咖啡碱3.7%，GC 0.1%，EGC 1.3%，苦茶碱0.1%，C 0.1%，EC 0.7%，EGCG 9.9%，GCG 0.2%，ECG 2.7%，CG 0.1%。

叶肉细胞特征：

栅栏组织厚（μm）	44.62	角质层厚（μm）	2.31
栅栏组织层数	1	下表皮厚（μm）	16.92
海绵组织厚（μm）	141.03	上表皮厚（μm）	15.38
栅栏系数	0.32	全叶厚（μm）	217.95

第三章 太极古茶树资源与品种

太极古茶27号

生长地点： 毕节市七星关区燕子口镇官庄，海拔1 332 m。

形态特征： 树高4.1 m，胸径28.3 cm，冠幅3.5 m，小乔木型，树姿开张；叶片长椭圆形，长13.3 cm，宽4.5 cm，深绿色，叶面微隆，叶身平，叶缘波，叶脉7对，质地中，叶齿锐度密度中且深度中，叶基楔形，叶尖渐尖。芽叶绿色，茸毛密。花直径2.7 cm，子房有茸毛，雌蕊高于雄蕊，花柱分3裂，分裂位置中；果3裂。

生化特性： 一芽二叶蒸青样含水浸出物44.0%，氨基酸3.8%，可溶性糖3.1%，茶多酚17.9%，咖啡碱4.2%，GC 0.1%，EGC 1.6%，苦茶碱0.5%，C 0.1%，EC 0.5%，EGCG 13.4%，GCG 0.4%，ECG 3.1%，CG 0.1%。

叶肉细胞特征：

栅栏组织厚（μm）	64.13	角质层厚（μm）	3.81
栅栏组织层数	1	下表皮厚（μm）	16.51
海绵组织厚（μm）	160.00	上表皮厚（μm）	18.41
栅栏系数	0.40	全叶厚（μm）	259.05

太极古茶28号

生长地点：毕节市七星关区燕子口镇官庄，海拔1 329 m。

形态特征：树高3.5 m，胸径6.4 cm，冠幅2.5 m，灌木型，树姿半开张；叶片长椭圆形，长12.0 cm，宽4.1 cm，绿色，叶面微隆，叶身平，叶缘波，叶脉6对，质地硬，叶齿锐度密度中且深度中，叶基楔形，叶尖渐尖。芽叶绿色，茸毛密。花直径2.9 cm，子房有茸毛，雌蕊高于雄蕊，花柱分3裂，分裂位置高；果3裂。

生化特性：一芽二叶蒸青样含水浸出物45.9%，氨基酸3.0%，可溶性糖2.8%，茶多酚20.6%，咖啡碱3.3%，GC 0.1%，EGC 1.2%，苦茶碱0.4%，C 0.1%，EC 0.8%，EGCG 13.1%，GCG 0.3%，ECG 3.1%，CG 0.1%。

叶肉细胞特征：

栅栏组织厚（μm）	104.16	角质层厚（μm）	2.35
栅栏组织层数	2	下表皮厚（μm）	19.06
海绵组织厚（μm）	183.53	上表皮厚（μm）	22.12
栅栏系数	0.57	全叶厚（μm）	328.86

第三章 太极古茶树资源与品种

太极古茶29号

生长地点： 毕节市七星关区燕子口镇官庄，海拔1 329 m。

形态特征： 树高2.7 m，胸径7.6 cm，冠幅5.1 m，灌木型，树姿开张；叶片长椭圆形，长10.0 cm，宽4.7 cm，深绿色，叶面隆起，叶身平，叶缘平，叶脉8对，质地中，叶齿锐度密度中密且深度中，叶基楔形，叶尖渐尖。芽叶黄绿色，茸毛密。花直径2.6 cm，子房有茸毛，雌蕊与雄蕊等高，花柱分3裂，分裂位置中；果3裂。

生化特性： 一芽二叶蒸青样含水浸出物45.2%，氨基酸4.2%，可溶性糖3.2%，茶多酚16.0%，咖啡碱3.5%，GC 0.1%，EGC 1.1%，苦茶碱0.5%，C 0.02%，EC 0.3%，EGCG 11.0%，GCG 0.3%，ECG 2.2%，CG 0.1%。

叶肉细胞特征：

栅栏组织厚（μm）	61.40	角质层厚（μm）	2.11
栅栏组织层数	1	下表皮厚（μm）	20.35
海绵组织厚（μm）	162.81	上表皮厚（μm）	22.11
栅栏系数	0.38	全叶厚（μm）	266.67

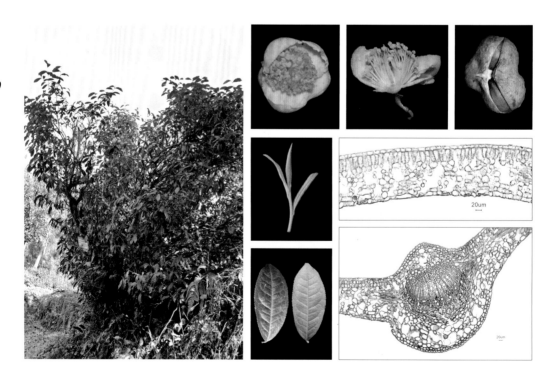

太极古茶30号

生长地点：毕节市七星关区燕子口镇官庄，海拔1 330 m。

形态特征：树高1.8 m，胸径15.0 cm，冠幅1.5 m，灌木型，树姿直立；叶片披针形，长11.1 cm，宽3.2 cm，绿色，叶面微隆，叶身内折，叶缘微波，叶脉6对，质地硬，叶齿锐度密度中密且深度中，叶基楔形，叶尖渐尖。芽叶黄绿色，茸毛密。花直径3.5 cm，子房有茸毛，雌蕊高于雄蕊，花柱分3裂，分裂位置高；果3裂。

生化特性：一芽二叶蒸青样含水浸出物45.7%，氨基酸3.3%，可溶性糖3.2%，茶多酚16.0%，咖啡碱3.5%，GC 0.2%，EGC 2.5%，苦茶碱0.1%，C 0.04%，EC 0.9%，EGCG 9.6%，GCG 0.3%，ECG 2.5%，CG 0.1%。

叶肉细胞特征：

栅栏组织厚（μm）	42.90	角质层厚（μm）	2.90
栅栏组织层数	1	下表皮厚（μm）	19.71
海绵组织厚（μm）	137.97	上表皮厚（μm）	19.13
栅栏系数	0.31	全叶厚（μm）	219.71

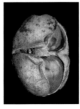

太极古茶31号

生长地点：毕节市七星关区亮岩镇，海拔1 189 m。

形态特征：树高2.2 m，胸径6.4 cm，冠幅2.3 m，灌木型，树姿半开张；叶片长椭圆形，长11.9 cm，宽4.1 cm，深绿色，叶面微隆，叶身平，叶缘波，叶脉5对，质地中，叶齿锐度密度中且深度中，叶基楔形，叶尖渐尖。芽叶绿色，茸毛稀。花直径3.0 cm，子房有茸毛，雌蕊与雄蕊等高，花柱分3裂，分裂位置中；果3裂。

生化特性：一芽二叶蒸青样含水浸出物46.4%，氨基酸3.7%，可溶性糖3.3%，茶多酚20.7%，咖啡碱3.4%，GC 0.2%，EGC 1.7%，苦茶碱0.2%，C 0.1%，EC 0.5%，EGCG 10.7%，GCG 0.2%，ECG 2.8%，CG 0.1%。

叶肉细胞特征：

栅栏组织厚（μm）	86.67	角质层厚（μm）	2.81
栅栏组织层数	2	下表皮厚（μm）	14.39
海绵组织厚（μm）	121.75	上表皮厚（μm）	19.65
栅栏系数	0.71	全叶厚（μm）	242.46

太极古茶32号

生长地点： 毕节市七星关区亮岩镇，海拔1 190 m。

形态特征： 树高2.2 m，胸径22.3 cm，冠幅2.4 m，小乔木型，树姿半开张；叶片披针形，长12.5 cm，宽3.8 cm，深绿色，叶面微隆，叶身内折，叶缘平，叶脉9对，质地中，叶齿锐度密度中且深度浅，叶基楔形，叶尖渐尖。芽叶绿色，茸毛稀。花直径3.5 cm，子房有茸毛，雌蕊高于雄蕊，花柱分3裂，分裂位置中；果3裂。

生化特性： 一芽二叶蒸青样含水浸出物42.6%，氨基酸3.9%，可溶性糖3.0%，茶多酚23.1%，咖啡碱3.4%，GC 0.9%，EGC 1.1%，苦茶碱0.1%，C 0.1%，EC 0.5%，EGCG 12.2%，GCG 1.3%，ECG 2.6%，CG 0.1%。

叶肉细胞特征：

063

栅栏组织厚（μm）	60.95	角质层厚（μm）	3.49
栅栏组织层数	1	下表皮厚（μm）	18.41
海绵组织厚（μm）	156.19	上表皮厚（μm）	19.68
栅栏系数	0.39	全叶厚（μm）	255.24

第三章 太极古茶树资源与品种

太极古茶33号

生长地点： 毕节市七星关区亮岩镇，海拔1 190 m。

形态特征： 树高2.2 m，胸径38.2 cm，冠幅2.0 m，灌木型，树姿半开张；叶片长椭圆形，长10.5 cm，宽3.6 cm，深绿色，叶面微隆，叶身内折，叶缘微波，叶脉9对，质地硬，叶齿锐度密度中密且深度浅，叶基楔形，叶尖渐尖。芽叶绿色，茸毛中。花直径3.3 cm，子房有茸毛，雌蕊低于雄蕊，花柱分3裂，分裂位置中；果3裂。

生化特性： 一芽二叶蒸青样含水浸出物44.4%，氨基酸3.0%，可溶性糖2.9%，茶多酚23.1%，咖啡碱3.7%，GC 0.2%，EGC 1.3%，苦茶碱0.2%，C 0.1%，EC 0.4%，EGCG 11.8%，GCG 0.2%，ECG 2.8%，CG 0.1%。

叶肉细胞特征：

栅栏组织厚（μm）	53.33	角质层厚（μm）	2.11
栅栏组织层数	1	下表皮厚（μm）	15.44
海绵组织厚（μm）	168.42	上表皮厚（μm）	20.35
栅栏系数	0.32	全叶厚（μm）	257.54

太极古茶34号

生长地点：毕节市七星关区亮岩镇，海拔1 209 m。

形态特征：树高3.2 m，胸径7.6 cm，冠幅2.0 m，灌木型，树姿半开张；叶片披针形，长13.4 cm，宽4.0 cm，深绿色，叶面微隆，叶身平，叶缘波，叶脉8对，质地中，叶齿锐度密度中密且深度浅，叶基楔形，叶尖渐尖。芽叶绿色，茸毛中。子房有茸毛，雌蕊高于雄蕊，花柱分3裂，分裂位置中；果3裂。

生化特性：一芽二叶蒸青样含水浸出物45.8%，氨基酸4.5%，可溶性糖2.9%，茶多酚15.3%，咖啡碱3.8%，GC 0.2%，EGC 1.3%，苦茶碱0.2%，C 0.03%，EC 0.5%，EGCG 10.3%，GCG 0.3%，ECG 2.4%，CG 0.1%。

叶肉细胞特征：

栅栏组织厚（μm）	46.96	角质层厚（μm）	3.48
栅栏组织层数	1	下表皮厚（μm）	15.07
海绵组织厚（μm）	152.46	上表皮厚（μm）	19.71
栅栏系数	0.31	全叶厚（μm）	234.20

太极古茶35号

生长地点： 毕节市七星关区亮岩镇大湾，海拔943 m。

形态特征： 树高2.9 m，胸径29.9 cm，冠幅4.0 m，小乔木型，树姿半开张；叶片长椭圆形，长10.5 cm，宽4.0 cm，深绿色，叶面微隆，叶身平，叶缘微波，叶脉7对，质地中，叶齿锐度密度中且深度中，叶基楔形，叶尖渐尖。芽叶绿色，茸毛中。花直径5.0 cm，子房有茸毛，雌蕊高于雄蕊，花柱分3裂，分裂位置低；果3裂。

生化特性： 一芽二叶蒸青样含水浸出物40.5%，氨基酸4.1%，可溶性糖3.0%，茶多酚18.6%，咖啡碱3.5%，GC 0.2%，EGC 2.1%，苦茶碱0.1%，C 0.1%，EC 0.7%，EGCG 10.3%，GCG 0.2%，ECG 2.1%，CG 0.1%。

叶肉细胞特征：

栅栏组织厚（μm）	40.63	角质层厚（μm）	3.17
栅栏组织层数	1	下表皮厚（μm）	17.78
海绵组织厚（μm）	144.76	上表皮厚（μm）	22.86
栅栏系数	0.28	全叶厚（μm）	226.03

太极古茶36号

生长地点：毕节市七星关区亮岩镇，海拔817 m。

形态特征：树高5.3 m，胸径34.1 cm，冠幅4.2 m，小乔木型，树姿半开张；叶片长椭圆形，长11.1 cm，宽4.1 cm，绿色，叶面平，叶身平，叶缘平，叶脉7对，质地中，叶齿锐度密度中且深度浅，叶基楔形，叶尖急尖。芽叶黄绿色，茸毛稀。花直径3.2 cm，子房有茸毛，雌蕊与雄蕊等高，花柱分3裂，分裂位置中；果3裂。

生化特性：一芽二叶蒸青样含水浸出物47.0%，氨基酸3.3%，可溶性糖2.8%，茶多酚24.8%，咖啡碱2.5%，GC 2.0%，EGC 0.7%，苦茶碱0.1%，C 0.1%，EC 0.1%，EGCG 9.6%，GCG 5.1%，ECG 2.0%，CG 0.1%。

叶肉细胞特征：

栅栏组织厚（μm）	52.67	角质层厚（μm）	2.00
栅栏组织层数	1	下表皮厚（μm）	14.00
海绵组织厚（μm）	124.67	上表皮厚（μm）	20.00
栅栏系数	0.42	全叶厚（μm）	211.33

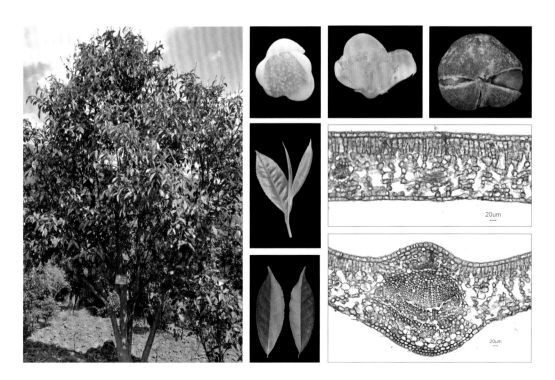

第三章 太极古茶树资源与品种

太极古茶37号

生长地点： 毕节市七星关区亮岩镇，海拔817 m。

形态特征： 树高2.9 m，胸径17.2 cm，冠幅1.0 m，小乔木型，树姿直立；叶片长椭圆形，长11.3 cm，宽5.0 cm，深绿色，叶面微隆，叶身内折，叶缘微波，叶脉7对，质地中，叶齿锐度密度中且深度中，叶基楔形，叶尖渐尖。芽叶黄绿色，茸毛稀。花直径4.0 cm，子房有茸毛，雌蕊与雄蕊等高，花柱分3裂，分裂位置中；果3裂。

生化特性： 一芽二叶蒸青样含水浸出物39.4%，氨基酸3.3%，可溶性糖2.6%，茶多酚16.0%，咖啡碱3.5%，GC 0.2%，EGC 1.4%，苦茶碱0.1%，C 0.1%，EC 0.8%，EGCG 9.8%，GCG 0.3%，ECG 2.9%，CG 0.1%。

叶肉细胞特征：

栅栏组织厚（μm）	49.21	角质层厚（μm）	2.86
栅栏组织层数	1	下表皮厚（μm）	13.97
海绵组织厚（μm）	143.49	上表皮厚（μm）	18.73
栅栏系数	0.34	全叶厚（μm）	225.40

太极古茶38号

生长地点： 毕节市七星关区亮岩镇，海拔886 m。

形态特征： 树高3.5 m，胸径27.1 cm，冠幅3.0 m，小乔木型，树姿半开张；叶片长椭圆形，长12.0 cm，宽5.0 cm，深绿色，叶面微隆，叶身内折，叶缘平，叶脉7对，质地硬，叶齿锐度密度中且深度中，叶基楔形，叶尖渐尖。芽叶黄绿色，茸毛稀。花直径3.6 cm，子房有茸毛，雌蕊与雄蕊等高，花柱分3裂，分裂位置中；果3裂。

生化特性： 一芽二叶蒸青样含水浸出物44.5%，氨基酸3.6%，可溶性糖3.0%，茶多酚11.6%，咖啡碱3.7%，GC 2.3%，EGC 0.6%，苦茶碱0.03%，C 0.02%，EC 0.2%，EGCG 9.2%，GCG 2.2%，ECG 1.4%，CG 0.1%。

叶肉细胞特征：

栅栏组织厚（μm）	84.31	角质层厚（μm）	3.53
栅栏组织层数	1	下表皮厚（μm）	18.04
海绵组织厚（μm）	141.18	上表皮厚（μm）	23.14
栅栏系数	0.60	全叶厚（μm）	266.67

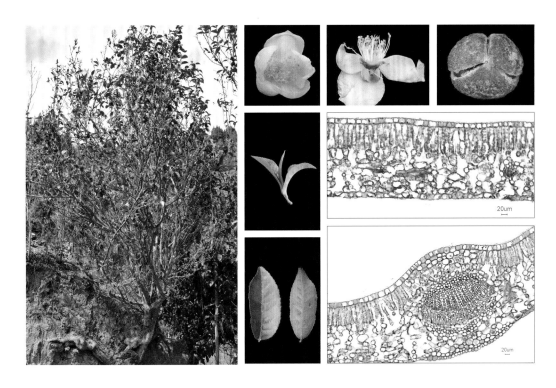

太极古茶39号

生长地点： 毕节市七星关区层台镇王二观山，海拔1 285 m。

形态特征： 树高3.9 m，胸径52.9 cm，冠幅5.6 m，小乔木型，树姿开张；叶片长椭圆形，长13.4 cm，宽5.7 cm，深绿色，叶面微隆，叶身平，叶缘微波，叶脉9对，质地中，叶齿锐度密度中且深度中，叶基楔形，叶尖渐尖。芽叶绿色，茸毛中。花直径2.8 cm，子房有茸毛，雌蕊与雄蕊等高，花柱分3裂，分裂位置中；果3裂。

生化特性： 一芽二叶蒸青样含水浸出物40.2%，氨基酸3.1%，可溶性糖2.8%，茶多酚16.0%，咖啡碱3.5%，GC 0.1%，EGC 1.1%，苦茶碱0.2%，C 0.03%，EC 0.4%，EGCG 9.0%，GCG 0.3%，ECG 2.2%，CG 0.1%。

叶肉细胞特征：

栅栏组织厚（μm）	147.18	角质层厚（μm）	3.33
栅栏组织层数	2	下表皮厚（μm）	12.56
海绵组织厚（μm）	135.90	上表皮厚（μm）	17.95
栅栏系数	1.08	全叶厚（μm）	313.59

太极古茶40号

生长地点： 毕节市七星关区层台镇王二观山，海拔1 285 m。

形态特征： 树高2.9 m，胸径31.2 cm，冠幅5.6 m，小乔木型，树姿开张；叶片长椭圆形，长12.7 cm，宽5.0 cm，绿色，叶面微隆，叶身平，叶缘微波，叶脉9对，质地硬，叶齿锐度密度中密且深度中，叶基楔形，叶尖渐尖。芽叶绿色，茸毛中。花直径3.8 cm，子房有茸毛，雌蕊与雄蕊等高，花柱分3裂，分裂位置低；果3裂。

生化特性： 一芽二叶蒸青样含水浸出物40.5%，氨基酸3.0%，可溶性糖2.6%，茶多酚23.6%，咖啡碱3.0%，GC 0.1%，EGC 0.9%，苦茶碱0.5%，C 0.03%，EC 0.4%，EGCG 10.7%，GCG 0.3%，ECG 3.0%，CG 0.1%。

叶肉细胞特征：

栅栏组织厚（μm）	48.00	角质层厚（μm）	2.89
栅栏组织层数	1	下表皮厚（μm）	15.11
海绵组织厚（μm）	121.78	上表皮厚（μm）	16.44
栅栏系数	0.39	全叶厚（μm）	201.33

太极古茶41号

生长地点： 毕节市七星关区层台镇王二观山，海拔1 285 m。

形态特征： 树高2.8 m，胸径12.4 cm，冠幅4.8 m，小乔木型，树姿开张；叶片长椭圆形，长11.2 cm，宽4.8 cm，绿色，叶面微隆，叶身平，叶缘波，叶脉7对，质地中，叶齿锐度密度中且深度中，叶基楔形，叶尖渐尖。芽叶黄绿色，茸毛中。花直径4.6 cm，子房有茸毛，雌蕊低于雄蕊，花柱分3裂，分裂位置中；果3裂。

生化特性： 一芽二叶蒸青样含水浸出物40.5%，氨基酸3.4%，可溶性糖2.8%，茶多酚15.1%，咖啡碱3.7%，GC 0.2%，EGC 2.2%，苦茶碱0.2%，C 0.1%，EC 0.8%，EGCG 10.1%，GCG 0.3%，ECG 2.5%，CG 0.1%。

叶肉细胞特征：

栅栏组织厚（μm）	45.40	角质层厚（μm）	1.90
栅栏组织层数	1	下表皮厚（μm）	15.24
海绵组织厚（μm）	128.89	上表皮厚（μm）	14.29
栅栏系数	0.35	全叶厚（μm）	203.81

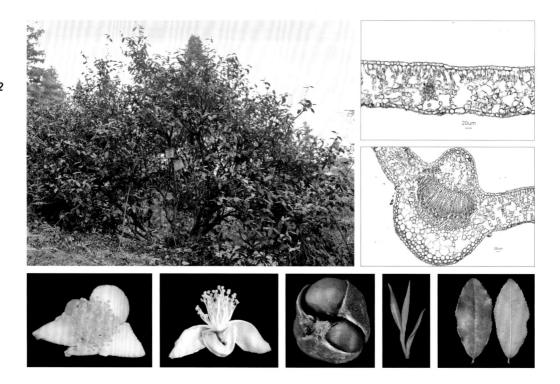

太极古茶42号

生长地点： 毕节市七星关区层台镇王二观山，海拔1 290 m。

形态特征： 树高3.1 m，胸径9.2 cm，冠幅3.1 m，小乔木型，树姿开张；叶片长椭圆形，长11.5 cm，宽4.1 cm，绿色，叶面微隆，叶身平，叶缘微波，叶脉7对，质地中，叶齿锐度密度中且深度中，叶基楔形，叶尖渐尖。芽叶绿色，茸毛中。花直径3.1 cm，子房有茸毛，雌蕊高于雄蕊，花柱分3裂，分裂位置中；果3裂。

生化特性： 一芽二叶蒸青样含水浸出物47.8%，氨基酸4.3%，可溶性糖2.6%，茶多酚14.5%，咖啡碱3.7%，GC 0.1%，EGC 1.5%，苦茶碱0.2%，C 0.1%，EC 0.7%，EGCG 9.7%，GCG 0.4%，ECG 2.5%，CG 0.1%。

叶肉细胞特征：

栅栏组织厚（μm）	42.72	角质层厚（μm）	1.48
栅栏组织层数	1	下表皮厚（μm）	14.81
海绵组织厚（μm）	130.37	上表皮厚（μm）	15.56
栅栏系数	0.33	全叶厚（μm）	203.46

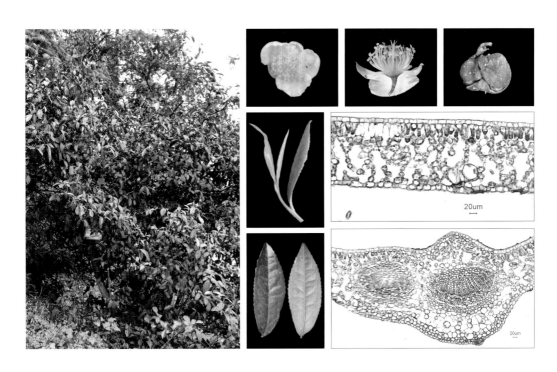

太极古茶43号

生长地点： 毕节市七星关区层台镇王二观山，海拔1 283 m。

形态特征： 树高2.3 m，胸径8.9 cm，冠幅2.4 m，灌木型，树姿开张；叶片披针形，长8.5 cm，宽2.7 cm，绿色，叶面平，叶身内折，叶缘波，叶脉7对，质地中，叶齿锐度密度中密且深度中，叶基楔形，叶尖渐尖。芽叶绿色，茸毛中。花直径3.3 cm，子房有茸毛，雌蕊与雄蕊等高，花柱分3裂，分裂位置中；果3裂。

生化特性： 一芽二叶蒸青样含水浸出物46.9%，氨基酸3.3%，可溶性糖3.0%，茶多酚18.0%，咖啡碱4.2%，GC 0.1%，EGC 0.9%，苦茶碱0.2%，C 0.1%，EC 0.7%，EGCG 11.9%，GCG 0.4%，ECG 4.4%，CG 0.1%。

叶肉细胞特征：

栅栏组织厚（μm）	31.90	角质层厚（μm）	1.67
栅栏组织层数	1	下表皮厚（μm）	13.81
海绵组织厚（μm）	135.24	上表皮厚（μm）	14.29
栅栏系数	0.24	全叶厚（μm）	195.24

太极古茶44号

生长地点：毕节市七星关区层台镇王二观山，海拔1 285 m。

形态特征：树高2.5 m，胸径8.1 cm，冠幅2.8 m，小乔木型，树姿开张；叶片长椭圆形，长6.5 cm，宽3.6 cm，绿色，叶面微隆，叶身平，叶缘微波，叶脉8对，质地硬，叶齿锐度密度中且深度中，叶基楔形，叶尖渐尖。芽叶黄绿色，茸毛中。花直径3.0 cm，子房有茸毛，雌蕊高于雄蕊，花柱分3裂，分裂位置低；果3裂。

生化特性：一芽二叶蒸青样含水浸出物45.0%，氨基酸3.4%，可溶性糖3.5%，茶多酚19.7%，咖啡碱3.5%，GC 0.2%，EGC 1.8%，苦茶碱0.1%，C 0.1%，EC 0.6%，EGCG 10.8%，GCG 0.3%，ECG 2.3%，CG 0.1%。

叶肉细胞特征：

栅栏组织厚（μm）	35.36	角质层厚（μm）	1.74
栅栏组织层数	1	下表皮厚（μm）	15.07
海绵组织厚（μm）	125.80	上表皮厚（μm）	13.33
栅栏系数	0.28	全叶厚（μm）	189.57

第三章　太极古茶树资源与品种

太极古茶45号

生长地点：毕节市七星关区层台镇王二观山，海拔1 276 m。

形态特征：树高3.8 m，胸径9.2 cm，冠幅2.8 m，灌木型，树姿开张；叶片长椭圆形，长11.3 cm，宽5.1 cm，绿色，叶面隆起，叶身背卷，叶缘平，叶脉7对，质地中，叶齿锐度密度中且深度中，叶基楔形，叶尖渐尖。芽叶绿色，茸毛密。花直径3.7 cm，子房有茸毛，雌蕊高于雄蕊，花柱分3裂，分裂位置中；果3裂。

生化特性：一芽二叶蒸青样含水浸出物44.6%，氨基酸3.5%，可溶性糖3.4%，茶多酚14.5%，咖啡碱2.9%，GC 0.1%，EGC 0.8%，苦茶碱0.3%，C 0.04%，EC 0.5%，EGCG 6.7%，GCG 0.2%，ECG 2.5%，CG 0.1%。

叶肉细胞特征：

栅栏组织厚（μm）	27.56	角质层厚（μm）	2.00
栅栏组织层数	1	下表皮厚（μm）	14.22
海绵组织厚（μm）	106.44	上表皮厚（μm）	12.89
栅栏系数	0.26	全叶厚（μm）	161.11

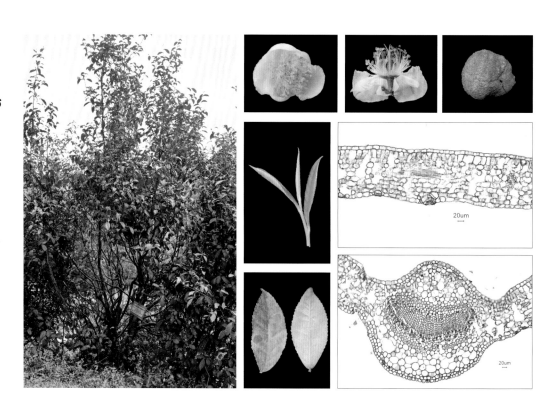

太极古茶46号

生长地点：毕节市七星关区层台镇王二观山，海拔1 281 m。

形态特征：树高2.8 m，胸径6.1 cm，冠幅2.8 m，灌木型，树姿开张；叶片长椭圆形，长11.0 cm，宽5.2 cm，绿色，叶面隆起，叶身背卷，叶缘微波，叶脉7对，质地硬，叶齿锐度密度中且深度中，叶基楔形，叶尖渐尖。芽叶黄绿色，茸毛密。花直径3.0 cm，子房有茸毛，雌蕊与雄蕊等高，花柱分3裂，分裂位置中；果3裂。

生化特性：一芽二叶蒸青样含水浸出物45.9%，氨基酸2.8%，可溶性糖2.3%，茶多酚20.1%，咖啡碱3.6%，GC 0.1%，EGC 1.1%，苦茶碱0.3%，C 0.1%，EC 0.6%，EGCG 9.9%，GCG 0.3%，ECG 2.7%，CG 0.1%。

叶肉细胞特征：

栅栏组织厚（μm）	41.40	角质层厚（μm）	2.46
栅栏组织层数	1	下表皮厚（μm）	13.33
海绵组织厚（μm）	197.19	上表皮厚（μm）	16.84
栅栏系数	0.21	全叶厚（μm）	268.77

太极古茶47号

生长地点： 毕节市七星关区层台镇王二观山，海拔1 278 m。

形态特征： 树高3.6 m，胸径15.6 cm，冠幅4.5 m，小乔木型，树姿开张；叶片长椭圆形，长8.5 cm，宽3.5 cm，深绿色，叶面隆起，叶身背卷，叶缘波，叶脉9对，质地中，叶齿锐度密度中且深度中，叶基楔形，叶尖渐尖。芽叶黄绿色，茸毛密。花直径2.5 cm，子房有茸毛，雌蕊与雄蕊等高，花柱分3裂，分裂位置中；果3裂。

生化特性： 一芽二叶蒸青样含水浸出物43.7%，氨基酸3.6%，可溶性糖3.2%，茶多酚14.2%，咖啡碱3.5%，GC 0.1%，EGC 1.3%，苦茶碱0.2%，C 0.04%，EC 0.6%，EGCG 8.3%，GCG 0.2%，ECG 2.6%，CG 0.1%。

叶肉细胞特征：

栅栏组织厚（μm）	66.27	角质层厚（μm）	2.35
栅栏组织层数	1	下表皮厚（μm）	14.12
海绵组织厚（μm）	149.41	上表皮厚（μm）	19.61
栅栏系数	0.44	全叶厚（μm）	249.41

太极古茶48号

生长地点：毕节市七星关区层台镇王二观山，海拔1 288 m。

形态特征：树高2.4 m，胸径9.2 cm，冠幅6.5 m，小乔木型，树姿开张；叶片长椭圆形，长10.7 cm，宽4.6 cm，深绿色，叶面微隆，叶身内折，叶缘微波，叶脉8对，质地中，叶齿锐度密度中且深度中，叶基楔形，叶尖渐尖。芽叶黄绿色，茸毛密。花直径4.0 cm，子房有茸毛，雌蕊与雄蕊等高，花柱分3裂，分裂位置高；果3裂。

生化特性：一芽二叶蒸青样含水浸出物46.3%，氨基酸3.1%，可溶性糖3.0%，茶多酚17.5%，咖啡碱3.2%，GC 0.2%，EGC 2.0%，苦茶碱0.3%，C 0.1%，EC 0.6%，EGCG 12.7%，GCG 0.3%，ECG 2.7%，CG 0.1%。

叶肉细胞特征：

079

栅栏组织厚（μm）	51.43	角质层厚（μm）	1.90
栅栏组织层数	1	下表皮厚（μm）	13.97
海绵组织厚（μm）	150.48	上表皮厚（μm）	19.68
栅栏系数	0.34	全叶厚（μm）	235.56

太极古茶49号

生长地点： 毕节市七星关区层台镇王二观山，海拔1 275 m。

形态特征： 树高2.5 m，胸径9.2 cm，冠幅1.5 m，小乔木型，树姿半开张；叶片长椭圆形，长13.0 cm，宽5.2 cm，深绿色，叶面隆起，叶身平，叶缘平，叶脉6对，质地硬，叶齿锐度密度锐密且深度中，叶基楔形，叶尖渐尖。芽叶黄绿色，茸毛密。花直径3.5 cm，子房有茸毛，雌蕊与雄蕊等高，花柱分3裂，分裂位置中；果3裂。

生化特性： 一芽二叶蒸青样含水浸出物43.4%，氨基酸3.7%，可溶性糖3.4%，茶多酚14.6%，咖啡碱3.2%，GC 0.1%，EGC 1.0%，苦茶碱0.4%，C 0.04%，EC 0.4%，EGCG 8.6%，GCG 0.3%，ECG 2.6%，CG 0.1%。

叶肉细胞特征：

栅栏组织厚（μm）	34.76	角质层厚（μm）	2.14
栅栏组织层数	1	下表皮厚（μm）	14.29
海绵组织厚（μm）	124.76	上表皮厚（μm）	16.19
栅栏系数	0.28	全叶厚（μm）	190.00

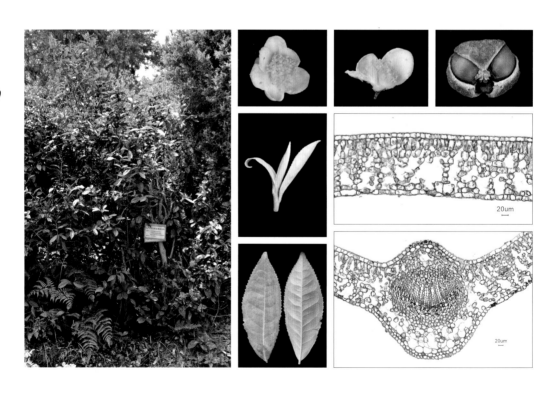

太极古茶50号

生长地点： 毕节市七星关区层台镇王二观山，海拔1 274 m。

形态特征： 树高3.4 m，胸径35.0 cm，冠幅4.0 m，小乔木型，树姿开张；叶片长椭圆形，长13.9 cm，宽4.9 cm，绿色，叶面微隆，叶身平，叶缘微波，叶脉8对，质地中，叶齿锐度密度锐密且深度中，叶基楔形，叶尖渐尖。芽叶黄绿色，茸毛密。花直径3.5 cm，子房有茸毛，雌蕊高于雄蕊，花柱分3裂，分裂位置中；果3裂。

生化特性： 一芽二叶蒸青样含水浸出物45.6%，氨基酸4.0%，可溶性糖3.6%，茶多酚15.9%，咖啡碱3.5%，GC 0.1%，EGC 1.4%，苦茶碱0.3%，C 0.03%，EC 0.5%，EGCG 10.2%，GCG 0.3%，ECG 2.5%，CG 0.1%。

叶肉细胞特征：

栅栏组织厚（μm）	72.98	角质层厚（μm）	2.46
栅栏组织层数	1	下表皮厚（μm）	20.35
海绵组织厚（μm）	166.32	上表皮厚（μm）	18.25
栅栏系数	0.44	全叶厚（μm）	277.89

太极古茶51号

生长地点： 毕节市七星关区清水镇大丫，海拔965 m。

形态特征： 树高7.2 m，胸径17.4 cm，冠幅4.0 m，乔木型，树姿开张；叶片长椭圆形，长15.7 cm，宽5.2 cm，深绿色，叶面隆起，叶身平，叶缘平，叶脉8对，质地中，叶齿锐度密度中且深度深，叶基楔形，叶尖渐尖。芽叶黄绿色，茸毛稀。花直径4.8 cm，子房有茸毛，雌蕊与雄蕊等高，花柱分3裂，分裂位置高；果3裂。

生化特性： 一芽二叶蒸青样含水浸出物43.9%，氨基酸3.6%，可溶性糖3.0%，茶多酚18.9%，咖啡碱4.2%，GC 2.7%，EGC 2.2%，苦茶碱0.1%，C 0.02%，EC 0.4%，EGCG 14.6%，GCG 2.6%，ECG 2.0%，CG 0.1%。

叶肉细胞特征：

栅栏组织厚（μm）	68.07	角质层厚（μm）	2.11
栅栏组织层数	1	下表皮厚（μm）	20.35
海绵组织厚（μm）	169.12	上表皮厚（μm）	28.77
栅栏系数	0.40	全叶厚（μm）	286.32

太极古茶52号

生长地点：毕节市七星关区清水镇大丫，海拔986 m。

形态特征：树高3.3 m，胸径39.8 cm，冠幅3.2 m，小乔木型，树姿开张；叶片长椭圆形，长14.0 cm，宽5.9 cm，深绿色，叶面微隆，叶身内折，叶缘平，叶脉7对，质地硬，叶齿锐度密度中且深度中，叶基楔形，叶尖渐尖。芽叶黄绿色，茸毛稀。花直径5.0 cm，子房有茸毛，雌蕊高于雄蕊，花柱分3裂，分裂位置高；果3裂。

生化特性：一芽二叶蒸青样含水浸出物40.3%，氨基酸3.6%，可溶性糖3.6%，茶多酚19.8%，咖啡碱3.2%，GC 1.3%，EGC 2.6%，苦茶碱0.1%，C 0.2%，EC 0.6%，EGCG 12.5%，GCG 1.8%，ECG 2.0%，CG 0.1%。

叶肉细胞特征：

栅栏组织厚（μm）	61.59	角质层厚（μm）	2.54
栅栏组织层数	1	下表皮厚（μm）	19.05
海绵组织厚（μm）	154.29	上表皮厚（μm）	19.68
栅栏系数	0.40	全叶厚（μm）	254.60

第三章　太极古茶树资源与品种

太极古茶53号

生长地点：毕节市七星关区清水镇左家滕，海拔1 009 m。

形态特征：树高1.9 m，胸径20.4 cm，冠幅1.6 m，小乔木型，树姿半开张；叶片长椭圆形，长12.8 cm，宽5.0 cm，绿色，叶面微隆，叶身平，叶缘波，叶脉6对，质地中，叶齿锐度密度锐中且深度中，叶基楔形，叶尖渐尖。芽叶绿色，茸毛中。花直径5.0 cm，子房有茸毛，雌蕊高于雄蕊，花柱分3裂，分裂位置中；果3裂。

生化特性：一芽二叶蒸青样含水浸出物44.5%，氨基酸3.6%，可溶性糖3.4%，茶多酚20.9%，咖啡碱3.4%，GC 0.1%，EGC 2.2%，苦茶碱0.5%，C 0.03%，EC 0.4%，EGCG 14.2%，GCG 0.3%，ECG 1.9%，CG 0.1%。

叶肉细胞特征：

栅栏组织厚（μm）	61.59	角质层厚（μm）	3.17
栅栏组织层数	1	下表皮厚（μm）	18.41
海绵组织厚（μm）	154.92	上表皮厚（μm）	17.14
栅栏系数	0.40	全叶厚（μm）	252.06

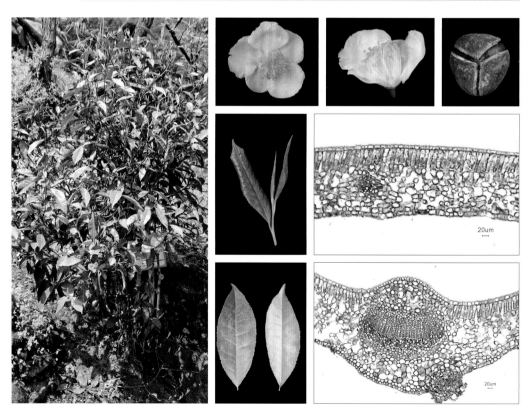

太极古茶54号

生长地点：毕节市七星关区清水镇左家滕，海拔1 053 m。

形态特征：树高4.0 m，胸径11.1 cm，冠幅1.6 m，小乔木型，树姿半开张；叶片长椭圆形，长16.8 cm，宽6.8 cm，绿色，叶面微降，叶身平，叶缘微波，叶脉7对，质地中，叶齿锐度密度锐中且深度浅，叶基楔形，叶尖渐尖。芽叶绿色，茸毛中。花直径4.6 cm，子房有茸毛，雌蕊与雄蕊等高，花柱分3裂，分裂位置高；果3裂。

生化特性：一芽二叶蒸青样含水浸出物44.6%，氨基酸3.1%，可溶性糖3.7%，茶多酚18.9%，咖啡碱3.9%，GC 0.4%，EGC 2.4%，苦茶碱0.1%，C 0.1%，EC 0.4%，EGCG 12.1%，GCG 1.7%，ECG 1.7%，CG 0.1%。

叶肉细胞特征：

栅栏组织厚（μm）	65.51	角质层厚（μm）	1.74
栅栏组织层数	1	下表皮厚（μm）	12.75
海绵组织厚（μm）	153.04	上表皮厚（μm）	8.70
栅栏系数	0.43	全叶厚（μm）	240.00

太极古茶55号

生长地点：毕节市七星关区清水镇左家滕，海拔1 041 m。

形态特征：树高3.5 m，胸径19.1 cm，冠幅3.3 m，小乔木型，树姿开张；叶片椭圆形，长15.0 cm，宽6.0 cm，深绿色，叶面微隆，叶身平，叶缘微波，叶脉7对，质地硬，叶齿锐度密度中且深度中，叶基楔形，叶尖渐尖。芽叶黄绿色，茸毛稀。花直径4.2 cm，子房有茸毛，雌蕊与雄蕊等高，花柱分3裂，分裂位置高；果3裂。

生化特性：一芽二叶蒸青样含水浸出物44.1%，氨基酸3.1%，可溶性糖5.2%，茶多酚21.7%，咖啡碱3.2%，GC 3.5%，EGC 1.5%，苦茶碱0.2%，C 0.2%，EC 0.3%，EGCG 10.3%，GCG 4.4%，ECG 2.1%，CG 0.1%。

叶肉细胞特征：

栅栏组织厚（μm）	62.98	角质层厚（μm）	1.71
栅栏组织层数	1	下表皮厚（μm）	9.90
海绵组织厚（μm）	136.63	上表皮厚（μm）	15.05
栅栏系数	0.46	全叶厚（μm）	224.57

太极古茶56号

生长地点：毕节市七星关区清水镇左家滕，海拔1 041 m。

形态特征：树高5.1 m，胸径42.0 cm，冠幅2.0 m，小乔木型，树姿半开张；叶片椭圆形，长12.5 cm，宽5.1 cm，深绿色，叶面微隆，叶身内折，叶缘平，叶脉5对，质地硬，叶齿锐度密度中且深度中，叶基楔形，叶尖渐尖。芽叶黄绿色，茸毛中。花直径3.5 cm，子房有茸毛，雌蕊高于雄蕊，花柱分3裂，分裂位置高；果3裂。

生化特性：一芽二叶蒸青样含水浸出物38.3%，氨基酸3.6%，可溶性糖4.1%，茶多酚19.0%，咖啡碱3.6%，GC 0.7%，EGC 2.4%，苦茶碱0.1%，C 0.04%，EC 0.7%，EGCG 11.2%，GCG 1.0%，ECG 1.9%，CG 0.1%。

叶肉细胞特征：

栅栏组织厚（μm）	36.67	角质层厚（μm）	1.78
栅栏组织层数	1	下表皮厚（μm）	12.67
海绵组织厚（μm）	102.89	上表皮厚（μm）	14.44
栅栏系数	0.36	全叶厚（μm）	166.67

第三章 太极古茶树资源与品种

太极古茶57号

生长地点：毕节市七星关区清水镇左家滕，海拔1 009 m。

形态特征：树高3.1 m，胸径11.8 cm，冠幅2.2 m，小乔木型，树姿半开张；叶片长椭圆形，长15.0 cm，宽5.5 cm，深绿色，叶面微隆，叶身平，叶缘平，叶脉6对，质地中，叶齿锐度密度中且深度中，叶基楔形，叶尖渐尖。芽叶黄绿色，茸毛稀。花直径4.6 cm，子房有茸毛，雌蕊高于雄蕊，花柱分3裂，分裂位置高；果3裂。

生化特性：一芽二叶蒸青样含水浸出物46.8，氨基酸2.9%，可溶性糖3.5%，茶多酚24.1%，咖啡碱3.6%，GC 1.9%，EGC 1.9%，苦茶碱0.1%，C 0.04%，EC 0.3%，EGCG 12.6%，GCG 1.7%，ECG 1.9%，CG 0.1%。

叶肉细胞特征：

栅栏组织厚（μm）	43.56	角质层厚（μm）	4.89
栅栏组织层数	1	下表皮厚（μm）	17.33
海绵组织厚（μm）	143.56	上表皮厚（μm）	20.44
栅栏系数	0.30	全叶厚（μm）	224.89

太极古茶58号

生长地点：毕节市七星关区清水镇左家滕，海拔1 009 m。

形态特征：树高2.1 m，胸径13.1 cm，冠幅2.0 m，小乔木型，树姿半开张；叶片长椭圆形，长12.5 cm，宽4.3 cm，深绿色，叶面微隆，叶身背卷，叶缘平，叶脉6对，质地硬，叶齿锐度密度中且深度中，叶基楔形，叶尖渐尖。芽叶黄绿色，茸毛中。花直径3.2 cm，子房有茸毛，雌蕊高于雄蕊，花柱分3裂，分裂位置高；果3裂。

生化特性：一芽二叶蒸青样含水浸出物45.2%，氨基酸4.4%，可溶性糖3.0%，茶多酚21.3%，咖啡碱3.0%，GC 0.1%，EGC 1.9%，苦茶碱0.2%，C 0.04%，EC 0.5%，EGCG 10.3%，GCG 0.3%，ECG 2.3%，CG 0.1%。

叶肉细胞特征：

栅栏组织厚（μm）	112.98	角质层厚（μm）	2.81
栅栏组织层数	2	下表皮厚（μm）	14.04
海绵组织厚（μm）	131.93	上表皮厚（μm）	20.35
栅栏系数	0.86	全叶厚（μm）	279.30

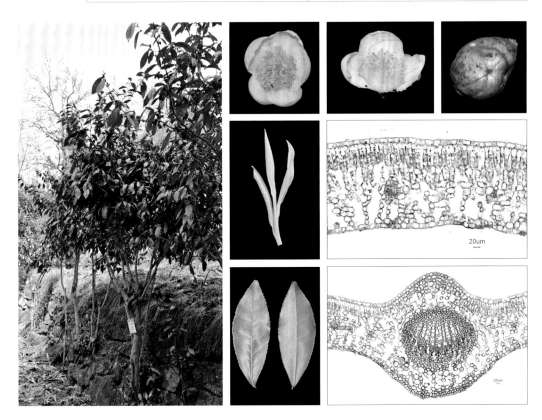

第三章　太极古茶树资源与品种

太极古茶59号

生长地点：毕节市七星关区清水镇左家滕，海拔1 011 m。

形态特征：树高2.8 m，胸径25.8 cm，冠幅3.7 m，小乔木型，树姿半开张；叶片椭圆形，长9.8 cm，宽5.8 cm，深绿色，叶面微隆，叶身平，叶缘平，叶脉5对，质地硬，叶齿锐度密度中稀且深度浅，叶基楔形，叶尖急尖。芽叶黄绿色，茸毛稀。花直径4.8 cm，子房有茸毛，雌蕊与雄蕊等高，花柱分3裂，分裂位置中；果3裂。

生化特性：一芽二叶蒸青样含水浸出物45.5%，氨基酸3.3%，可溶性糖2.5%，茶多酚18.5%，咖啡碱4.3%，GC 0.4%，EGC 3.0%，苦茶碱0.05%，C 0.1%，EC 0.5%，EGCG 11.0%，GCG 1.3%，ECG 1.9%，CG 0.1%。

叶肉细胞特征：

栅栏组织厚（μm）	46.00	角质层厚（μm）	3.78
栅栏组织层数	1	下表皮厚（μm）	16.00
海绵组织厚（μm）	148.89	上表皮厚（μm）	18.00
栅栏系数	0.31	全叶厚（μm）	228.89

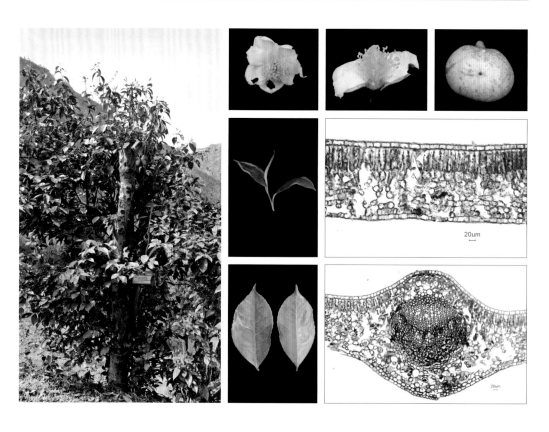

太极古茶60号

生长地点：毕节市七星关区清水镇左家滕，海拔1 030 m。

形态特征：树高3.5 m，胸径30.6 cm，冠幅2.0 m，小乔木型，树姿开张；叶片长椭圆形，长12.2 cm，宽5.1 cm，深绿色，叶面平，叶身内折，叶缘平，叶脉6对，质地中，叶齿锐度密度中稀且深度中，叶基楔形，叶尖渐尖。芽叶绿色，茸毛稀。花直径5.1 cm，子房有茸毛，雌蕊高于雄蕊，花柱分3裂，分裂位置高；果3裂。

生化特性：一芽二叶蒸青样含水浸出物42.1%，氨基酸3.4%，可溶性糖4.4%，茶多酚22.7%，咖啡碱3.6%，GC 2.3%，EGC 2.4%，苦茶碱0.1%，C 0.1%，EC 0.2%，EGCG 11.2%，GCG 2.7%，ECG 1.7%，CG 0.1%。

叶肉细胞特征：

栅栏组织厚（μm）	50.51	角质层厚（μm）	3.08
栅栏组织层数	1	下表皮厚（μm）	13.85
海绵组织厚（μm）	184.62	上表皮厚（μm）	23.33
栅栏系数	0.27	全叶厚（μm）	272.31

太极古茶61号

生长地点：毕节市七星关区清水镇左家滕，海拔1 020 m。

形态特征：树高6.1 m，胸径16.6 cm，冠幅3.6 m，小乔木型，树姿半开张；叶片长椭圆形，长13.2 cm，宽4.9 cm，深绿色，叶面微隆，叶身平，叶缘平，叶脉7对，质地硬，叶齿锐度密度锐中且深度中，叶基楔形，叶尖渐尖。芽叶绿色，茸毛稀。花直径6.1 cm，子房有茸毛，雌蕊高于雄蕊，花柱分3裂，分裂位置高；果3裂。

生化特性：一芽二叶蒸青样含水浸出物44.1%，氨基酸4.0%，可溶性糖4.1%，茶多酚24.2%，咖啡碱4.0%，GC 2.7%，EGC 1.9%，苦茶碱0.1%，C 0.04%，EC 0.4%，EGCG 13.7%，GCG 3.1%，ECG 2.2%，CG 0.1%。

叶肉细胞特征：

栅栏组织厚（μm）	136.19	角质层厚（μm）	3.33
栅栏组织层数	2	下表皮厚（μm）	14.76
海绵组织厚（μm）	170.95	上表皮厚（μm）	30.00
栅栏系数	0.80	全叶厚（μm）	351.90

太极古茶62号

生长地点：毕节市七星关区亮岩镇，海拔1 150 m。

形态特征：树高1.2 m，胸径20.4 cm，冠幅3.0 m，小乔木型，树姿半开张；叶片长椭圆形，长14.0 cm，宽5.1 cm，深绿色，叶面微隆，叶身平，叶缘微波，叶脉8对，质地中，叶齿锐度密度锐中且深度深，叶基楔形，叶尖渐尖。芽叶绿色，茸毛中。花直径3.3 cm，子房有茸毛，雌蕊高于雄蕊，花柱分3裂，分裂位置高；果3裂。

生化特性：一芽二叶蒸青样含水浸出物44.3%，氨基酸3.7%，可溶性糖3.0%，茶多酚21.2%，咖啡碱3.5%，GC 0.2%，EGC 2.0%，苦茶碱0.1%，C 0.1%，EC 0.6%，EGCG 12.0%，GCG 0.2%，ECG 2.1%，CG 0.1%。

叶肉细胞特征：

栅栏组织厚（μm）	40.00	角质层厚（μm）	2.00
栅栏组织层数	1	下表皮厚（μm）	11.56
海绵组织厚（μm）	126.22	上表皮厚（μm）	12.89
栅栏系数	0.32	全叶厚（μm）	190.67

第三章　太极古茶树资源与品种

太极古茶63号

生长地点： 毕节市七星关区亮岩镇，海拔1 150 m。

形态特征： 树高1.0 m，胸径20.4 cm，冠幅3.0 m，小乔木型，树姿半开张；叶片长椭圆形，长13.0 cm，宽4.6 cm，深绿色，叶面微隆，叶身平，叶缘波，叶脉7对，质地中，叶齿锐度密度中且深度中，叶基楔形，叶尖渐尖。芽叶黄绿色，茸毛密。花直径3.0 cm，子房有茸毛，雌蕊与雄蕊等高，花柱分3裂，分裂位置高；果3裂。

生化特性： 一芽二叶蒸青样含水浸出物43.5%，氨基酸3.6%，可溶性糖2.6%，茶多酚22.3%，咖啡碱3.4%，GC 0.1%，EGC 0.9%，苦茶碱0.4%，C 0.09%，EC 0.3%，EGCG 12.3%，GCG 0.4%，ECG 2.4%，CG 0.4%。

叶肉细胞特征：

栅栏组织厚（μm）	48.67	角质层厚（μm）	2.89
栅栏组织层数	1	下表皮厚（μm）	16.89
海绵组织厚（μm）	164.89	上表皮厚（μm）	15.33
栅栏系数	0.30	全叶厚（μm）	245.78

太极古茶64号

生长地点：毕节市七星关区亮岩镇大岭，海拔974 m。

形态特征：树高0.9 m，胸径6.4 cm，冠幅1.0 m，灌木型，树姿半开张；叶片长椭圆形，长12.3 cm，宽5.2 cm，深绿色，叶面微隆，叶身背卷，叶缘平，叶脉6对，质地中，叶齿锐度密度中且深度中，叶基楔形，叶尖渐尖。芽叶绿色，茸毛稀。花直径3.5 cm，子房有茸毛，雌蕊高于雄蕊，花柱分3裂，分裂位置高；果3裂。

生化特性：一芽二叶蒸青样含水浸出物40.5%，氨基酸3.9%，可溶性糖3.0%，茶多酚24.0%，咖啡碱3.8%，GC 0.2%，EGC 1.1%，苦茶碱0.2%，C 0.1%，EC 0.6%，EGCG 10.4%，GCG 0.4%，ECG 2.6%，CG 0.1%。

叶肉细胞特征：

栅栏组织厚（μm）	48.44	角质层厚（μm）	2.44
栅栏组织层数	1	下表皮厚（μm）	12.89
海绵组织厚（μm）	101.78	上表皮厚（μm）	15.56
栅栏系数	0.48	全叶厚（μm）	178.67

第三章　太极古茶树资源与品种

太极古茶65号

生长地点：毕节市七星关区亮岩镇，海拔817 m。

形态特征：树高3.0 m，胸径3.8 cm，冠幅3.0 m，灌木型，树姿直立；叶片长椭圆形，长9.2 cm，宽3.5 cm，深绿色，叶面微隆，叶身平，叶缘微波，叶脉6对，质地中，叶齿锐度密度锐中且深度中，叶基楔形，叶尖渐尖。芽叶绿色，茸毛密。花直径3.6 cm，子房有茸毛，雌蕊与雄蕊等高，花柱分3裂，分裂位置中；果3裂。

生化特性：一芽二叶蒸青样含水浸出物40.6%，氨基酸3.4%，可溶性糖5.2%，茶多酚21.4%，咖啡碱2.8%，GC 0.3%，EGC 3.2%，苦茶碱0.02%，C 0.1%，EC 1.7%，EGCG 7.4%，GCG 0.2%，ECG 2.4%，CG 0.1%。

叶肉细胞特征：

栅栏组织厚（μm）	79.17	角质层厚（μm）	2.22
栅栏组织层数	1	下表皮厚（μm）	8.89
海绵组织厚（μm）	103.89	上表皮厚（μm）	15.28
栅栏系数	0.76	全叶厚（μm）	207.22

太极古茶66号

生长地点：毕节市七星关区燕子口镇，海拔1 099 m。

形态特征：树高3.5 m，胸径21.7 cm，冠幅3.1 m，小乔木型，树姿直立；叶片长椭圆形，长14.0 cm，宽5.0 cm，绿色，叶面微隆，叶身内折，叶缘平，叶脉9对，质地中，叶齿锐度密度锐中且深度中，叶基楔形，叶尖渐尖。芽叶黄绿色，茸毛中。花直径4.5 cm，子房有茸毛，雌蕊高于雄蕊，花柱分3裂，分裂位置高；果3裂。

生化特性：一芽二叶蒸青样含水浸出物41.2%，氨基酸3.3%，可溶性糖3.5%，茶多酚20.7%，咖啡碱3.3%，GC 0.2%，EGC 2.3%，苦茶碱0.1%，C 0.1%，EC 1.8%，EGCG 8.8%，GCG 0.2%，ECG 4.4%，CG 0.1%。

叶肉细胞特征：

栅栏组织厚（μm）	43.56	角质层厚（μm）	3.11
栅栏组织层数	1	下表皮厚（μm）	16.44
海绵组织厚（μm）	166.67	上表皮厚（μm）	20.44
栅栏系数	0.26	全叶厚（μm）	247.11

太极古茶67号

生长地点： 毕节市七星关区燕子口镇，海拔1 104 m。

形态特征： 树高2.7 m，胸径12.1 cm，冠幅2.0 m，小乔木型，树姿半开张；叶片披针形，长10.5 cm，宽3.5 cm，深绿色，叶面微隆，叶身平，叶缘平，叶脉5对，质地中，叶齿锐度密度中且深度中，叶基楔形，叶尖渐尖。芽叶绿色，茸毛中。花直径4.0 cm，子房有茸毛，雌蕊高于雄蕊，花柱分3裂，分裂位置高；果3裂。

生化特性： 一芽二叶蒸青样含水浸出物42.9%，氨基酸4.4%，可溶性糖3.7%，茶多酚17.4%，咖啡碱3.1%，GC 0.2%，EGC 2.6%，苦茶碱0.1%，C 0.1%，EC 1.0%，EGCG 8.1%，GCG 0.2%，ECG 2.6%，CG 0.1%。

叶肉细胞特征：

栅栏组织厚（μm）	34.89	角质层厚（μm）	1.33
栅栏组织层数	1	下表皮厚（μm）	11.11
海绵组织厚（μm）	110.22	上表皮厚（μm）	12.67
栅栏系数	0.32	全叶厚（μm）	168.89

太极古茶68号

生长地点：毕节市七星关区燕子口镇梓桐阁，海拔1 032 m。

形态特征：树高4.3 m，胸径18.2 cm，冠幅2.4 m，树姿半开张；叶片呈长椭圆形，长11.0 cm，宽3.9 cm，深绿色，叶面微降，叶身平，叶缘平，叶脉8对，质地硬，叶齿锐度密度中且深度中，叶基楔形，叶尖渐尖。芽叶黄绿色，茸毛密。花直径3.7 cm，子房有茸毛，雌蕊高于雄蕊，花柱分3裂，分裂位置中；果3裂。

生化特性：一芽二叶蒸青样含水浸出物43.4%，氨基酸4.1%，可溶性糖2.7%，茶多酚21.1%，咖啡碱3.1%，GC 0.2%，EGC 1.7%，苦茶碱0.1%，C 0.03%，EC 0.5%，EGCG 9.8%，GCG 0.2%，ECG 1.9%，CG 0.1%。

叶肉细胞特征：

栅栏组织厚（μm）	43.78	角质层厚（μm）	3.11
栅栏组织层数	1	下表皮厚（μm）	12.44
海绵组织厚（μm）	93.78	上表皮厚（μm）	20.22
栅栏系数	0.47	全叶厚（μm）	170.22

第三章　太极古茶树资源与品种

太极古茶69号

生长地点： 毕节市七星关区燕子口镇梓桐阁，海拔1 032 m。

形态特征： 树高4.5 m，胸径19.7 cm，冠幅3.0 m，小乔木型，树姿半开张；叶片长椭圆形，长10.8 cm，宽4.1 cm，深绿色，叶面微隆，叶身平，叶缘平，叶脉6对，质地硬，叶齿锐度密度中且深度中，叶基楔形，叶尖渐尖。芽叶黄绿色，茸毛密。花直径3.5 cm，子房有茸毛，雌蕊低于雄蕊等，花柱分3裂，分裂位置中；果3裂。

生化特性： 一芽二叶蒸青样含水浸出物47.8%，氨基酸3.9%，可溶性糖2.3%，茶多酚19.2%，咖啡碱3.6%，GC 0.3%，EGC 2.8%，苦茶碱0.1%，C 0.1%，EC 0.9%，EGCG 10.2%，GCG 0.2%，ECG 2.5%，CG 0.1%。

叶肉细胞特征：

栅栏组织厚（μm）	56.22	角质层厚（μm）	2.22
栅栏组织层数	2	下表皮厚（μm）	11.33
海绵组织厚（μm）	111.33	上表皮厚（μm）	16.22
栅栏系数	0.50	全叶厚（μm）	195.11

太极古茶70号

生长地点：毕节市七星关区燕子口镇石板坡，海拔1 095 m。

形态特征：树高2.5 m，胸径5.3 cm，冠幅2.1 m，灌木型，树姿半开张；叶片长椭圆形，长15.4 cm，宽5.6 cm，绿色，叶面隆起，叶身平，叶缘平，叶脉7对，质地硬，叶齿锐度密度中且深度浅，叶基楔形，叶尖渐尖。芽叶黄绿色，茸毛中。花直径3.5 cm，子房有茸毛，雌蕊高于雄蕊，花柱分3裂，分裂位置高；果3裂。

生化特性：一芽二叶蒸青样含水浸出物40.5%，氨基酸4.4%，可溶性糖4.1%，茶多酚19.6%，咖啡碱3.2%，GC 0.1%，EGC 0.8%，苦茶碱0.4%，C 0.04%，EC 0.3%，EGCG 9.6%，GCG 0.2%，ECG 2.5%，CG 0.1%。

叶肉细胞特征：

栅栏组织厚（μm）	90.88	角质层厚（μm）	2.46
栅栏组织层数	2	下表皮厚（μm）	13.68
海绵组织厚（μm）	124.91	上表皮厚（μm）	22.46
栅栏系数	0.73	全叶厚（μm）	251.93

第三章 太极古茶树资源与品种

太极古茶71号

生长地点：毕节市七星关区燕子口镇官庄，海拔1 333 m。

形态特征：树高2.5 m，胸径27.4 cm，冠幅4.3 m，小乔木型，树姿开张；叶片长椭圆形，长10.3 cm，宽4.0 cm，绿色，叶面微隆，叶身平，叶缘平，叶脉6对，质地中，叶齿锐度密度中密且深度浅，叶基楔形，叶尖渐尖。芽叶黄绿色，茸毛中。花直径2.7 cm，子房有茸毛，雌蕊高于雄蕊，花柱分3裂，分裂位置高；果3裂。

生化特性：一芽二叶蒸青样含水浸出物40.7%，氨基酸4.6%，可溶性糖2.2%，茶多酚18.2%，咖啡碱3.7%，GC 0.2%，EGC 1.2%，苦茶碱0.4%，C 0.1%，EC 0.5%，EGCG 9.6%，GCG 0.3%，ECG 2.4%，CG 0.2%。

叶肉细胞特征：

栅栏组织厚（μm）	50.22	角质层厚（μm）	2.89
栅栏组织层数	1	下表皮厚（μm）	14.67
海绵组织厚（μm）	116.00	上表皮厚（μm）	13.78
栅栏系数	0.43	全叶厚（μm）	194.67

太极古茶72号

生长地点：毕节市七星关区燕子口镇官庄，海拔1 347 m。

形态特征：树高2.7 m，胸径4.5 cm，冠幅1.1 m，灌木型，树姿半开张；叶片长椭圆形，长10.5 cm，宽4.3 cm，深绿色，叶面隆起，叶身平，叶缘微波，叶脉6对，质地硬，叶齿锐度密度中且深度中，叶基楔形，叶尖渐尖。芽叶黄绿色，茸毛密。花直径3.1 cm，子房有茸毛，雌蕊高于雄蕊，花柱分3裂，分裂位置高；果3裂。

生化特性：一芽二叶蒸青样含水浸出物43.4%，氨基酸4.3%，可溶性糖3.0%，茶多酚17.2%，咖啡碱3.5%，GC 0.2%，EGC 1.3%，苦茶碱0.3%，C 0.1%，EC 0.6%，EGCG 8.5%，GCG 0.2%，ECG 2.7%，CG 0.2%。

叶肉细胞特征：

栅栏组织厚（μm）	46.89	角质层厚（μm）	3.11
栅栏组织层数	1	下表皮厚（μm）	14.67
海绵组织厚（μm）	129.33	上表皮厚（μm）	17.11
栅栏系数	0.36	全叶厚（μm）	208.00

太极古茶73号

生长地点：毕节市七星关区燕子口镇官庄，海拔1 348 m。

形态特征：树高2.8 m，胸径21.0 cm，冠幅3.1 m，小乔木型，树姿半开张；叶片长椭圆形，长13.0 cm，宽5.5 cm，绿色，叶面微隆，叶身平，叶缘平，叶脉6对，质地硬，叶齿锐度密度中且深度中，叶基楔形，叶尖渐尖。芽叶黄绿色，茸毛密。花直径3.5 cm，子房有茸毛，雌蕊高于雄蕊，花柱分3裂，分裂位置高；果3裂。

生化特性：一芽二叶蒸青样含水浸出物47.0%，氨基酸2.8%，可溶性糖4.5%，茶多酚16.8%，咖啡碱3.2%，GC 0.3%，EGC 2.8%，苦茶碱0.1%，C 0.04%，EC 0.7%，EGCG 10.8%，GCG 0.3%，ECG 1.8%，CG 0.1%。

叶肉细胞特征：

栅栏组织厚（μm）	49.56	角质层厚（μm）	3.11
栅栏组织层数	1	下表皮厚（μm）	13.33
海绵组织厚（μm）	136.89	上表皮厚（μm）	14.44
栅栏系数	0.36	全叶厚（μm）	214.22

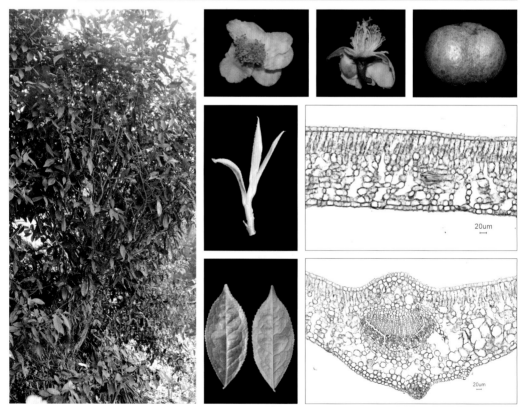

太极古茶74号

生长地点： 毕节市七星关区燕子口镇官庄，海拔1 348 m。

形态特征： 树高1.9 m，胸径5.3 cm，冠幅1.1 m，灌木型，树姿直立；叶片长椭圆形，长16.7 cm，宽6.6 cm，绿色，叶面微降，叶身平，叶缘平，叶脉8对，质地硬，叶齿锐度密度锐中且深度深，叶基楔形，叶尖渐尖。芽叶绿色，茸毛密。花直径2.7 cm，子房有茸毛，雌蕊高于雄蕊，花柱分3裂，分裂位置高；果3裂。

生化特性： 一芽二叶蒸青样含水浸出物44.5%，氨基酸5.0%，可溶性糖3.1%，茶多酚21.0%，咖啡碱3.4%，GC 0.2%，EGC 1.1%，苦茶碱0.3%，C 0.1%，EC 0.4%，EGCG 9.7%，GCG 0.3%，ECG 2.9%，CG 0.2%。

叶肉细胞特征：

栅栏组织厚（μm）	45.56	角质层厚（μm）	3.11
栅栏组织层数	1	下表皮厚（μm）	12.44
海绵组织厚（μm）	219.11	上表皮厚（μm）	18.44
栅栏系数	0.21	全叶厚（μm）	295.56

第三章 太极古茶树资源与品种

太极古茶75号

生长地点：毕节市七星关区燕子口镇官庄，海拔1 351 m。

形态特征：树高2.3 m，胸径7.0 cm，冠幅2.6 m，灌木型，树姿开张；叶片长椭圆形，长13.7 cm，宽5.0 cm，深绿色，叶面微隆，叶身平，叶缘微波，叶脉7对，质地中，叶齿锐度密度中且深度浅，叶基楔形，叶尖渐尖。芽叶黄绿色，茸毛密。花直径3.5 cm，子房有茸毛，雌蕊与雄蕊等高，花柱分3裂，分裂位置高；果3裂。

生化特性：一芽二叶蒸青样含水浸出物40.4%，氨基酸4.8%，可溶性糖2.8%，茶多酚16.5%，咖啡碱3.5%，GC 0.1%，EGC 1.5%，苦茶碱0.1%，C 0.04%，EC 0.6%，EGCG 7.8%，GCG 0.2%，ECG 2.7%，CG 0.2%。

叶肉细胞特征：

栅栏组织厚（μm）	48.00	角质层厚（μm）	4.44
栅栏组织层数	1	下表皮厚（μm）	13.33
海绵组织厚（μm）	136.00	上表皮厚（μm）	16.00
栅栏系数	0.35	全叶厚（μm）	213.33

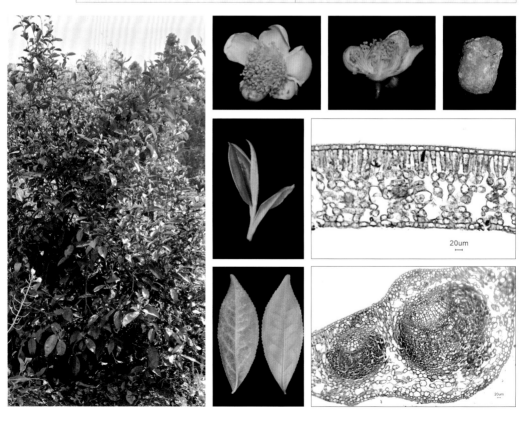

太极古茶76号

生长地点： 毕节市七星关区燕子口镇官庄，海拔1 344 m。

形态特征： 树高2.7 m，胸径9.6 cm，冠幅2.6 m，小乔木型，树姿开张；叶片长椭圆形，长13.5 cm，宽5.1 cm，绿色，叶面隆起，叶身平，叶缘平，叶脉8对，质地硬，叶齿锐度密度中且深度中，叶基楔形，叶尖渐尖。芽叶绿色，茸毛中。花直径3.0 cm，子房有茸毛，雌蕊高于雄蕊，花柱分3裂，分裂位置高；果3裂。

生化特性： 一芽二叶蒸青样含水浸出物38.7%，氨基酸4.6%，可溶性糖2.8%，茶多酚22.7%，咖啡碱3.2%，GC 0.1%，EGC 1.1%，苦茶碱0.2%，C 0.1%，EC 0.5%，EGCG 7.6%，GCG 0.3%，ECG 2.2%，CG 0.2%。

叶肉细胞特征：

栅栏组织厚（μm）	30.89	角质层厚（μm）	1.33
栅栏组织层数	1	下表皮厚（μm）	11.56
海绵组织厚（μm）	101.11	上表皮厚（μm）	12.00
栅栏系数	0.31	全叶厚（μm）	155.56

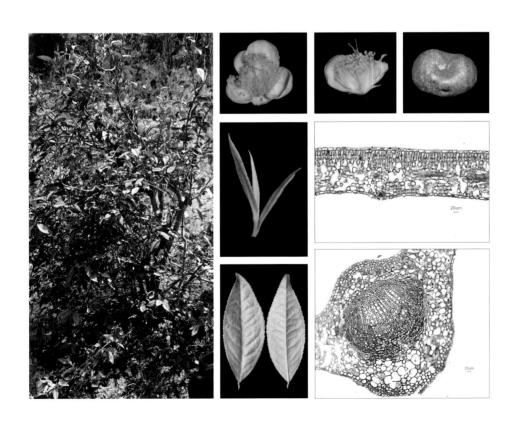

太极古茶77号

生长地点：毕节市七星关区燕子口镇官庄，海拔1 344 m。

形态特征：树高2.9 m，胸径10.2 cm，冠幅5.9 m，小乔木型，树姿开张；叶片长椭圆形，长10.8 cm，宽3.9 cm，绿色，叶面平，叶身内折，叶缘平，叶脉7对，质地中，叶齿锐度密度中且深度浅，叶基楔形，叶尖渐尖。芽叶绿色，茸毛密。花直径3.0 cm，子房有茸毛，雌蕊高于雄蕊，花柱分3裂，分裂位置高；果3裂。

生化特性：一芽二叶蒸青样含水浸出物43.3%，氨基酸4.9%，可溶性糖2.9%，茶多酚20.3%，咖啡碱2.6%，GC 0.1%，EGC 1.3%，苦茶碱0.2%，C 0.04%，EC 0.7%，EGCG 6.7%，GCG 0.2%，ECG 3.0%，CG 0.2%。

叶肉细胞特征：

栅栏组织厚（μm）	46.00	角质层厚（μm）	4.00
栅栏组织层数	1	下表皮厚（μm）	12.00
海绵组织厚（μm）	145.78	上表皮厚（μm）	18.00
栅栏系数	0.32	全叶厚（μm）	221.78

太极古茶78号

生长地点：毕节市七星关区燕子口镇官庄，海拔1 344 m。

形态特征：树高2.1 m，胸径8.9 cm，冠幅2.5 m，小乔木型，树姿开张；叶片长椭圆形，长11.0 cm，宽4.1 cm，绿色，叶面微隆，叶身平，叶缘平，叶脉6对，质地中，叶齿锐度密度中且深度浅，叶基楔形，叶尖渐尖。芽叶绿色，茸毛稀。花直径3.0 cm，子房有茸毛，雌蕊高于雄蕊，花柱分4裂，分裂位置中；果3裂。

生化特性：一芽二叶蒸青样含水浸出物43.1%，氨基酸4.4%，可溶性糖2.8%，茶多酚16.7%，咖啡碱3.2%，GC 0.1%，EGC 0.6%，苦茶碱0.4%，C 0.1%，EC 0.3%，EGCG 5.9%，GCG 0.2%，ECG 2.1%，CG 0.2%。

叶肉细胞特征：

栅栏组织厚（μm）	105.33	角质层厚（μm）	3.56
栅栏组织层数	2	下表皮厚（μm）	14.67
海绵组织厚（μm）	144.00	上表皮厚（μm）	21.78
栅栏系数	0.73	全叶厚（μm）	285.78

第三章　太极古茶树资源与品种

太极古茶79号

生长地点： 毕节市七星关区燕子口镇官庄，海拔1 343 m。

形态特征： 树高3.2 m，胸径6.4 cm，冠幅2.2 m，灌木型，树姿直立；叶片长椭圆形，长10.8 cm，宽4.1 cm，深绿色，叶面微隆，叶身内折，叶缘微波，叶脉7对，质地软，叶齿锐度密度中且深度中，叶基楔形，叶尖渐尖。芽叶黄绿色，茸毛密。花直径3.6 cm，子房有茸毛，雌蕊高于雄蕊，花柱分3裂，分裂位置高；果3裂。

生化特性： 一芽二叶蒸青样含水浸出物43.7%，氨基酸3.6%，可溶性糖2.9%，茶多酚17.6%，咖啡碱3.4%，GC 0.2%，EGC 1.7%，苦茶碱0.1%，C 0.1%，EC 0.7%，EGCG 8.2%，GCG 0.2%，ECG 3.5%，CG 0.2%。

叶肉细胞特征：

栅栏组织厚（μm）	46.89	角质层厚（μm）	2.00
栅栏组织层数	1	下表皮厚（μm）	14.22
海绵组织厚（μm）	203.11	上表皮厚（μm）	17.11
栅栏系数	0.23	全叶厚（μm）	281.33

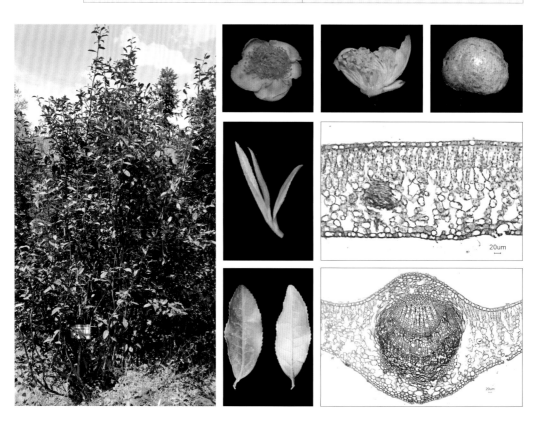

太极古茶80号

生长地点：毕节市七星关区层台镇王二观山，海拔1 275 m。

形态特征：树高3.4 m，胸径11.5 cm，冠幅3.5 m，小乔木型，树姿开张；叶片长椭圆形，长10.8 cm，宽4.8 cm，绿色，叶面微隆，叶身平卷，叶缘微波，叶脉8对，质地中，叶齿锐度密度中且深度中，叶基楔形，叶尖渐尖。芽叶黄绿色，茸毛中。花直径3.8 cm，子房有茸毛，雌蕊与雄蕊等高，花柱分3裂，分裂位置中；果3裂。

生化特性：一芽二叶蒸青样含水浸出物42.54%，氨基酸3.5%，可溶性糖3.0%，茶多酚25.9%，咖啡碱3.4%，GC 0.2%，EGC 1.7%，苦茶碱0.2%，C 0.03%，EC 0.5%，EGCG 10.9%，GCG 0.3%，ECG 2.1%，CG 0.2%。

叶肉细胞特征：

栅栏组织厚（μm）	46.67	角质层厚（μm）	3.33
栅栏组织层数	1	下表皮厚（μm）	14.22
海绵组织厚（μm）	161.33	上表皮厚（μm）	17.33
栅栏系数	0.29	全叶厚（μm）	239.56

第三章 太极古茶树资源与品种

太极古茶81号

生长地点： 毕节市七星关区层台镇王二观山，海拔1 275 m。

形态特征： 树高2.3 m，胸径9.9 cm，冠幅1.6 m，灌木型，树姿半开张；叶片长椭圆形，长10.0 cm，宽3.7 cm，深绿色，叶面隆起，叶身平，叶缘平，叶脉7对，质地中，叶齿锐度密度中密且深度中，叶基楔形，叶尖渐尖。芽叶黄绿色，茸毛密。花直径4.0 cm，子房有茸毛，雌蕊与雄蕊等高，花柱分3裂，分裂位置高；果3裂。

生化特性： 一芽二叶蒸青样含水浸出物43.7%，氨基酸3.7%，可溶性糖3.0%，茶多酚19.6%，咖啡碱3.4%，GC 0.2%，EGC 1.2%，苦茶碱0.4%，C 0.1%，EC 0.7%，EGCG 8.6%，GCG 0.3%，ECG 2.5%，CG 0.2%。

叶肉细胞特征：

栅栏组织厚（μm）	46.22	角质层厚（μm）	3.11
栅栏组织层数	1	下表皮厚（μm）	17.33
海绵组织厚（μm）	134.22	上表皮厚（μm）	17.78
栅栏系数	0.34	全叶厚（μm）	215.56

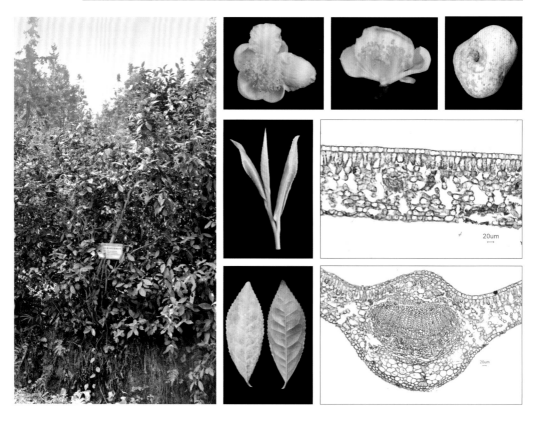

太极古茶82号

生长地点：毕节市七星关区层台镇王二观山，海拔1 272 m。

形态特征：树高2.3 m，胸径9.6 cm，冠幅1.6 m，小乔木型，树姿开张；叶片长椭圆形，长13.5 cm，宽5.0 cm，绿色，叶面微隆，叶身背卷，叶缘微波，叶脉7对，质地硬，叶齿锐度密度中且深度浅，叶基楔形，叶尖渐尖。芽叶黄绿色，茸毛中。花直径2.6 cm，子房有茸毛，雌蕊与雄蕊等高，花柱分3裂，分裂位置高；果3裂。

生化特性：一芽二叶蒸青样含水浸出物47.5%，氨基酸3.3%，可溶性糖3.7%，茶多酚19.8%，咖啡碱3.5%，GC 0.1%，EGC 1.0%，苦茶碱0.3%，C 0.04%，EC 0.5%，EGCG 9.4%，GCG 0.2%，ECG 2.7%，CG 0.2%。

叶肉细胞特征：

栅栏组织厚（μm）	35.78	角质层厚（μm）	2.67
栅栏组织层数	1	下表皮厚（μm）	13.78
海绵组织厚（μm）	107.11	上表皮厚（μm）	14.00
栅栏系数	0.33	全叶厚（μm）	170.67

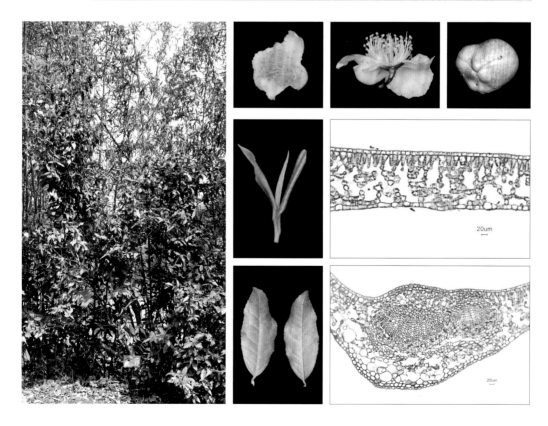

太极古茶83号

生长地点： 毕节市七星关区燕子口镇庆祝村青杠林，海拔1 158 m。

形态特征： 树高2.0 m，胸径9.6 cm，冠幅2.0 m，灌木型，树姿半开张；叶片长椭圆形，长9.6 cm，宽3.9 cm，绿色，叶面隆起，叶身内折，叶缘微波，叶脉6对，质地中，叶齿锐度密度中且深度中，叶基楔形，叶尖渐尖。芽叶绿色，茸毛密。花直径3.7 cm，子房有茸毛，雌蕊高于雄蕊，花柱分3裂，分裂位置高；果3裂。

生化特性： 一芽二叶蒸青样含水浸出物45.8%，氨基酸3.9%，可溶性糖3.5%，茶多酚22.3%，咖啡碱3.2%，GC 0.2%，EGC 1.5%，苦茶碱0.3%，C 0.1%，EC 0.9%，EGCG 8.4%，GCG 0.3%，ECG 3.0%，CG 0.2%。

叶肉细胞特征：

栅栏组织厚（μm）	44.89	角质层厚（μm）	3.11
栅栏组织层数	1	下表皮厚（μm）	10.22
海绵组织厚（μm）	132.44	上表皮厚（μm）	19.11
栅栏系数	0.34	全叶厚（μm）	206.67

太极古茶84号

生长地点：毕节市七星关区亮岩镇极松林，海拔1 152 m。

形态特征：树高1.2 m，胸径8.3 cm，冠幅2.3 m，灌木型，树姿半开张；叶片长椭圆形，长10.5 cm，宽3.8 cm，绿色，叶面平，叶身平，叶缘平，叶脉6对，质地硬，叶齿锐度密度中密且深度中，叶基楔形，叶尖渐尖。芽叶紫绿色，茸毛中。花直径4.3 cm，子房有茸毛，雌蕊与雄蕊等高，花柱分3裂，分裂位置中；果3裂。

生化特性：一芽二叶蒸青样含水浸出物42.8%，氨基酸4.1%，可溶性糖3.7%，茶多酚19.5%，咖啡碱3.4%，GC 0.3%，EGC 1.8%，苦茶碱0.2%，C 0.1%，EC 0.7%，EGCG 11.0%，GCG 0.2%，ECG 2.8%，CG 0.2%。

叶肉细胞特征：

栅栏组织厚（μm）	46.00	角质层厚（μm）	3.11
栅栏组织层数	1	下表皮厚（μm）	10.22
海绵组织厚（μm）	215.56	上表皮厚（μm）	18.00
栅栏系数	0.21	全叶厚（μm）	289.78

太极古茶85号

生长地点： 毕节市七星关区亮岩镇极松林，海拔1 152 m。

形态特征： 树高1.8 m，胸径8.3 cm，冠幅2.5 m，灌木型，树姿半开张；叶片长椭圆形，长11.4 cm，宽4.0 cm，深绿色，叶面微隆，叶身平，叶缘平，叶脉6对，质地中，叶齿锐度密度稀且深度浅，叶基楔形，叶尖渐尖。芽叶紫绿色，茸毛稀。花直径4.5 cm，子房有茸毛，雌蕊高于雄蕊，花柱分3裂，分裂位置高；果3裂。

生化特性： 一芽二叶蒸青样含水浸出物43.3%，氨基酸3.8%，可溶性糖3.8%，茶多酚16.5%，咖啡碱3.6%，GC 0.2%，EGC 1.9%，苦茶碱0.1%，C 0.1%，EC 0.6%，EGCG 12.3%，GCG 0.4%，ECG 2.1%，CG 0.2%。

叶肉细胞特征：

栅栏组织厚（μm）	102.46	角质层厚（μm）	2.11
栅栏组织层数	2	下表皮厚（μm）	10.95
海绵组织厚（μm）	140.98	上表皮厚（μm）	17.89
栅栏系数	0.73	全叶厚（μm）	272.28

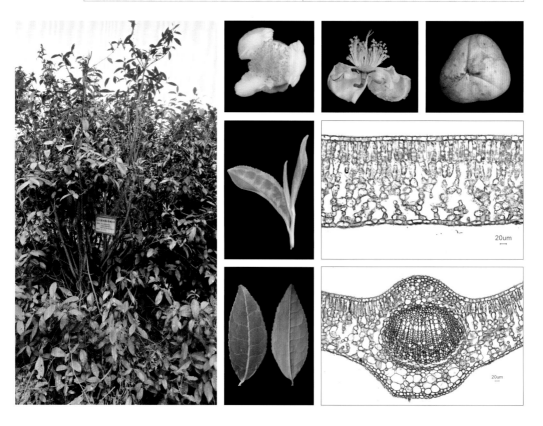

太极古茶86号

生长地点： 毕节市七星关区燕子口镇，海拔1 050 m。

形态特征： 树高2.3 m，胸径26.8 cm，冠幅2.3 m，小乔木型，树姿开张；叶片长椭圆形，长12.6 cm，宽4.7 cm，深绿色，叶面微隆，叶身内折，叶缘微波，叶脉7对，质地中，叶齿锐度密度中且深度中，叶基楔形，叶尖渐尖。芽叶绿色，茸毛密。花直径4.0 cm，子房有茸毛，雌蕊与雄蕊等高，花柱分3裂，分裂位置高；果3裂。

生化特性： 一芽二叶蒸青样含水浸出物39.2%，氨基酸4.1%，可溶性糖3.7%，茶多酚20.4%，咖啡碱2.6%，GC 0.2%，EGC 2.3%，苦茶碱0.1%，C 0.04%，EC 1.0%，EGCG 7.3%，GCG 0.2%，ECG 2.5%，CG 0.2%。

叶肉细胞特征：

栅栏组织厚（μm）	47.11	角质层厚（μm）	4.44
栅栏组织层数	1	下表皮厚（μm）	15.11
海绵组织厚（μm）	99.11	上表皮厚（μm）	16.89
栅栏系数	0.48	全叶厚（μm）	178.22

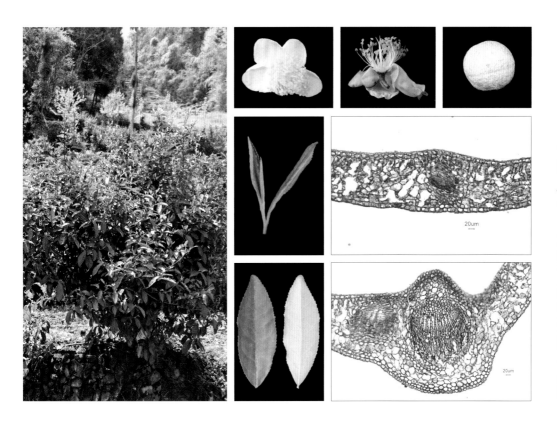

太极古茶87号

生长地点： 毕节市七星关区燕子口镇，海拔1 021 m。

形态特征： 树高2.6 m，胸径19.7 cm，冠幅2.0 m，小乔木型，树姿半开张；叶片披针形，长13.0 cm，宽3.5 cm，深绿色，叶面隆起，叶身背卷，叶缘平，叶脉8对，质地硬，叶齿锐度密度中稀且深度浅，叶基楔形，叶尖渐尖。芽叶绿色，茸毛中。花直径3.1 cm，子房有茸毛，雌蕊与雄蕊等高，花柱分3裂，分裂位置中；果3裂。

生化特性： 一芽二叶蒸青样含水浸出物44.4%，氨基酸3.3%，可溶性糖2.9%，茶多酚25.2%，咖啡碱3.7%，GC 0.1%，EGC 1.3%，苦茶碱0.3%，C 0.1%，EC 0.9%，EGCG 11.1%，GCG 0.3%，ECG 3.7%，CG 0.2%。

叶肉细胞特征：

栅栏组织厚（μm）	46.22	角质层厚（μm）	3.78
栅栏组织层数	1	下表皮厚（μm）	16.00
海绵组织厚（μm）	193.78	上表皮厚（μm）	17.78
栅栏系数	0.24	全叶厚（μm）	273.78

太极古茶88号

生长地点：毕节市七星关区燕子口镇梓桐阁，海拔1 176 m。

形态特征：树高2.8 m，胸径22.0 cm，冠幅2.0 m，小乔木型，树姿开张；叶片长椭圆形，长10.5 cm，宽4.8 cm，绿色，叶面微降，叶身背卷，叶缘平，叶脉8对，质地硬，叶齿锐度密度锐密且深度中，叶基楔形，叶尖渐尖。芽叶绿色，茸毛密。花直径3.3 cm，子房有茸毛，雌蕊高于雄蕊，花柱分3裂，分裂位置中；果3裂。

生化特性：一芽二叶蒸青样含水浸出物43.5%，氨基酸3.3%，可溶性糖3.3%，茶多酚22.0%，咖啡碱4.0%，GC 0.1%，EGC 1.4%，苦茶碱0.5%，C 0.04%，EC 0.6%，EGCG 11.7%，GCG 0.2%，ECG 2.7%，CG 0.2%。

叶肉细胞特征：

栅栏组织厚（μm）	48.00	角质层厚（μm）	4.00
栅栏组织层数	1	下表皮厚（μm）	13.78
海绵组织厚（μm）	147.56	上表皮厚（μm）	16.00
栅栏系数	0.33	全叶厚（μm）	225.33

第三章　太极古茶树资源与品种

太极古茶89号

生长地点：毕节市七星关区燕子口镇梓桐阁，海拔1 116 m。

形态特征：树高4.2 m，胸径14.3 cm，冠幅5.3 m，小乔木型，树姿开张；叶片长椭圆形，长10.0 cm，宽4.1 cm，深绿色，叶面微隆，叶身平，叶缘平，叶脉7对，质地中，叶齿锐度密度中且深度中，叶基楔形，叶尖渐尖。芽叶黄绿色，茸毛密。花直径3.0 cm，子房有茸毛，雌蕊和雄蕊等高，花柱分3裂，分裂位置中；果3裂。

生化特性：一芽二叶蒸青样含水浸出物43.0%，氨基酸3.8%，可溶性糖3.9%，茶多酚15.9%，咖啡碱3.4%，GC 0.1%，EGC 1.1%，苦茶碱0.2%，C 0.03%，EC 0.5%，EGCG 9.1%，GCG 0.2%，ECG 2.1%，CG 0.2%。

叶肉细胞特征：

栅栏组织厚（μm）	34.67	角质层厚（μm）	2.44
栅栏组织层数	1	下表皮厚（μm）	12.22
海绵组织厚（μm）	130.89	上表皮厚（μm）	14.44
栅栏系数	0.26	全叶厚（μm）	192.22

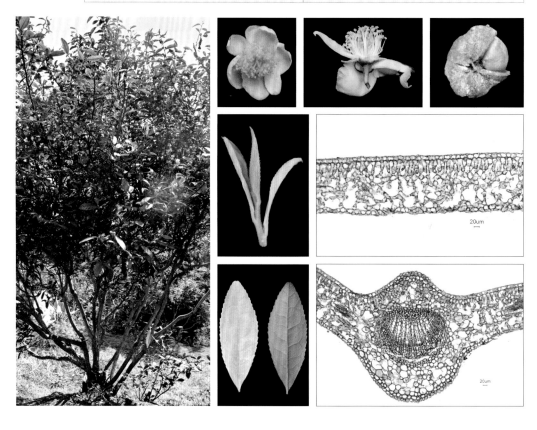

太极古茶90号

生长地点：毕节市七星关区燕子口镇梓桐阁，海拔1 120 m。

形态特征：树高3.6 m，胸径13.4 cm，冠幅4.0 m，灌木型，树姿半开张；叶片长椭圆形，长10.3 cm，宽3.9 cm，绿色，叶面微隆，叶身平，叶缘平，叶脉8对，质地硬，叶齿锐度密度中且深度中，叶基楔形，叶尖渐尖。芽叶绿色，茸毛中。花直径3.3 cm，子房有茸毛，雌蕊高于雄蕊，花柱分3裂，分裂位置高；果3裂。

生化特性：一芽二叶蒸青样含水浸出物45.4%，氨基酸4.1%，可溶性糖3.6%，茶多酚22.7%，咖啡碱3.4%，GC 0.8%，EGC 1.6%，苦茶碱0.1%，C 0.1%，EC 0.6%，EGCG 10.2%，GCG 1.0%，ECG 2.1%，CG 0.2%。

叶肉细胞特征：

栅栏组织厚（μm）	47.33	角质层厚（μm）	4.00
栅栏组织层数	1	下表皮厚（μm）	13.33
海绵组织厚（μm）	184.89	上表皮厚（μm）	16.67
栅栏系数	0.26	全叶厚（μm）	262.22

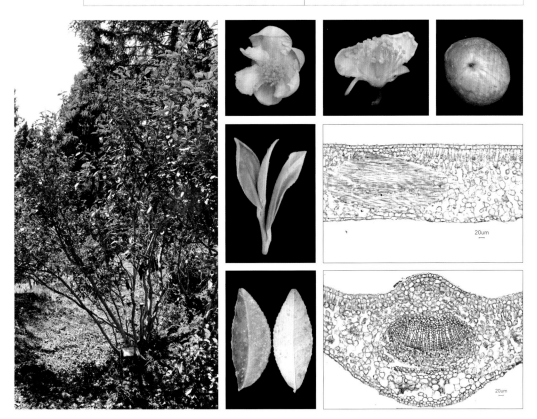

第三章　太极古茶树资源与品种

太极古茶91号

生长地点： 毕节市七星关区燕子口镇，海拔1 145 m。

形态特征： 树高2.9 m，胸径8.6 cm，冠幅1.8 m，小乔木型，树姿直立；叶片长椭圆形，长11.3 cm，宽5.6 cm，深绿色，叶面隆起，叶身平，叶缘平，叶脉7对，质地硬，叶齿锐度密度中且深度中，叶基楔形，叶尖急尖。芽叶黄绿色，茸毛密。花直径4.5 cm，子房有茸毛，雌蕊高于雄蕊，花柱分3裂，分裂位置高；果3裂。

生化特性： 一芽二叶蒸青样含水浸出物38.5%，氨基酸3.9%，可溶性糖3.0%，茶多酚23.6%，咖啡碱3.6%，GC 0.2%，EGC 1.6%，苦茶碱0.2%，C 0.1%，EC 0.9%，EGCG 8.5%，GCG 0.2%，ECG 3.0%，CG 0.2%。

叶肉细胞特征：

栅栏组织厚（μm）	44.67	角质层厚（μm）	3.11
栅栏组织层数	1	下表皮厚（μm）	12.22
海绵组织厚（μm）	177.11	上表皮厚（μm）	19.33
栅栏系数	0.25	全叶厚（μm）	253.33

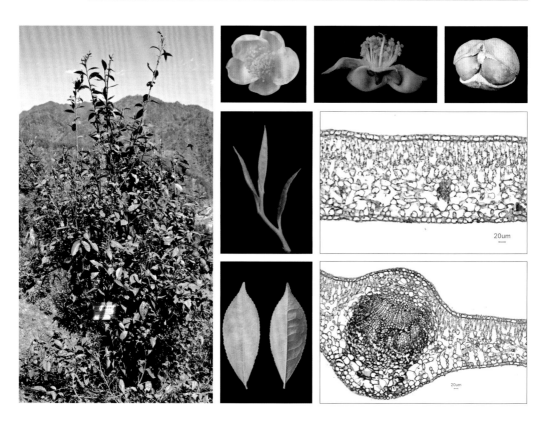

太极古茶92号

生长地点：海拔1 153 m。

形态特征：树高4.1 m，胸径24.8 cm，冠幅2.5 m，小乔木型，树姿直立；叶片长椭圆形，长12.0 cm，宽5.0 cm，深绿色，叶面隆起，叶身平，叶缘微波，叶脉7对，质地中，叶齿锐度密度锐中且深度中，叶基楔形，叶尖渐尖。芽叶黄绿色，茸毛中。花直径3.1 cm，子房有茸毛，雌蕊与雄蕊等高，花柱分3裂，分裂位置高；果3裂。

生化特性：一芽二叶蒸青样含水浸出物40.9%，氨基酸4.2%，可溶性糖3.3%，茶多酚24.3%，咖啡碱3.3%，GC 0.2%，EGC 0.9%，苦茶碱0.2%，C 0.1%，EC 0.4%，EGCG 12.2%，GCG 0.2%，ECG 2.7%，CG 0.2%。

叶肉细胞特征：

栅栏组织厚（μm）	55.78	角质层厚（μm）	2.89
栅栏组织层数	1	下表皮厚（μm）	14.22
海绵组织厚（μm）	138.89	上表皮厚（μm）	15.11
栅栏系数	0.40	全叶厚（μm）	224.00

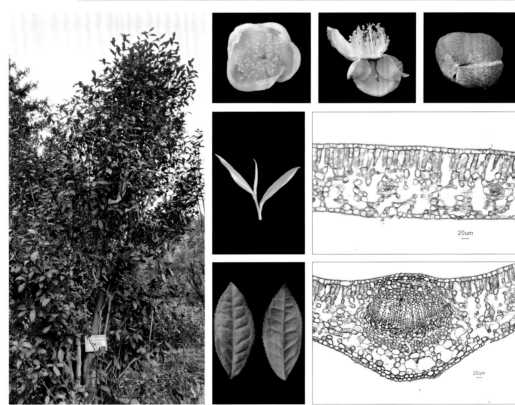

太极古茶93号

生长地点： 毕节市七星关区亮岩镇极松林，海拔984 m。

形态特征： 树高1.0 m，胸径6.7 cm，冠幅1.6 m，灌木型，树姿半开张；叶片长椭圆形，长12.2 cm，宽5.5 cm，深绿色，叶面隆起，叶身平，叶缘平，叶脉8对，质地硬，叶齿锐度密度锐中且深度中，叶基楔形，叶尖渐尖。芽叶黄绿色，茸毛密。花直径3.6 cm，子房有茸毛，雌蕊高于雄蕊，花柱分3裂，分裂位置高；果3裂。

生化特性： 一芽二叶蒸青样含水浸出物39.3%，氨基酸3.6%，可溶性糖3.3%，茶多酚17.3%，咖啡碱2.8%，GC 0.1%，EGC 1.6%，苦茶碱0.1%，C 0.1%，EC 0.7%，EGCG 6.8%，GCG 0.2%，ECG 3.9%，CG 0.2%。

叶肉细胞特征：

栅栏组织厚（μm）	48.00	角质层厚（μm）	4.00
栅栏组织层数	1	下表皮厚（μm）	11.56
海绵组织厚（μm）	161.78	上表皮厚（μm）	16.00
栅栏系数	0.30	全叶厚（μm）	237.33

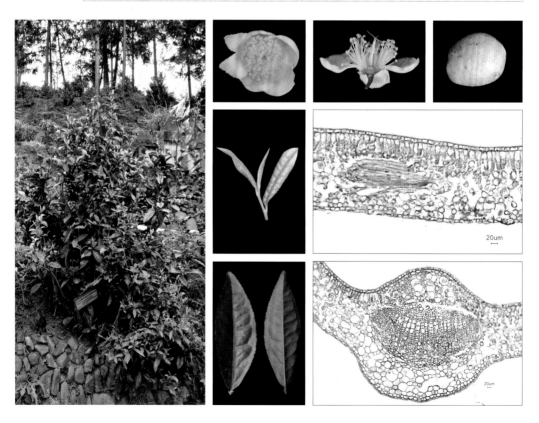

太极古茶94号

生长地点：毕节市七星关区亮岩镇极松林，海拔989 m。

形态特征：树高2.2 m，胸径7.3 cm，冠幅1.8 m，小乔木型，树姿直立；叶片长椭圆形，长10.6 cm，宽3.5 cm，深绿色，叶面隆起，叶身卷背，叶缘微波，叶脉7对，质地硬，叶齿锐度密度中且深度浅，叶基楔形，叶尖渐尖。芽叶绿色，茸毛密。花直径4.7 cm，子房有茸毛，雌蕊高于雄蕊，花柱分3裂，分裂位置高；果3裂。

生化特性：一芽二叶蒸青样含水浸出物41.7%，氨基酸3.3%，可溶性糖3.2%，茶多酚21.0%，咖啡碱3.0%，GC 0.3%，EGC 2.6%，苦茶碱0.1%，C 0.1%，EC 1.2%，EGCG 10.2%，GCG 0.2%，ECG 3.5%，CG 0.2%。

叶肉细胞特征：

栅栏组织厚（μm）	49.33	角质层厚（μm）	2.67
栅栏组织层数	1	下表皮厚（μm）	11.56
海绵组织厚（μm）	85.78	上表皮厚（μm）	14.67
栅栏系数	0.58	全叶厚（μm）	161.33

太极古茶95号

生长地点： 毕节市七星关区亮岩镇极松林，海拔858 m。

形态特征： 树高2.4 m，胸径16.9 cm，冠幅4.0 m，小乔木型，树姿半开张；叶片长椭圆形，长13.0 cm，宽5.0 cm，深绿色，叶面微隆，叶身平，叶缘平，叶脉7对，质地中，叶齿锐度密度中且深度中，叶基楔形，叶尖渐尖。芽叶绿色，茸毛密。花直径3.5 cm，子房有茸毛，雌蕊高于雄蕊，花柱分3裂，分裂位置高；果3裂。

生化特性： 一芽二叶蒸青样含水浸出物39.6%，氨基酸3.9%，可溶性糖3.3%，茶多酚17.3%，咖啡碱3.5%，GC 0.2%，EGC 2.4%，苦茶碱0.1%，C 0.04%，EC 0.5%，EGCG 11.1%，GCG 0.4%，ECG 2.0%，CG 0.2%。

叶肉细胞特征：

栅栏组织厚（μm）	46.67	角质层厚（μm）	2.67
栅栏组织层数	1	下表皮厚（μm）	11.56
海绵组织厚（μm）	93.33	上表皮厚（μm）	17.33
栅栏系数	0.50	全叶厚（μm）	168.89

太极古茶96号

生长地点：毕节市七星关区清水镇左家塍，海拔1 053 m。

形态特征：树高1.5 m，胸径18.2 cm，冠幅1.5 m，小乔木型，树姿半开张。叶片长椭圆形，长10.7 cm，宽4.3 cm，深绿色，叶面微隆，叶身平，叶缘微波，叶脉5对，质地中，叶齿锐度密度中且深度中，叶基楔形，叶尖渐尖。芽叶黄绿色，茸毛中。花直径2.6 cm，子房有茸毛，雌蕊高于雄蕊，花柱分3裂，分裂位置中；果3裂。

生化特性：一芽二叶蒸青样含水浸出物40.7%，氨基酸4.0%，可溶性糖3.7%，茶多酚20.7%，咖啡碱3.1%，GC 0.1%，EGC 1.0%，苦茶碱0.5%，C 0.03%，EC 0.5%，EGCG 10.9%，GCG 0.3%，ECG 3.2%，CG 0.2%。

叶肉细胞特征：

栅栏组织厚（μm）	44.44	角质层厚（μm）	4.67
栅栏组织层数	1	下表皮厚（μm）	14.22
海绵组织厚（μm）	161.33	上表皮厚（μm）	19.56
栅栏系数	0.28	全叶厚（μm）	239.56

太极古茶97号

生长地点: 毕节市七星关区清水镇左家塍,海拔1 057 m。

形态特征: 树高3.2 m,胸径18.2 cm,冠幅2.5 m,小乔木型,树姿开张。叶片长椭圆形,长15.0 cm,宽5.0 cm,绿色,叶面微隆,叶身平,叶缘平,叶脉7对,质地中,叶齿锐度密度中稀且深度浅,叶基楔形,叶尖急尖。芽叶黄绿色,茸毛中。花直径3.7 cm,子房有茸毛,雌蕊高于雄蕊,花柱分3裂,分裂位置高;果3裂。

生化特性: 一芽二叶蒸青样含水浸出物44.5%,氨基酸2.6%,可溶性糖2.1%,茶多酚24.7%,咖啡碱3.7%,GC 0.1%,EGC 2.1%,苦茶碱0.6%,C 0.1%,EC 0.5%,EGCG 13.1%,GCG 0.4%,ECG 2.5%,CG 0.2%。

叶肉细胞特征:

栅栏组织厚(μm)	45.33	角质层厚(μm)	4.44
栅栏组织层数	1	下表皮厚(μm)	12.00
海绵组织厚(μm)	153.78	上表皮厚(μm)	18.67
栅栏系数	0.29	全叶厚(μm)	229.78

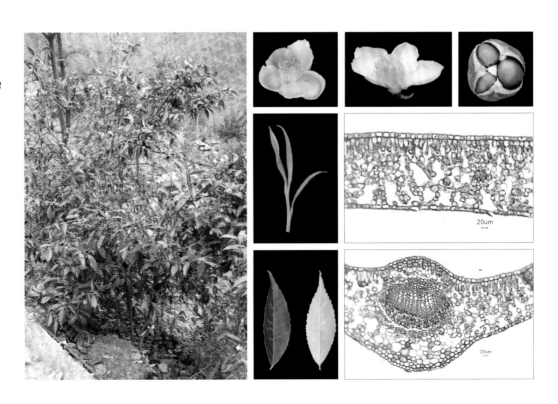

太极古茶98号

生长地点：毕节市七星关区清水镇左家滕，海拔1 012 m。

形态特征：树高5.6 m，胸径24.5 cm，冠幅3.2 m，小乔木型，树姿开张。叶片长椭圆形，长13.2 cm，宽5.1 cm，深绿色，叶面平，叶身平，叶缘平，叶脉7对，质地中，叶齿锐度密度中且深度浅，叶基楔形，叶尖渐尖。芽叶绿色，茸毛稀。花直径5.0 cm，子房有茸毛，雌蕊与雄蕊等高，花柱分3裂，分裂位置高；果3裂。

生化特性：一芽二叶蒸青样含水浸出物41.1%，氨基酸3.6%，可溶性糖3.7%，茶多酚16.7%，咖啡碱2.9%，GC 2.0%，EGC 2.4%，苦茶碱0.04%，C 0.1%，EC 0.4%，EGCG 10.3%，GCG 1.9%，ECG 2.0%，CG 0.2%。

叶肉细胞特征：

栅栏组织厚（μm）	49.33	角质层厚（μm）	2.67
栅栏组织层数	1	下表皮厚（μm）	16.89
海绵组织厚（μm）	89.78	上表皮厚（μm）	14.67
栅栏系数	0.55	全叶厚（μm）	170.67

太极古茶99号

生长地点： 毕节市七星关区清水镇左家滕，海拔1 031 m。

形态特征： 树高1.5 m，胸径11.8 cm，冠幅1.8 m，小乔木型，树姿半开张。叶片长椭圆形，长11.8 cm，宽5.0 cm，深绿色，叶面微隆，叶身内折，叶缘平，叶脉8对，质地中，叶齿锐度密度中且深度中，叶基楔形，叶尖渐尖。芽叶绿色，茸毛稀。花直径2.7 cm，子房有茸毛，雌蕊高于雄蕊，花柱分3裂，分裂位置高；果3裂。

生化特性： 一芽二叶蒸青样含水浸出物39.1%，氨基酸3.5%，可溶性糖2.2%，茶多酚21.4%，咖啡碱3.1%，GC 0.1%，EGC 3.0%，苦茶碱0.4%，C 0.04%，EC 0.9%，EGCG 11.4%，GCG 0.3%，ECG 2.6%，CG 0.2%。

叶肉细胞特征：

栅栏组织厚（μm）	42.44	角质层厚（μm）	2.89
栅栏组织层数	1	下表皮厚（μm）	10.67
海绵组织厚（μm）	112.00	上表皮厚（μm）	14.89
栅栏系数	0.38	全叶厚（μm）	180.00

太极古茶100号

生长地点：毕节市七星关区清水镇左家塍，海拔1 031 m。

形态特征：树高2.1 m，胸径12.7 cm，冠幅1.5 m，小乔木型，树姿半开张。叶片长椭圆形，长13.8 cm，宽6.0 cm，绿色，叶面微隆，叶身内折，叶缘波，叶脉7对，质地中，叶齿锐度密度中且深度浅，叶基楔形，叶尖渐尖。芽叶紫绿色，茸毛稀。花直径5.1 cm，子房有茸毛，雌蕊高于雄蕊，花柱分3裂，分裂位置高；果3裂。

生化特性：一芽二叶蒸青样含水浸出物37.4%，氨基酸4.2%，可溶性糖4.0%，茶多酚20.6%，咖啡碱3.6%，GC 2.4%，EGC 3.3%，苦茶碱0.05%，C 0.1%，EC 0.6%，EGCG 10.5%，GCG 2.2%，ECG 1.8%，CG 0.2%。

叶肉细胞特征：

栅栏组织厚（μm）	58.22	角质层厚（μm）	3.33
栅栏组织层数	1	下表皮厚（μm）	12.22
海绵组织厚（μm）	150.89	上表皮厚（μm）	19.11
栅栏系数	0.39	全叶厚（μm）	240.44

第三节 太极古茶良种选育

广东省农业科学院茶叶研究所吴华玲研究员带领茶树资源与育种团队通过实地调研，在太极名枞中选取了75株代表性古树，采摘一芽二叶茶青，通过萎凋、揉捻、发酵、干燥一系列工艺对以单株古茶树为原料的红茶试制，并对制作的红茶进行了外形、香气、滋味、汤色、叶底的感官审评。发现从太极古茶不同生产区域单株采摘、单株制作的红茶干茶色泽乌润，汤色橙红明亮或红亮，滋味普遍甜醇鲜爽，部分单株苦涩味重，但香气差异较大，其中产自燕子口镇的红茶以甜香木香带花香为主，亮岩镇、清水铺镇的红茶以甜香为主，层台镇的红茶香气为木甜香或果甜香为主，小吉场镇的红茶香气为甜香高锐带薄荷气带蜜香，部分单株花香持久。依据感官审评结合生化检测结果，研究团队筛选出40份核心种质，分别在亮岩镇和广州开展扦插、嫁接繁育工作。经2022—2023年的试验，团队筛选出蜜香带柚花香、甜香带蜜桃香、蜜香带栀子花香、木脂甜香带蜜香优异红茶单株5个，于2023年向农业农村部申报了植物新品种权。

嫁接操作流程：采枝后进行劈接。从太极古茶树上剪取枝条表皮红棕色的当年生健壮、无病虫害、具饱满腋芽枝条作接穗。选择离地5～10 cm较平直的部位锯断砧木，用电工刀在砧木中部垂直劈下1.5 cm，再用螺丝刀在劈口中部撑开0.2 cm左右，用利刀在劈口两侧自下而上削成三角形切口，长度1.0～1.5 cm，切口必须平直。将接穗剪成一芽一叶的短茎，芽上保留0.5 cm以上，在芽下0.5 cm处沿芽点两侧自下而上削成三角形，其长度1.0～1.5 cm，稍长于砧木切口，宽度应与砧木切口相吻合，芽侧多留皮，对侧少留皮。之后将削好的接穗放入砧木切口中，使韧皮部对齐，拔出嵌入螺丝刀，再用包装绳绑紧，然后套袋、遮阴。嫁接20天后，每两周进行1次检查，及时除去砧木上的不定芽，并保证遮阴良好（图3-14）。

扦插操作流程：在毕节地区于10—11月进行。先进行整地，包括翻土、对土地进行消毒、施肥并起垄，在垄上铺设5 cm厚的黄土；然后采集一年生健康、粗壮的穗条，并对穗条修剪成长4～5 cm的插穗，修剪后的插穗在生根剂中浸泡1 min。参照国家茶树扦插标准，在垄上对茶苗进行扦插。扦插后搭设遮阴矮棚，在棚上先覆盖薄膜，有利于保温，之后再在薄膜上覆盖遮阳网对种苗进行遮阴处理。每天定期安排工人对扦插的茶垄进行浇水，并观察其生根情况，待生根后定期追肥。定期进行病虫害预防处理和除草处理，确保扦插苗健壮生长（图3-15）。

图3-14 太极古茶树嫁接繁育（广州）

图3-15 太极古茶树扦插繁育（贵州毕节亮岩镇）

第四节 古茶树资源保护与利用

茶作为我国乡村振兴的支柱产业，在文化、经济、生态等多方面具有重要价值。毕节市产茶历史悠久，古树茶资源丰富，太极古茶作为最知名的地方资源之一，已经成为毕节市乡村振兴的优势产业。为更好地贯彻落实习近平总书记"统筹做好茶文化、茶产业、茶科技这篇大文章"的指示精神，大力推进太极古茶树的资源保护与利用格外重要。

一、古茶树保护利用现状与存在问题

（一）组织机构、全面推动

近年来，毕节市组织各县（区）认真对全市古茶树资源树龄、种群、生物学习性、生长环境等进行系统性普查登记，并结合当地实际认真制定和夯实古茶树的保护、复壮措施，着力推进古茶树挂牌科学管护、划定古茶树自然保护区、纳入林业部门"古、大、珍、稀"树种保护范围，努力提高广大群众珍爱古茶树的意识。2013年6月，就毕节市古茶树保护与开发专门出具《专题会议纪要》，决定成立毕节市古茶树资源保护与产业化开发工作协调顾问组，统筹协调各相关部门对毕节市古茶树进行普查保护。各县区已结合当地实情，制定了切实有效的保护措施，七星关区也出台了《七星关区太极贡茶保护管理与开发利用工作方案》，有力地推动太极古茶树保护和开发利用工作的开展。

（二）多措并举、成效显著

1. 组建古茶树经营组织

毕节市古茶树分布广、群体较大，分散在山间或农户承包地块之中的，由于认识不足、管护不到位，使珍贵的古茶树遭到严重破坏。为有效保护古茶树资源，七星关区、纳雍县、金沙县分别成立了七星关区太极古茶开发有限公司、贵州省纳雍县唯博现代农业开发有限责任公司、金沙县古茶树专业合作社，采取购买、流转、租赁等多种方式把古茶树产权从农户自有、村集体所有全部流转过来，为加快推进古茶树保护与产业化开发奠定了坚实的基础。

2. 开展古茶树品种选育

2021年起，广州天河区驻七星关区工作组练惠林等引入国家茶叶产业技术体系红茶品种改良岗位科学家、广东省农业科学院茶叶研究所茶树资源与育种研究室吴华玲研究员团队和广东省茶叶收藏与鉴赏协会陈栋研究员团队，深入太极茶区调查研究，并开启了太极古树资源品质鉴定、新品种选育和扦插繁育研究，并将测定分析结果与国内知名茶叶进行比较，从中筛选出一批优良古茶树单株，在太极村集中扦插育苗，建立了子一代古茶树良种母本园。

3. 研制古茶树产品

毕节市在贵州省茶叶协会、广东省供销社、广东省茶叶收藏与鉴赏协会、贵州绿茶品牌促进会及市、县（区）有关专家的指导下，根据当地古茶树品种的特征特性，认真制定科学的加工工艺并组织试制。根据当地古茶树品种的特性，辅之以适宜的加工工艺，毕节古茶脱颖而出。用太极古树鲜叶制作的红茶和绿茶先后获2016年贵州省秋季斗茶大赛金奖，2018年"太极古茶杯"第二届贵州古树茶斗茶赛古树绿茶茶王奖，2021年"太极古茶杯"第五届贵州古树茶斗茶赛古树红茶茶王奖，2022年"中茶杯"鼎承茶王赛古树绿茶金奖，2023年首届贵州古茶文化节绿茶茶王奖、红茶金奖，2023年亚泰杯国际鼎盛茶王赛红茶特别金奖、绿茶金奖，2023年"中茶杯"春季鼎承茶王赛绿茶金奖、红茶金奖等诸多殊荣。

4. 深挖古茶树文化

东晋《华阳国志》载："平夷产茶、蜜……唐蒙通夜郎，携枸酱、茶、蜜返京……（平夷即今七星关、大方、金沙、遵义一带）。""平远府茶产岩间，以法制之，味亦佳。"这是清康熙十二年（公元1673年）《贵州通志》对毕节茶的描述。毕节所产的"金沙清池茶""大方海马宫竹叶青茶""纳雍姑箐茶""七星关太极茶""织金平桥茶"和"黔西化竹茶"，历史上都曾被朝廷列为贡茶珍品，享有盛誉、茗香氤氲。为了有效推进高山生态茶产业的健康有序发展，毕节市组织相关县（区）及茶企（专业合作社）征集古茶树历史文化资料，并通过主流新闻媒体进行宣传报道，进而促成了七星关区被中国茶叶流通协会授予"中国古茶树之乡"的荣誉称号。

5. 强化古茶树产品宣传与营销合作

为全面提升古茶树产品的声誉，毕节市政协、市农委、市总工会、市茶产业协会于2015—2020年连续举办了六届"原生态·奢香茶·馨乌蒙"大众品茗活动，把古茶树产品推荐作为重点工作狠抓落实。2023年4月，首届"贵州古茶文化节"在毕节市开幕。以茶为媒，以节促旅，通过将古树茶历史文化与民族文化、原始森林、山水生态相融合，引各方宾朋齐聚毕节，细品毕节茶、宣传毕节茶、投资毕节茶。在这次文化节上，隆重发布了由国家茶叶产业技术体系红茶品种改良岗位科学家、广东省农业科学院茶叶研究所茶树资源与育种研究室吴华玲研究员团队和广东省茶叶收藏与鉴赏协会会长陈栋研究员团队联合研究制定的《太极红茶》和《太极古树红茶加工技术规程》2个贵州省团体标准。与此同时，毕节七星太极古茶开发（集团）有限责任公司与广东省供销社签订供货协议和尝试"卡玛"带货直播，毕节市七星关区初都茶场依托江苏省天目茶叶集团成熟的销售渠道贴牌生产，初步改善了太极古茶茶叶产品销路不畅的困难。

（三）存在问题

目前毕节市尚处于古茶树产业化开发初级阶段，经济效益还未充分体现，广大农民群众还没有充分认识到保护古茶树资源的重要性和必要性，因而造成失管、乱砍滥伐的现象时有发生。群众对茶树资源的保护意识以及保护工作有待加强。毕节市科技人员对利用古茶树资源培育优良品种的工作尚处于起步阶段起步。太极古茶树文化发掘与产品研发有待加强，"三茶"融合有待提升。

二、太极古茶树的资源保护与开发建议

（一）全面加强茶树资源保护

牢固树立"绿水青山就是金山银山"理念，认真贯彻落实《贵州省古茶树保护条例》，开展全方位宣传，让全社会都来关心、关爱和保护古茶树，为古茶树开发利用创造良好的环境。

（二）积极建设茶树发展平台

集中力量建设太极古茶树产业化平台，使之成为古茶树产品展示、资源圃建设、茶艺表演、茶事体验、网络信息平台建设、茶叶展销及品牌推广、茶树栽培技术、茶叶采摘加工技术培训等茶事活动展示、宣传、合作与交流的窗口。本地茶企应积极寻求专业机构帮助，与科研院所联合开展古茶树资源保护和开发科研项目申报建设，争取资金支持并培养本土"三茶"产业专业人才。同时邀请相关科研院所和专家对"毕节古茶树产业化平台"建设进行支持和指导，以便更好地服务茶产业健康有序发展。

（三）全力开展茶树品种选育

进一步加大古茶树资源内含物质的检测分析，并与相关科研院所进行沟通与合作，充分利用先进的快速繁育手段，有效选育出具特色品质且耐寒耐贫瘠的茶树新品种，以便在全市及邻近高海拔地区普及推广。

（四）多维度推进茶产业融合发展

按照创新、协调、绿色、开放、共享的新发展理念，因地制宜利用古茶树群落周围环境建设规范化的古茶园观光园、良种母本园、采摘体验园与加工体验车间，让广大群众充分享受到珍稀古茶树带来的视角冲击，持续办好贵州古茶文化节，促进茶文旅一体化协调发展。与此同时政府与本地企业积极支持产品研发与市场拓展，引导外地茶商在合作互利的基础上，强化与太极古树茶开发企业的合作与交流。

（五）提升茶树产品加工水平

进一步加大古茶树新产品研发与产品质量标准制定，指导茶企调整茶叶加工工艺，生产适宜外地消费者需求的古树茶产品，同时把这些优质古树茶产品推介给当地茶叶消费群体。并加强营销渠道建设，确保更多更好的古茶树产品进入流通市场，满足广大消费者的需求。

第四章 茶树栽培与管理

第一节 茶园建设

一、茶园选址

茶树是多年生植物，一经种植几十年不变，有效生产期可持续40～50年，管理好的，还可以维持更长的生产年限，因此建园时要重视选址，主要考虑3个条件。

（一）气候条件

（1）年平均温度在130℃以上，活动积温在35 000℃·d以上的地域。

（2）在茶树的生长期，空气湿度在60%以上，以80%～90%为好。

（3）年降水量在1 000 mm以上，且在生长期内降雨分布相对均匀。

（二）土壤条件

茶树适宜在酸性土壤中生长，在中性或碱性土壤中难以成活，红壤和黄壤属于酸性土壤，适宜种植茶树。

（三）地形地势

在丘陵山区，茶园宜选择坡度在25°以下的山坡或丘陵地，尤其以10°～20°的坡地，起伏比较规则的地方最理想。

对于地形过于割裂、过于复杂的地方，建园时所投人力物力过大，不宜用作茶园。陡坡、山顶、深谷、洼地以及山脚风口，或因行路艰难不便管理，或因不利于水土保持，或因易受自然灾害等，都不宜用作茶园。

（四）其他条件

（1）茶园选址布局时，尽量集中连片，便于生产管理，便于建加工厂。

（2）在规划设计时，要以改土治水为中心，实行山、水、林、田、路综合治理，建设高质量高标准的茶园。

（3）选用良种，合理密植，深翻改土，重施基肥，合理使用化肥，铺草覆盖，及时进行病虫草害防治，合理修剪，培养丰产树冠。

（4）建园时要考虑方便各种茶园机具作业。

二、茶园规划设计

茶园规划要从合理利用资源出发，对土地利用作全面、长远的规划，真正做到因地制宜，宜粮则粮，宜林则林，宜茶则茶，总原则是"山顶造林、山腰植茶、山下种粮"。在茶园规划中要尽量做到不占用粮地，不毁林建园，不影响水土保持。

（一）各种用地比例

（1）茶园用地，60%。

（2）粮食作物用地，5%。

（3）蔬菜、饲料用地，5%。

（4）工场（厂）生活用房养殖用地，5%。

（5）道路、水利设施用地，5%。

（6）果树绿化及其他用地，20%。

上述比例可供参考，具体用地比例需根据当地实际情况灵活安排。

（二）茶园区划

茶园区块划分是为了便于生产管理和茶行布置，并按地形划分出大小不等的作业区，再按不同作业区布置茶行；平地茶行平行于道路或与道路垂直，坡地最好按等高线布置茶行，以利于保持水土。

（三）茶园道路

茶园道路以场部和加工厂为中心，分干道、支道、步道以及机具作业的地头道，道道相通；干道宽7~8 m，支道宽4~5 m，步道宽2 m。

（四）排灌系统

排灌系统的设置以排水、蓄水和保持水土为目的，既要便于管理、不妨碍耕作，又要充分利用土地；排灌系统分渠、沟两类，渠分干渠和支渠，主要作用是引水进园、蓄水防冲和排出过多雨水；沟分主沟、支沟和隔离沟。主沟是茶园内连接渠和支沟的纵沟，其作用是在大雨时，能汇集支沟雨水注入塘、池、库内，天旱时又能引水进沟灌园。

（五）防护林与遮阴树

在茶园四周种植防护林，既能保持水土，改善园区小气候，又能减少风、旱、寒等自然灾害；种植遮阴树主要是改善茶园的光照条件，有利于茶树生长，实现高产、稳产、优质的目的。防护林一般种植在茶园四周，主要道路、河流的两旁，一些不宜粮、不宜茶的坡地，地形复杂的割裂地，山顶等区域。树种以适应当地气候，有一定经济价值，与茶树无共同的病虫害，生长迅速的用材林或经济林为好，常用的树种有松、杉、枫、榆、桐、合欢、紫槐等。在种植时应乔木与灌木搭配，常绿树与落叶树相结合。林带宽8~10 m，乔木树种4~6行，株行距3 m×2 m，在乔木树的两旁种灌木树。

（六）茶行布置

茶园内的路、沟、渠安排好后，园地的区块就已划分出来，茶行的布置大体上也已确定。茶行排列主要分3种情况：

（1）坡度在10°以下，地形是长方形的，采用直线延长的方式布置茶行；对土壤结构差，水土冲刷严重的区域，可修筑宽幅梯地或安排等高条植。

（2）坡度在10°~20°的地块，茶行采用宽梯的等高线布置，也可采用等高宽梯的直行布置。

（3）坡地在20°以上的地块，采用窄梯田的方式，茶行按等高线曲线排列。

三、茶园开垦技术

茶园道路排灌系统、防护林、遮阴树、梯田等基础设施修建修善后，还要采取相应的农业技术措施来改善茶园土壤，减少雨水冲刷，提高土壤肥力，实现茶园的优质、高产、稳产。

（一）平地及缓坡地茶园的开垦

1. 园地清理

将园地杂草、树根、乱石及其他障碍物清理干净，尤其是宿根性的杂草（竹鞭、茅草、蕨类等），要连根挖净、清出茶园；对地面起伏不平的，在保存表土的前提下进行简单的地形改造和地面平整。

2. 园地开垦

平地及15°以内的缓坡地，根据道路、沟渠等分段进行，沿等高线横向开垦，使坡面相对一致，若坡面不规整，应按"大弯随势，小弯取直"的原则开垦。熟地只进行复垦：即在种植茶树前进行30~40 cm深的开垦，而生荒地必须进行初垦和复垦：初垦在秋季或冬季进行最好，深度在50 cm左右，只挖（犁）翻不碎土，并清除树根、草根；复垦在茶树种植前进行，深度30~40 cm，并将土块整碎，地整匀、整平，再次清除草根树根等。

（二）坡地及梯级开垦

坡度在15°~25°，地形起伏较大，无法按等高线种植的，根据地形情况，建立宽幅梯田或窄幅梯田，具体要求如下。

（1）梯面严格等高，梯形坡度变化大，出现等高不等宽的情况时，以等高为主，梯田外高内低（坡度2°～3°）。

（2）梯田高度，在梯田最陡的地段，梯壁高度控制在1 m之内。

（3）梯面宽度保证在1.5～2.0 m（种一行茶）或3～4 m（种两行）。

（4）梯田长度。根据地形来确定，按同梯等宽，大弯随势，小弯取直的原则，短的可以在20 m以内，长随地形，但不超过100 m。

（5）修筑梯田时，要梯梯接路，沟沟相通，外埂向沟。

第二节　茶树种植

一、茶树种植的基础知识

茶树种植主要把握茶树良种的选择与搭配，规范种植，施足基肥，提高移栽成活力，保证苗全、苗壮。

（一）土地准备

对于土壤结构良好，肥力较高的地块，经深翻平整后，就可进行茶籽播种或茶苗移栽，但对于生荒地和土壤结构差、肥力低、有机质含量低的地块，最好先进行绿肥种植，在盛花期翻埋，待土壤熟化后再进行茶籽播种或茶苗移栽，种植前还须施足基肥。

（二）选用良种与品种搭配

1. 良种的选用

任何一个茶树良种，都是在一定的自然环境和栽培条件下形成的，都有各自的区域适应性和制茶适制性，所以应选用适应当地气候和地理条件，在当地的栽培加工技术条件下能获得高产优质产品的茶树品种。

2. 品种搭配

在选用良种时要搞好品种搭配：不同的茶树品种、发芽的早晚、生长的快慢、内含品质成分差异较大。为了发挥品种间协调性，避免茶季洪峰，延长茶季，合理安排劳动力，合理使用制茶机具，一个生产单位种植的茶树品种，要有目的地进行搭配：一般是用一个当家品种（其面积占总面积的50%～70%），搭配2～3个其他品种（搭配品种占30%～50%）。

（三）种植规格

对于新建茶园，无论是直播还是移栽，都必须有一个合理的密度，包括行距、丛距（株距或穴距）以及每丛的株数。茶树种植规格的要求是合理密植，确定种植规格的依据是茶树品种、栽植的区域和管理水平3个方面（图4-1）。

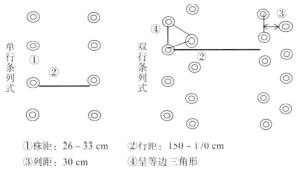

①株距：26～33 cm　②行距：150～170 cm
③列距：30 cm　④呈等边三角形

图4-1　茶树种植方式

（1）中小叶种茶园单行条列式种植的，行距150～170 cm，丛距（株距）26～33 cm，每丛3株，每亩基本苗控制在4 000～5 000株。

（2）中小叶种茶园双行条列式种植的，行距150～170 cm，丛距（株距）26～33 cm，每丛2株，每亩基本苗控制在5 000～7 000株。

（四）划线

地形不同，茶行的布置不同，也就是平地茶行和坡地茶行的划线有所区别。

1. 平地茶园

茶行要与地形最长的一边平行或与道路干渠平行划线，并离地边1 m划出第一行，其余按行距要求，依次划出所有茶行，宽幅梯地也按此法划行，最后一行应与地边保持1 m左右的距离。

2. 坡地茶园

坡地茶园按等高线种植，划线自下而上进行，按行距要求逐条划线，坡面坡度不一致的，按等高不等宽的原则，适当调整行距。

3. 梯地茶园

按梯面边缘等距离划线，单行梯地居中划线。

（五）施基肥

茶行的线划好后，沿线开种植沟或挖种植穴，在沟（穴）内施入基肥：施堆肥、厩肥1 000～1 500 kg/亩，或饼肥100～150 kg/亩，并拌入磷肥20～30 kg/亩。施肥沟的深度根据直播和移栽有所区别：直播深25 cm，宽20 cm，施肥后盖土至离地面5 cm；移栽深度30～40 cm，施肥后盖土至离地面20 cm左右。

注意：施用堆肥、厩肥的，施肥沟宜深，施用饼肥的施肥沟宜浅。

二、播种与茶苗移栽技术

（一）茶籽直播

1. 播前种子处理

用10 mm×10 mm筛孔的筛子过筛，直径小于10 mm的茶籽在苗圃地另行播种备用；剔除劣变种子；初选后的种子用清水浸泡5～7 d，每2 d换1次水，并将下沉种子捞出先播，最后将不沉底的种子，播在行间，用于补苗（也可催芽后播种）。

2.播种时期

最好采用冬播（从11月到翌年2月初），如果土地准备不足或劳动力安排不过来，也可在翌年的2月中旬到3月中旬播种。冬播的不用贮藏种子，出苗率高，比春播的提早10～15 d出苗。

3.播种深度

播种深度根据土壤质地，气候条件及播种时期有所不同：一般3.5～5.0 cm，沙土稍深黏土稍浅，冬播稍深春播稍浅，干旱稍深湿润稍浅。

4.适量穴播

茶籽种胚较大，顶土力弱，播种量少会影响出苗，茶区群众有"孤子不生"之总结。所以每穴播4～5粒，均匀摆放，不能相距太远，也不能相互重叠。

5.用种量

对于符合标准的茶籽，每亩用种量5～6 kg。

6.加行补苗

在直播茶园内，每隔10～15行的行间增播一行，便于今后补苗时就近挖取，带土补植。

（二）茶苗移栽

用于移栽的茶苗，主要是扦插苗。

1.移栽苗龄

无论是扦插苗还是实生苗，以一年以上高度在25 cm以上的苗移栽成活率高。

2.移栽时期

在茶苗地上部休眠期进行移栽，容易成活，所以晚秋和早春是最佳移栽期。在墒情（土壤湿度）较好的茶区，也可在霜降前后移栽成活率较高，此时地上部逐渐进入休眠，而根系生长还有一个高峰，移栽后根系恢复生长较好，翌年茶苗发芽生长也早。对于秋冬季比较干旱的地区，则宜在早春移栽，时间掌握在惊蛰到春分，不能太晚，否则影响成活率。早春移栽的茶苗，发芽不如秋栽的快，而且往往在根系尚未完全恢复时，地上部分已开始萌发生长，易出现僵苗、死苗，所以要特别加强管理。

3.移栽技术

（1）按规格每窝三株或二株，每窝内的苗间距4～5 cm。

（2）起苗时多带土，少伤根，随挖随栽；如苗圃地干硬，在起苗前一天灌足水，以方便挖苗。

（3）移栽时深浅适宜：实生苗以栽到根颈处为宜，并把过长的主根剪去，扦插苗移栽比实生苗深3～5 cm，移栽时根系要舒展（回土稍压轻提）。

（4）移栽时回土逐层踩紧踏实，埋土过半（2/3～3/4）时浇足定根水，待水下渗后，用细土封至根颈处。

（5）移栽后，茶苗超过17 cm的可离地17～20 cm修剪1次，既可代替第一次定型修剪，又可减少叶面蒸发，提高成活率。

（6）每隔10～15行加植一行（每穴2株），以备补苗。

4. 茶苗调运

从外地调运时，茶苗最好带土；未带土的茶苗，可用黄泥浆蘸根，以50～100株一捆，用稻草包扎好根部，并在车厢周围经常洒水，顶部用草覆盖，提高湿度，运输途中避免风吹日晒，防止茶苗发热；茶苗运达目的地后及时移栽，如果茶苗多，最好先假植，抓紧移栽。

第三节　茶园管理

一、幼龄茶园管理

幼龄茶园管理的重点是护苗、全苗、壮苗，施用N、P、K肥及时补充肥料，加速幼苗生长，定型修剪，培养丰产树形，培养丰产骨架。

（一）抗旱保苗争全苗

通过松土除草保墒、铺草覆盖保墒、降温、灌溉浇水等来保护茶苗正常生长。

（二）防寒护苗保全苗

冷害、冻害是一、二年生茶树常见的威胁，可以通过根际培土，根际铺草，茶园熏烟等措施来护苗。

（三）耕除

浅耕浅除，间作绿肥翻埋，未种绿肥的茶园杂草多，应除小、除早、除了，耕除过程中应注意不伤苗根，不翻动茶苗。

（四）合理施肥

幼龄茶树对N、P、K都需要，有机肥与无机肥相配合，并以基肥为主，在晚秋至冬初每亩施堆肥、厩肥1 000～1 500 kg，或饼肥100～150 kg。配合过磷酸钙15～25 kg、硫酸钾10～15 kg，拌匀沟施，施后盖土。

二、茶树修剪

茶树修剪是为了改变茶树的分枝习性，控制树高，促进分枝，扩大采摘面，增大茶芽的密度，收获更多的茶青。

（一）茶树修剪与树冠培养

自然生长的茶树灌木型树高可达2～3 m，小乔木或乔木型高达5～6 m，高的在10 cm以上，侧枝细弱，难以形成分枝广阔而密集的采摘面。

1. 高产优质树冠必须具备的条件

（1）分枝结构合理。分枝层次多，骨干枝粗壮且分布均匀，采摘面的生产枝健壮茂密。

（2）树冠高度适中。中小叶类茶树，树冠高度控制在70～80 cm，对于直立型小乔木大叶类品种或乔木型品种，树冠高度宜控制在90 cm以内，寒冷茶区控制在60 cm左右，这种高度的树型，便于茶树体内水分和养分输导，便于采摘和茶园管理。

（3）树冠覆盖度大。在适当控制高度的前提下，尽可能扩大树冠幅度，高幅比一般要求达到1：（1.5～2.0），两行树冠间留20～30 cm的宽度，树冠有效覆盖度达到80%～90%。在等宽树幅条件下，弧形采摘面大于水平采摘面，南方茶树品种，多数顶端优势强，宜修剪成水平形采摘面，中小叶类茶树可修剪成略带弧形的采摘面（图4-2）。

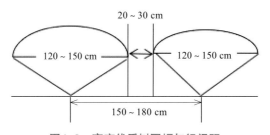

图4-2 高产优质树冠幅与行间距

（4）有适当的叶层厚度和叶面积指数。茶树的光合作用、光合产物的运转、养分的吸收、水分的蒸腾都离不开叶片，因此高产优质树冠应有一定厚度的叶层和叶面积指数：中小叶种应有10～15 cm厚度的叶层，大叶种枝叶较稀，应有20～25 cm厚度的叶层；幼年期、重剪和台刈后的茶树，应有较厚的叶层（30 cm以上）。叶面积指数是指树体叶面积总和与茶园面积之比，就茶树而言，叶面积指数以3～4为宜。

2. 修剪对培养树冠的作用

（1）通过定型修剪培养树冠骨架。

（2）通过轻剪、深剪，调整冠面，维持生产力。

（3）通过对老树进行重剪和台刈，重新培养树冠。

3. 修剪时期的选择

一年中的修剪时期，应根据茶树生长期、气候条件、茶树品种、不同树龄来确定。

（1）茶树生长期。原则上选择茶树休眠期（冬眠期）或新梢生长间歇间期进行修剪。具体地说，以春茶前的2—3月为修剪的最佳时期。也可选择在冬眠期的11—12月或春茶后的5—6月进行修剪。

（2）气候条件。原则上掌握剪后达到促进侧芽分化，芽稍有膨大时即进入冬眠期，过迟不利于剪后侧芽的分化，过早容易萌发侧梢，通常在茶季结束后的11—12月进行。

（3）茶树品种。修剪应结合茶树品种的物候期来考虑：发芽早的修剪期提早，发芽晚的推后，冬眠早的提前，冬眠晚的推后。

（4）茶树树龄。树龄不同，修剪时期不尽相同。幼龄茶树，一年定剪1次的，在早春二月，如一年定剪2次的可以分别在2月及6月进行；生产性茶树的轻剪、深剪则在秋冬季进行，老树重修剪和台刈在春茶前。

（二）幼龄茶树的定型修剪

茶树在不同的生长阶段，修剪的目的不同，其修剪方法也随之有所不同。

1. 幼龄茶树定型修剪

幼龄茶树定型修剪的目的是促进分枝，培养骨干枝，控制树高，扩大树冠，为培养丰产树型奠定基础。

2. 定型修剪的方法

定型修剪多采用水平剪，水平剪是常规茶园幼龄茶树修剪最常用的方法，一般分3~4次完成。

（1）第一次定型修剪。当一块茶园中有80%的茶苗茎粗（离地面5 cm处）超过0.3 cm、苗高达30 cm、有1~2个分枝时，便可对该茶园进行第一次定型修剪：用枝剪在离地面15~20 cm（统一高度）处剪去主枝，侧枝不剪，并注意选留1~2个较强分枝，并促使主茎基部2~3个腋芽萌发出第一层骨干枝，以后每年定型修剪一次。

（2）第二次定型修剪。在第一次剪口上提高15~20 cm平剪。

（3）第三、第四次定型修剪。分别在上一次剪口上提高10 cm左右平剪。

经过3~4次定型修剪后，茶树骨枝高度达50~60 cm，形成5~6层分枝，在此基础上结合打顶、轻剪，就能培养出树冠和采摘面。

注意：凡不符合第一次定剪的茶苗不剪，待翌年达标后再剪。

（三）成年茶树的修剪

成年茶树（投产茶树）的修剪主要是轻修剪和深修剪。

1. 轻修剪

（1）轻剪目的。轻修剪简称轻剪，用于茶树定型修剪和深修剪之后，目的是控制树高，整齐树冠，使分枝生长健壮，增强育芽能力，便于采摘和管理。

（2）修剪时间。毕节大部分茶区，在10—11月进行轻修剪，过早，晚秋梢可能在冬前萌发，不利于调整恢复树冠；过晚，剪口难于在冬前愈合，不利越冬。

（3）修剪的程度。根据茶树品种、树龄、气候、管理水平以及树势来确定修剪的程度，一般树势强的宜浅剪，只剪去冠面3～5 cm的枝叶即可，而树势弱的修剪稍重些，剪去冠面5～10 cm的枝叶。

（4）修剪间隔时间。一般每年进行一次轻修剪；在七星关的茶园，因气候偏热，可每年修剪两次（春茶后、秋冬），对于管理水平高，茶树生长量大的茶园，也可每年修剪两次（春茶后、秋冬）。

（5）修剪形状。一般将冠面剪成水平形，也可剪成弧形。

（6）修剪用具。绿篱剪或修剪机。

2. 重修剪

（1）修剪对象

①骨干枝生长正常，树冠分枝衰弱，芽叶稀少，对夹叶和鸡爪枝多的茶树。

②树冠虽未衰老，但树体过高、长势差的茶树。

③未老先衰以及病虫为害导致树冠衰败的茶树。

（2）修剪时期。太极古茶区在采过春茶后的5月进行重剪比较适宜。

（3）修剪的程度。重剪的程度，因树而异，首次重剪不宜过重，一般离地50 cm左右高度，第二次离地40 cm，第三次离地30 cm，也就是剪去树高的一半或略多一些。

（4）重剪要求

①在茶树最佳经济树龄时期进行重剪。

②因树制宜掌握好重剪高度。

③重剪后要与深耕施肥相结合。

④重剪后疏去桩上的细弱小枝和病虫枝。

⑤清除兜内树、刺、草等杂物。

（5）修剪方法

用弹簧剪、重剪机进行修剪，也可用镰刀割（由下向上用力），修剪时剪口保持10°的斜面，剪口平滑。

3. 深修剪

深剪修是一种改造采摘面的修剪，简称深剪或叫回剪。茶树经过几次轻剪和连续采摘后，树冠的枝条变得密集而瘦弱，育芽能力下降，芽叶瘦小，对夹叶增多，新梢长势弱，产量、品质显著下降，并在树冠形成大量"结节枝（鸡爪枝）"，同时树冠增高，不便于采摘。这时，就该进行深修剪。一般经过2～3次轻剪后进行一次深剪，剪去10～15 cm厚的结节枝层为度，太极古茶区在采过春茶后的5月进行深修剪。

4. 衰老茶树的修剪

茶树经过多年的采摘和修剪，上部枝条的育芽能力减弱，产量下降，对夹叶增多，芽叶瘦小，大量开花结实，树势衰退，即使增加施肥量，树势也难恢复，说明茶树已进入衰老阶段，必须通过较深程度修剪——重剪或台刈，来恢复树势，重新培养树冠。

5. 台刈

台刈是茶树修剪程度最重，并彻底改造树冠的一种修剪方法。台刈后重新抽生的枝条都是从根颈部萌发的，生长旺盛，但修剪后的前两年，对产量影响较大，故不到万不得已的时候一般不采用。

（1）台刈对象。①树龄较大，树势衰弱，主干灰白，树干上苔藓地衣多的茶树。②芽叶稀，产量低，品质差，采用重修剪也不能恢复树势的茶树。③树冠低矮，分枝细弱，无明显树干和骨干枝的草兜型茶树。④骨干枝病虫害严重，大量枝条干枯死亡的茶树。

（2）台刈时间。一般在春前茶芽未萌发时进行。此时台刈，茶树地下根系贮藏的养分多，有利于新枝的再生，茶芽萌发抽梢后，夏季有足够的时间生长，以后树势发展好。

（3）台刈的高度。台刈的高度不宜过高，通常以离地5～10 cm高为宜，最高也必须控制在离地20 cm以内。

（4）台刈方法。用台刈机进行刈割，也可用台刈铗剪割。如无上述工具，还可用柴刀、镰刀等，按高度自下而上进行拉削，保持切口光滑清洁，完好不破裂，台刈后清除蔸内杂草及杂物，台刈必须配合深耕施基肥。

6. 不同品种和茶类的修剪方法

茶树修剪的方法，主要是幼龄茶树的定型修剪，成年茶树的轻修剪和深修剪，衰老茶树的重修剪和台刈；对于茶树品种不同，采制茶类不同，修剪方法也不同。

（1）品种。品种不同，修剪的方法不同。

①对于小乔木型、乔木型、树势直立、分枝部位高的品种，宜在一定肥管条件下，采用连续多次低位定剪，即定植三年内定剪4～5次，第一次定剪高度离地面20 cm，第二、第三次分别在原有剪口上提高15 cm，第四、第五次又各提高10 cm，定剪结束后的骨架枝高度可达70 cm左右。

②对于小乔木半披张状的品种，定型修剪次数可相对减少，一般定剪2～3次，配合打顶即可达到培养树冠的效果。

③对于分枝能力较强的灌木品种，定剪次数可减少到1～2次，结合打顶采即可。

（2）修剪注意事项。修剪与其说是一门科学，不如说是一门艺术。连续修剪在保持茶树旺盛营养生长的同时，也削弱了树势，修剪对芽叶的再生作用，开始是削弱，以后才是促进，所以必须掌握好修剪的适宜时期，因树因地采用相应的修剪技术，并与相应的栽培技术相配合，才能达到应有的效果。同时还要注意以下事项。

①修剪操作合理，剪口平滑，剪口尽可能靠近外向茶芽，较大的剪口涂上防菌涂料加以保护。

②必须在加强土壤和肥水管理的基础上，才能发挥修剪增产的作用：修剪前深施有机肥和磷肥，修剪后茶芽萌发前及时追施催芽肥，尤其是重剪或台刈的茶园。在重剪或台刈的上一年秋季，先进行行间深耕，挖断部分老根，促进根系更新，同时结合施肥，增强吸肥的效果，保证新梢萌发后，尽快转入旺盛生长。

③修剪应与采留相结合。

a.幼年茶树树冠培养过程中，骨干枝和骨架层主要靠几次定型修剪来培养，采摘面和生产枝来自合理的采摘和轻修剪。

b.定型修剪必须与合理采摘相配合，在定型修剪的过程中要反复打顶采摘，多留少采，以养为主，以采为辅。通过这种打头轻采来增加茶树的分枝层数，培养较多的骨干枝，既不能封园养蓬不采，又不能强采多收。

c.对于深修剪的茶树，要经过一季留养后，再进行打顶轻采，等发出次级生产枝后重新培养采摘面。

d.重修剪或台刈的茶树，要留养一年后，再进行打顶、定剪和轻剪等来重建新的树冠。对更新初期茶树的采摘，强调以养为主，采养结合，在茶园未形成一定覆盖度以前，采的目的不是收获，而是作为配合修剪养树的一种手段。

（四）注意病虫害防治

修剪可减小虫口密度，剪除带病枝叶，是综合防治的有效措施之一。但剪后重新抽生的鲜嫩新梢给病虫为害创造了条件，所以要注意进行病虫害防治。好在修剪后的留养阶段一般不采茶，不会受农药残留量的限制，可以采用化学农药进行防治。

（五）根据当地情况，制定合理的修剪周期

（1）茶树轻剪的周期一般1～2年，经过3～5次轻剪后进行一次深修剪，深剪的翌年照常轻剪，如此轻、深修剪交替进行。

（2）茶树经过多次深剪，树龄约在20年时，达到最佳经济树龄时期，就该进行重剪。

（3）树龄7～8年时开始产量上升，超过20年则产量明显下降，茶树最佳经济树龄为20年左右。

茶树的一生经过3次或3次以上重剪或台刈后，就失去了复壮能力，必须进行改植换种。

（4）修剪对茶树是一种创伤，所以修剪的周期（包括轻、深、重、台的修剪周期）不宜太短，过于频繁地修剪，易引起茶树的早衰。

（5）必须在土、肥、水、采、养等综合管理的基础上，根据各地的自然条件、品种、树龄等制定合理的修剪周期和修剪方法。

三、茶园水分管理与土壤耕作

（一）茶园水分管理基础知识

茶树的一切生命活动都离不开水，有收无收决定于水，茶园土壤水分过多或不足对茶树都不利，茶园土壤水分管理是茶树栽培技术的重要内容之一。

1. 茶树的需水规律

茶树所需的各种营养物质必须首先溶于水，在离子状态下才能被茶树根系吸收，以水溶液的形式转运到各个器官、组织和细胞，同时茶树体内各种物质的合成和分解，多数是在水溶液中进行。

2. 茶树需水与季节

在茶树的年生长周期内，受气候条件的影响，在不同生长季节对水的需求量不同；投产茶园全年的需水量为1 300 mm左右，其中4—10月的生长季节，需水量约为1 000 mm，占全年需水量的77%，在7—8月的高温季节，需水量占全年的30%，在12月至翌年2月的寒冬和早春，月需水量仅为50 mm左右。

3. 茶树需水与树龄

树龄不同，根系的分布范围不同，树冠面积不同，叶面积指数不同，需水量不同；幼龄茶树根系的分布浅窄，枝叶少，叶面积指数小，茶树的蒸腾作用小，所以幼龄茶树的需水量小；成年茶树根系的分布深广，树冠面积大，叶面积指数大，茶树的蒸腾作用大，所以成年茶树的需水量大；衰老茶树的根系弱化，树势衰退，育芽能力弱，叶面积指数下降，茶树的蒸腾作用变小，所以衰老茶树的需水量下降。

（二）茶园水分管理技术

有收无收在于水，茶树属于喜湿又怕涝的植物，水分过多或不足都会影响茶叶的产量和品质。合理进行茶园土壤水分管理，是实现茶叶的优质高产的基础。

1. 茶园保水

茶树生长所需的水分主要来自降雨和空气湿度。在太极古茶区，降水量原则上已能满足茶树生长的需要，但其特殊的喀斯特地貌，雨水流失严重，属于工程性缺水；特别是由于月降水量分布不均，加上雨水流失，常常出现伏旱和秋旱。

2. 茶园土壤水分散失的途径

茶园土壤水分散失主要是地表径流、地面蒸发、地下水流失（渗漏和转移）和茶树蒸腾。

3. 茶园保水措施

茶园保水主要是提高茶园土壤的蓄水能力和降低水分的散失。

（1）提高茶园土壤蓄水能力。选择蓄水能力强的地块建茶园，如土层深厚的壤土和沙壤土的蓄水能力强，黏土虽然蓄水能力强，但在雨季容易积水，导致茶树根系坏死，不适宜种植茶树。有条件的可健全保蓄水措施，在坡地茶园上方或园内设置截水沟将雨水蓄在沟池内，再徐徐渗入土壤中。

（2）控制土壤水分散失。通过地面覆盖，合理布置茶行，合理间作，合理耕除和种植防护林来控制土壤水分散失。

（三）茶园排水

在强降雨和梅雨季节，常常出现茶园积水，导致茶树的生长不良，甚至坏死，所以在雨季要及时排出茶园积水。在建园时要合理规划，按照宜林则林、宜粮则粮、宜茶则茶的原则，山顶造林、山腰种茶、山下种粮，这样茶园就不易积水；对于坡地梯级茶园，梯面外高内低，外埂内沟，按照等高线进行种植，这样既能减少雨水冲刷，又能排出过多的雨水。

（四）茶园土壤耕锄

茶园土壤耕锄的作用是疏松土壤，改善土壤结构，清除杂草。茶园耕锄要根据不同土壤、杂草生长情况来进行；按照耕作的时间和耕作目的，分为生产季节的耕作和非生产季节的耕作。

1. 生产季节的耕作

生产季节的耕作主要是中耕（15 cm以内）或浅耕（5～10 cm），即春茶前中耕，春茶后和夏茶后的浅耕，耕作结合施肥进行。

（1）春茶前中耕。经过几个月的低温雨雪天气，土壤板结，此时耕作可以疏松土壤，除去早春杂草，有利于促进春茶提早萌发；太极古茶区，一般在2月中下旬结合施催芽肥进行，深度在10～15 cm。

（2）春茶后浅耕。茶园经过春茶采摘期间的践踏，土壤已板结，雨水不易渗透，须及时浅锄，深度在10 cm左右，在春茶采收结束后结合施接力肥进行。

（3）夏茶后的浅耕。夏茶后的浅锄在夏茶结束后立即进行，深度在7～8 cm；夏茶后的浅锄要特别注意当地的天气，如果持续高温干旱，就不宜进行，否则会加剧干旱。

2. 非生产季节的耕作

非生产季节的耕作一般在秋茶采收结束后，结合施基肥进行，深度在15 cm以上，所以也叫深耕。不同树龄茶园耕作的深度不同，幼龄茶园，施肥沟的深度在30 cm左右，种植后的第二年，基肥沟距离茶树20～30 cm，之后随着茶树的生长，基肥沟的位置离茶树的距离逐年加大；成年茶园施肥沟的深度在30 cm以内，宽度在50 cm以内，近根部逐渐浅耕10~15 cm。

四、茶园施肥

有收无收在于水，收多收少在于肥，施肥在茶树栽培中有着不可替代的作用，施肥决定茶叶的品质和产量。了解茶树机体的构成元素，掌握茶树生长的必需营养及吸肥特点，合理用肥，才能保证茶树的正常生长。

（一）茶树所需的矿质营养

1. 构成茶树机体的元素

构成茶树机体的元素有40多种，其中C、H、O、N、P、K、Ca、Mg、S、Cl、Mn、Fe、Zn、Cu、Mo和B等，它们是茶树生长的必需元素，其中C、H、O主要来自空气和水，其他元素则主要来自土壤。

2. 大量元素和微量元素

根据茶树生长对养分需求量的多少，将必需元素分成大量元素和微量元素，其中N、P、K、Ca、Mg等在茶叶中的含量较多，称为大量元素，它们直接参与组成生命物质，如蛋白质、核酸、酶、叶绿素等，它们在茶树代谢过程和能量转换中发挥重要作用；而Mn、Fe、Zn、Cu、Mo、B等在茶树体内含量较少，称为微量元素。

3. 氮磷钾与茶树生长

氮、磷、钾肥称为肥料三要素。肥料三要素对茶树的生理起着重要的作用，对茶叶的产量和品质影响较大。

（1）氮肥。增施氮肥，新梢的生长快，叶面积增大，叶绿素增多，细胞壁变薄，持嫩性增强，开花结实少，茶树开花期推后，营养生长旺盛，生殖生长减弱；如果茶园土壤缺氮，茶树叶色变淡，失去光泽，叶片变小、变粗、变硬，随后停止生长，顶芽形成驻芽；严重缺氮时，树势减弱，叶片细小且黄，光合作用减弱，鲜叶的产量显著下降。

（2）磷肥。磷素对于嫩梢的形成，根系的扩大起着重要作用，有助于增强茶树的抗寒性和抗旱性。如果茶园土壤缺磷，树体代谢失常，蛋白质合成受抑制，影响新梢的生长，鲜叶的产量和品质下降。

（3）钾肥。钾素能促进糖类的运转和贮存，调节茶树根系的吸水与叶片水分的蒸腾，提高茶树的抗寒能力和抗旱能力。如果茶园土壤缺钾，茶树枝条细弱、稀疏，叶片提早脱落，叶边缘坏死，易感染病虫害。

茶树芽叶中的含氮量为4.5%，含磷（P_2O_5）为0.8%~1.2%，含钾（K_2O）为2.0%~2.5%，从芽叶的成分含量可以看出，增施氮肥增产效果明显，氮、磷、钾配合施用效果最佳。

（二）茶树的吸肥特点

1. 茶树吸肥的连续性

茶树是多年生常绿植物，由种子萌发或插条生根，茶树就开始不间断地从土壤中吸收养分，不间断地进行新陈代谢活动，所以茶树吸肥具有连续性。

2. 茶树吸肥的阶段性

茶树在个体发育的不同阶段和年生长周期中的不同时期，对养分的吸收是不相同的。在幼年期茶树对磷的反应敏感迫切，在施氮的基础上配施磷肥，茶树生长良好；茶树在年生长周期中，根系和营养芽的活动最早，先进行营养生长而后进行生殖生长，对营养物质的需求各不相同，对各种营养元素的吸收也有所侧重，所以茶树吸肥具有阶段性。

3. 茶树吸肥的喜铵性

茶树对氮的吸收量大，既能吸收铵态氮，又能吸收硝态氮，在土壤中同时存在铵态氮和硝态氮时，优先吸收铵态氮，只有当土壤中的铵态氮不足时，才吸收硝态氮，茶叶的产量也是铵态氮高于硝态氮，所以茶树吸肥具有喜铵性。

（三）茶园施肥技术

茶园肥料种类多，所含营养成分各不相同，对培肥土壤的作用也各不相同，所以各种肥料对茶树生长的效果不同，对茶叶的产量和品质的影响因肥而异。

1. 茶园有机肥

茶园常用的有机肥包括饼肥、厩肥、人粪尿等。

（1）饼肥。在太极古茶区，茶园饼肥最常用的是菜籽饼，其次还有桐籽饼、茶籽饼等。饼肥的营养成分完全，有效成分高，氮素含量丰富，除茶籽饼外，其他饼肥施入土壤后发酵分解快，养分释放迅速，适应性广，既可作基肥，又可作追肥。

（2）厩肥。毕节是畜牧大区，家禽家畜的饲养量大，厩肥资源丰富，常见的有猪粪、牛粪和羊粪，厩肥纤维素含量高，碳氮比远大于饼肥，养分丰富，多用于基肥，特别是新建茶园时要施足基肥，在施用前要充分腐熟。

（3）人粪尿。人粪尿呈中性反应，速效养分含量高，可作追肥和基肥。

2. 茶园无机肥

无机肥也称为化学肥料，按肥料所含养分，分为氮素肥料、磷素肥料、钾素肥料、微量元素肥料和复混肥料。

（1）氮素肥料。茶园常用的氮素肥料有尿素、碳酸氢铵、硫酸铵等。尿素属于中性肥，适用于各种茶园，但尿素容易被雨水淋失，应在雨后施用；碳酸氢铵属于生理中性肥，是一种不稳定性氮肥，容易分解脱氮，挥发损失，在施用时必须边施边盖，深施密盖；硫酸铵是一种生理酸性肥，对于pH值较高的茶园，在提供氮素营养的同时，还可以降低土壤的pH值，但对于土壤酸碱度适中或偏高的茶园，长期大量施用，会导致土壤的理化性质恶化，Ca、Mg、Mn等微量元素易被溶解淋失。

（2）磷素肥料。适于茶园施用的磷素肥料主要是过磷酸钙和钙镁磷肥。过磷酸钙属于酸性速效肥，可作基肥，可作追肥，但酸性土壤对磷的固定作用较强，单独施用效果差，最好与有机肥拌匀后用作基肥；钙镁磷肥属于弱碱性肥料，不溶于水，多用作基肥，用于强酸性茶园效果好。

（3）钾素肥料。适于茶园施用的钾素肥料主要是硫酸钾，对于微酸性的茶园，施用硫酸钾；其次还有氯化钾，但使用较少，特别是对于幼龄茶园，施用氯化钾对茶树有危害性。

（4）微量元素肥料。茶园常用的微量元素肥料有硫酸锌、硫酸铜、硫酸镁、硼酸、钼酸铵等，可作基肥可作追肥，生产上多采用叶面喷施。

（5）复混肥料。复混肥料是指含有氮、磷、钾三要素中的两种或三种元素的化学肥料，分为复合肥料和混合肥料。复合肥料又称合成肥料，以化学方法合成，如磷酸二铵、硝酸磷肥、硝酸钾和磷酸二氢钾等，复合肥料养分含量高，分布均匀，杂质少，但成分和含量固定不变；混合肥料又称混配肥料，肥料的混合物以物理方法为主，有时也伴有化学反应，混合肥料的养分分布比较均匀，根据测土结果进行配方，灵活性强，可根据茶园需要调整配方。

3. 施肥次数和时间

（1）基肥施用时间。新建茶园必须施用基肥，以有机肥为主，配合磷肥，拌匀后施于种植穴内，既改良土壤，又能提高土壤肥力，在较长的时间内提供茶树生长所需养分。太极古茶区，茶树在10月上中旬停止生长，基肥宜在10月中下旬至11月中旬施入茶园。

（2）追肥施肥次数和时间。追肥在茶树生长季节分期施入茶园，追肥要及时，以补充茶树在生长过程中所需的营养元素，对于投产茶园，每年追肥2～3次，即春肥、夏肥和秋肥。

春季追肥：在春季茶芽开始萌动前后施入，太极古茶区一般在2月中下旬到3月上旬施入，具体时间根据当年当地的季节和温度情况灵活把握，及时施下第一次追肥非常关键，施下追肥后能促使茶芽早发、多发、发齐、发壮，故第一次追肥也叫"催芽肥"。

夏季追肥：春茶结束后，结合浅耕进行第二次追肥，大致在4月下旬至5月中下旬，具体时间根据当地春茶采收的情况来确定。春茶采收结束后，接着要采收夏茶，所以第二次追肥也叫"接力肥"。

秋季追肥：夏茶采收结束后，要采收秋茶的茶园须进行第三次追肥，在7月上中旬进行追肥。

4. 肥料用量

肥料用量的确定是一件复杂的事情，各块茶园的土壤肥力不同，茶树的长势不同，茶叶的产量不同，肥料的种类不同，气候条件各异，因此肥料用量要综合考虑。

现在的农村，青壮年都出门务工，在家的都是中老年人和青少年，劳动力匮乏，近年来劳动力的成本逐年增加，所以茶叶生产必须考虑劳动力成本，在计算人工成本后，进行合理施肥，经济施肥，总的原则是产出要大于投入，实现增产增收。

（1）基肥用量。基肥施用以有机肥为主，无机肥为辅。幼龄茶园在正式开采前，全年施用基肥，基肥的用量每年用厩肥1 000 ~ 1 500 kg/亩或饼肥100 ~ 150 kg/亩，过磷酸钙15 ~ 25 kg/亩，钾肥10 ~ 15 kg/亩，各种肥料拌匀后施用；成年茶园基肥的用量主要根据肥料种类和茶叶产量来考虑，一般施厩肥1 500 ~ 2 500 kg/亩或饼肥150 ~ 200 kg/亩，过磷酸钙25 ~ 50 kg/亩，钾肥15 ~ 25 kg/亩。

（2）追肥用量。追肥以速效氮肥为主，幼龄茶园主要按树龄来确定，全年追肥用量确定后，按一定的比例来分配：全年2次追肥，第一次追肥占60%，第二次追肥占40%；分3次追肥，按5：3：2。投产茶园主要按树势和茶叶产量来确定。太极古茶区，春茶的比重大，一般是重施催芽肥，配合施夏秋肥；采收春茶和夏茶的茶区，春、夏追肥的比例为7：3；采收春茶、夏茶和秋茶的茶区，按2：1：1或4：3：3。具体用量见表4-1、表4-2。

表4-1　幼龄茶园氮素追肥用量表

树龄	纯氮用量（kg/亩）
1 ~ 2年	3 ~ 4
3 ~ 4年	5 ~ 6
5 ~ 6年	8 ~ 9

利用尿素（46%）给五年生茶园追肥，则每亩茶园需施用尿素的量为：

$$\frac{46}{100} \times X = 8$$

$$X = \frac{8 \times 100}{46} = 17.4 \text{ kg/亩}$$

表4-2　投产茶园氮素追肥用量表

干茶平均产量（kg/亩）	施纯氮量（kg/亩）
50 ~ 100	15 ~ 20
100 ~ 200	20 ~ 25
200 ~ 300	30 ~ 50
300 ~ 400	60 ~ 80
400 ~ 500	80以上

5.施肥方法

追肥的方法有根际追肥和根外追肥两种。

（1）根际施肥。无论是基肥还是追肥，都要开沟深施盖土。基肥以有机肥为主，配合磷钾肥，一般开深20～30 cm、宽20 cm左右的施肥沟（以树冠边缘垂直向下开沟），几种肥料拌匀后深施盖土；追肥的深度根据肥料来确定：硫酸铵和硝酸铵施肥沟深5～7 cm，碳酸氢铵和尿素10～13 cm，施肥后立即盖土耙平，对于易挥发的肥料，要边施肥边盖土，以免降低肥效。

（2）根外追肥

①肥液传递的途径。肥液可通过叶片的气孔进入叶片内部，也可通过叶片表面角质层渗透进入叶片细胞，无论哪种方式，都必须通过叶片来完成，所以根外追肥也叫叶面施肥。

②叶片吸收肥液的能力。茶树的芽、叶、茎甚至种子都能吸收养分，但叶片的吸肥能力强，叶片中嫩叶比老叶的吸肥能力强，叶背面比叶表面的吸肥能力强。所以，在进行叶面追肥时，嫩叶、老叶一起施，叶表面和叶背面一起喷。

③叶面施肥的种类。叶面追肥的肥料有大量元素、微量元素、有机液肥以及专门的叶面营养肥，常用的是大量元素和微量元素。

④肥液的用量。投产茶园叶面追肥的肥液用量，以喷湿不滴水为原则，一般每亩茶园用肥液50～100 kg。

⑤肥液浓度。叶面施肥时，肥液浓度的掌握很重要，浓度太低无效果，浓度太高易灼伤叶片，常用叶面肥的浓度见表4-3。

表4-3　常用叶面肥的种类及浓度

种类	名称	浓度（%）	种类	名称	浓度（%）
大量元素	尿素	0.5～1.0	微量元素	硫酸锰	0.2～0.3
	硫酸铵	1.0～2.0		硼砂	0.05～0.01
	过磷酸钙	1.0～2.0		硼酸	0.1～0.5
	磷酸二氢钾	0.5～1.0		硫酸铵	0.1～0.5
	硫酸钾	0.5～1.0		硫酸锌	0.1～0.5
	硫酸镁	0.015～0.05		钼酸钠	0.1
				复合微肥	0.2
				茶叶素	1

第四节　茶叶采摘

茶树是长寿常绿的叶用植物，一年内能多次萌发，多次采收。芽叶既是光合作用的器官，又是采收的对象，所以，采摘迟早、多少、老嫩，既关系到茶叶的产量和质量，又关系到茶树生长的盛衰和经济寿命的长短。因此，采摘是茶树栽培的一项关键技术措施。生产上有三个矛盾始终贯穿于生产的全过程：采摘与养树之间的矛盾，茶叶产量与品质之间的矛盾，当前产量与长期产量之间的矛盾。这些矛盾只有通过合理的采摘才可以得到解决。

一、合理采摘的概念

（一）合理采摘的含义

合理采摘是一个相对概念，是指在一定的环境条件下，通过采摘来调节茶树生长的相关性，控制茶树的生殖生长，促进营养生长，协调采与养，量与质之间的矛盾，实现茶叶优质、高产、稳产。

（二）采摘的基本原则

1. 采养结合

指茶叶采摘与养树结合，养树的"养"包括留叶养树和土壤肥培。在采摘时适当留叶，确保在年生长周期内有一定数量的幼叶和成熟叶，以取代将要脱落的老叶，同时提供相应的水肥条件，保证茶树的正常生长。

2. 量质兼顾

茶叶生产中，不仅追求产量要高，还要求质量要优。成品茶的质量除受加工技术影响外，主要取决于鲜叶的质量，所以采摘茶青时强调量质兼顾，是保证成品茶质量的前提。

3. 因树因地因时进行采摘

不同品种、树龄、树势和不同气候条件下，对茶青嫩度要求不同，采摘的标准不同，应按相应的要求进行采摘。具体地说就是按芽叶萌发的顺序，按采摘标准进行适时、分批、留叶采摘。

二、合理采摘的生理作用与依据

（一）茶叶采摘的生理作用

茶叶采摘与茶树修剪一样，是一种人为的物理刺激和机械损伤，只是这种刺激的程度较修剪轻，刺激的频率较修剪高。合理采摘的生理作用如下。

（1）不断转移顶端优势，促进新梢生长。

（2）反复打破生理平衡，建立新的平衡，也就是采摘新梢，打破原有生理平衡后，会再发新梢来建立新的生理平衡。

（3）促进物质代谢与生理合成。

（二）合理采摘的依据

1. 采摘必须留叶

茶树上的叶片包括新叶（呼吸强度>光合强度，即消耗>积累）、成熟叶（光合强度>呼吸强度，积累>消耗）、老叶（贮存叶，光合作用很弱）；新叶主要起补充和更新叶片的作用，成熟叶是主要功能叶，老叶脱落后必须有新叶补充。所以，在生长季节必须保持3种叶片的恰当比例，茶树才能正常生长，因此采摘时必须留叶。

2. 留叶的数量和时期

采摘时必须留下一定数量的新叶，即除鱼叶外适当留下真叶，全年不留真叶的采摘称强采。强采多利用鱼叶和鳞片叶腋芽间的细弱芽萌发形成次轮新梢，加速生产枝弯曲，加快树势衰老。因此，生产上实行留叶采，具体留叶数应根据不同品种、树势、茶类、管理水平等来确定，留叶的标准如下。

（1）全年留两叶采。

（2）全年留一叶采。

（3）全年留鱼叶采。

（4）春留二叶，夏留一叶，秋留鱼叶采。

（5）春夏留一叶，秋留鱼叶采。

（6）春留鱼叶、夏留一叶，秋留鱼叶采。

从上述6种留叶标准可以看出，多留叶的有利于树，但不利于产量，多采有利于产量，但又不利于树。综合比较，以第六种采留标准较合理，其次是第五种采留标准，即春留鱼叶、夏留一叶、秋留鱼叶和春夏留一叶、秋留鱼叶采。

三、合理采摘的技术环节

合理采摘的主要技术环节是留叶采、标准采和适时采。

（一）留叶采

1. 留叶时期

留叶对当季和下季产量有一定影响，对隔季产量才有增产作用，因此，春季留叶有利于秋季产量，秋季留叶有利于春夏茶，尤其是夏茶的增产。从各地试验的结果来看，以夏、早秋留叶为好，有利于全年增产。

2. 留叶数量

一般以叶面积指数作为留叶数量指标：青壮年茶树适宜的叶面积指数为3～5，老年茶树以2～3为好。

3. 留叶方法

留叶方法有分批留和集中留两种。

（1）分批留。按茶树新梢萌发的先后，在各轮新梢上留下鱼叶或留下1～2片真叶，这样全年采摘期长，产量分配均衡。

（2）集中采、集中留。这种方法大多是全年只采一季春茶，夏茶留养或采摘春、夏茶而秋茶留养。这种留养，采摘期短，产量相对集中。

两种留叶法都可行，可根据当地实际因树制宜选择采用。

（二）标准采

根据实际情况，因地制宜制定一个合适的采摘标准。按此标准采摘新梢，既保证质量又保证产量，就是标准采。标准采是合理采摘中最重要的技术环节。采摘标准是根据茶树新梢的生化组成和茶类对鲜叶嫩度的要求制定的，主要有以下几种。

1. 细嫩采的标准

是指从新梢上分别采摘单芽、一芽一叶初展到一芽二叶等几种细嫩原材料，留下鱼叶或一叶的采摘标准。这种采摘标准是各种名优茶的采摘标准，该标准的产量低、品质优、经济效益高。

2. 适中采的标准

当新梢展开一芽3～4叶时，分别采下一芽二叶、一芽三叶或一芽三四叶及其同等嫩度的对夹叶，这是大宗红茶、绿茶最普遍的一种采摘标准。采用此标准，茶叶的产量较高，品质较好，经济效益也比较好。

3. 成熟采的标准

成熟采也叫开面采，当新梢充分发育成熟，顶芽形成驻芽后，采摘驻芽二、三叶到驻芽四、五叶，或将新梢全部采摘作为制茶原材料，以保持传统特种茶类的特殊香气和滋味。如福建的乌龙茶、湖南的黑茶、湖北的老青茶、安徽的大黄茶、四川的边茶等。成熟采的标准，是由传统茶类的品质特色所决定的，采用这种标准，全年采摘的轮次少，产量低，品质差，经济效益低，是不太合理的。目前，很多传统茶区都在改革，提倡粗茶、细茶兼采。

4. 粗老采的标准

黑茶、砖茶等边销茶的原材料，对鲜叶嫩度的要求不高，均采用粗老的鲜叶原材料。其标准是待新梢充分成熟，新梢基部已木质化，呈红棕色时采割全部、留鱼叶或一叶采割。这种原材料的糖类、纤维素增加，茶多酚、咖啡碱的含量减少。边销茶类要求粗老的原因是为了满足消费者的习惯，饮用时要经过煎煮，把粗老叶、梗内所含成分煎煮出来，充分溶解于茶汤中。目前，中国边销茶区也实行粗细兼采的改革。

（三）适时采

适时采是根据留叶采原理和标准采的要求，及时分批采摘芽叶。适时采的中心内容包括开采期、采摘周期和封园期。

1. 开采期

开采期是指每季茶开始采摘的时期。开采期要根据新梢生长的状况，留叶要求、采摘标准来确定，同时手工采摘和机械采摘的开采期也不同：生产上，采用手工采摘的，当茶园中有10%～15%的新梢达到采摘标准时，就要及时采摘——开采。细嫩采摘的，还可以提前到有5%～10%的芽叶达标时开采；如果是用机械进行采摘，则要有2/3以上芽叶达到采摘标准时才进行采摘。茶区群众有"早采三天是宝，晚采三天是草"的说法，很形象。

所以，芽叶生长达到采摘标准后，就要及时进行采摘，采摘不及时，就会严重影响茶叶的品质和产量。开采的顺序是：先采早芽种、阳坡茶、低山茶和沙地茶，后采中芽种、阴坡茶、高山茶和黏地茶；先采投产园，后采幼龄园和更新后的养蓬园。

2. 采摘周期与采摘期

采摘周期是指采摘批次之间的间隔期（时间）。由于茶树营养芽着生部位不同，萌发的先后不同，生产上要做到先发先采、先达标的先采，后发的、未达标的留后采。具体的采摘周期是：红、绿茶，春茶的采摘周期是2～3 d，夏茶3～4 d，秋茶5～6 d，这是手工采摘；如果采用机械采，因现有机具没有选择性，很难进行分批采摘，一般每季只采1～2批，因此采摘的周期较长，春茶为10～12 d，夏秋茶为20～30 d。

（1）采摘期。是指从开采期到停采期之间的时间，即全年的采摘时间。中国茶区，全年采摘期短的只有5～6个月，长的达10个月以上，贵州茶区一般为6个月左右，个别高寒茶区只有5个月左右。采摘期长的茶区，新梢萌发的轮次多，如海南茶区全年可采7～8轮，四川、贵州、福建等地可采4～6轮，长江中下游地区可采3～5轮。

（2）封园期。是指一年中结束某一茶园采摘工作的时间，也就是秋茶停止采摘的日期，封园期也叫停采期。由于各地气候、茶树品种、管理水平的差异，停采期不一致，国内大部分茶区可在10月上旬停采；而广东茶区可采到12月；贵州茶区一般在9月下旬到10月上旬停采；而黔湄601品种在湄潭可采到11月底。对于管理水平低，茶树树势弱，或者需要培养树势留养秋梢的茶园，宜适当提早封园。

四、不同生长阶段茶园的采摘

生长阶段不同，生产目的不同，采摘的方法不同。

（一）幼年茶树（园）的采摘

茶树幼年阶段，栽培的主要目的是培养宽阔、浓密、强壮的树冠，培养树型。采摘只是为了辅助修剪的不足，幼年茶树在第二次定型修剪之前，一般不进行采摘。第二次定型修剪后，在坚持"以养为主，以采为辅，打顶护边，采高养低，多留少采，轻采养蓬"的原则下，根据茶树生长的情况，进行适当采摘；前期要等新梢长到一芽4～5叶时，进行打顶采摘，或留2～3片真叶进行采摘；后期（培养树型的后期）可留1～2片真叶进行采摘。

（二）成年茶树（园）的采摘

成年茶树（园）的采摘包括青年期的采摘和壮年期的采摘。

1. 青年期的采摘

青年期的茶树，根系和枝干生长较快，正是树冠形成的重要时期，在"采养并重"的前提下，一般可实行春季留1～2片直叶，夏季留1叶，秋季留鱼叶的采摘方法。

2. 壮年期的采摘

当茶树进入壮年期后，树冠已形成，即可实行"以采为主、以养为辅，采养结合"的原则进行采摘，即多采少留，分批多次采摘，在贵州茶区，一般实行春茶和秋茶留鱼叶，夏茶留一叶的采摘方法。

3. 老茶树的采摘

经过多年采摘的老茶树，生理机能衰退，育芽能力差，在采摘时要酌情多留一些。

（1）对枝条生长较健壮，育芽能力尚好的，可实行春茶留鱼叶采摘，采后于夏茶前适当修剪，剪后所发枝梢留1～2叶采摘。

（2）对于树势较衰老的茶树，也可采取停采一季，集中留养。

（3）对衰老严重，需重剪更新的茶树，可在重剪之前将剪口以上的芽叶全采摘后立即重剪。

（4）要台刈的茶树可将茶树全部芽叶采摘后进行台刈。

五、茶叶采摘的手法（手工采摘）

手工采摘是最常见的采摘方式（还有刀具采/剪和机械采摘），其优点是选择性强，灵活性高，能采下高质量的制茶原材料，适合高档名优茶原材料的采摘；缺点是工效低，在劳力紧缺时不能及时采摘。

手工采摘用具一般为竹背篓或竹茶篮，在采摘时按采摘标准分批及时多次采摘，先发的先采，后发的后采，不够标准的下次采。

手工采摘质量的好坏，主要取决于采摘的手势和手法。采摘的基本手势是：中指、无名指和小指向掌心卷握，并留出一定空隙，掌心向上或向下，用拇指尖和食指前半部捏住或钩住芽叶某一部位，将芽叶一个一个轻轻采下，顺势送入掌心握住，到一定量后投入茶篮中。因拇指和食指捏芽姿势和用力方向不同，形成不同的采摘手法。

（一）捏提法

也叫"鸡啄米"式采法，用拇指和食指尖捏住芽叶，轻轻向上一提采下芽叶，此法用于采单芽和一芽一叶。

（二）摘采法

用拇指和食指前端捏住芽叶的嫩茎部位，手腕向侧面往上用力，将芽叶采下放入手心，此法适合采摘一芽一叶至一芽二三叶的原材料。

（三）挡采法

将食指弯曲横挡在芽叶的一（下）面，拇指捏（压）住上面，手腕从正面往上轻轻用力，采下芽叶放入掌心，多用于适中采摘标准。

（四）钩采法

用食指钩住芽叶茎部，向怀面拉动，拇指压住，采下芽叶，放入手心，多用于适中采标准的采摘。

上述几种采摘手法可以单独使用，也可以配合使用，可以用单手采摘，也可以用双手进行采摘。双手采摘时思想要集中，做到眼勤、手勤，脚快，能提高采摘工效。无论是哪种手法，采摘时都不能"采齐头""一把抓""牛吃草"勒采、抓采，否则会降低制茶原料的质量，降低茶叶的品质，降低经济效益。

注意：

无论使用哪种采摘手法，无论怎样采，都不能用指甲，否则会降低制茶原材料的质量。

第五章 茶叶加工技术

　　茶叶加工，包括初加工（也叫初制）、精加工（精制）和深加工。茶叶初加工，就是按照特定的茶叶加工工序和技术要求，将茶树鲜叶加工成毛茶的生产过程。茶叶精加工，是将毛茶按照终端产品或贸易标准样的品质要求，通过抖筛、平圆筛、风选、色选、拼配、足火焙干等工艺技术，将毛茶加工成标准化的筛路茶（半成品茶）和成品茶的生产过程。而深加工茶则是指用茶的鲜叶、半成品或成品茶叶为原材料，或是用茶叶、茶厂的废次品、下脚料为原材料，利用相应的加工技术和手段生产出与原材料茶物理形态和化学性质完全不同的茶制品的过程。茶叶深加工又可分为物理深加工、生物化学深加工和综合深加工三大类。一般而言，将茶叶原材料加工成速溶茶、罐装茶水（即饮茶）或泡沫茶（调制茶）生产过程是属于改变了茶叶的物理深加工；而采用化学或生物化学的方法从茶原料中分离和纯化出某些具有某种功能性产品，如茶色素、维生素、防腐剂等，则属于茶叶的生物化学深加工过程；若是利用药物、食品、发酵工程技术生产成含茶制品，如茶叶美容品、茶叶洗发素、含茶食品等，这一过程称为茶叶综合深加工。

　　综上可见，茶叶产业链中完整的加工概念，应当包括初加工、精加工和深加工三个层次的加工。目前，太极茶叶的加工主要限于初加工，精加工和深加工增值部分基本还是空白，严重制约着太极茶产业的规模化、标准化、品牌化转型升级，致使茶叶产业的综合效益未能充分发挥。

第一节　六大茶类感官品质与加工工序概述

　　我国是茶树原产地，茶叶生产历史悠久、茶类繁多、品质特异、驰名中外，不仅在国民经济中占有一定地位，更因茶文化的传播影响着世界各族人民的生活方式。在几千年的历史长河中，千姿百态的茶类的产生、发展和演变，经历了咀嚼鲜叶、生煮羹饮、晒干收藏、蒸青做饼、炒青散茶，乃至白茶、黄茶、黑茶、乌龙茶、红茶等多种茶类的发展过程。根据文字记载出现的先后，一般认为六大基本茶类发展演变顺序应当是蒸青/炒青绿茶（唐代及以前），黄茶、黑茶、乌龙茶、白茶、红茶（明代及以前）。但是根据人类在选择利用太阳能和火制茶的习惯，最早出现的茶类可能是白茶类，然后才是蒸青绿茶、炒青绿茶、黄茶、黑茶、乌龙茶和红茶。

六大基本茶类，因其加工技术工艺不同，加上其适制茶树品种的鲜叶香味物质基础存在较大差异，以致成品茶的感官品质呈现明显差异。

一、白茶类

白茶类，属微发酵茶，是中国茶类中的特殊珍品。因成品茶多为芽头，满披白毫，如银似雪而得名。中国六大茶类之一。白茶不经杀青或揉捻，只经过晒或文火干燥后加工的茶，具有外形芽毫完整，满身披毫，毫香清鲜，汤色黄绿清澈，滋味清淡回甘的品质特点。唐朝陆羽的《茶经》七之事中，其记载："永嘉县东三百里有白茶山。"这是我国历史上，第一次出现白茶两个字。后陈橼教授在《茶叶通史》中指出："永嘉东三百里是海，是南三百里之误。南三百里是福建福鼎（唐为长溪县辖区），系白茶原产地。"通过这个解释我们可以得出结论在唐代，长溪县（福建福鼎）已培育出"白茶"品种。关于白茶较早的历史记载是：明代田艺蘅所著的《煮泉小品》中记载："茶者以火作者为次，生晒者为上，亦近自然……生晒茶沦于瓯中，则旗枪舒畅，清翠鲜明，尤为可爱。"其中"生晒者为上，亦近自然"就是白茶的加工方法，这也表明白茶的品质接近自然，品质良好。后来，明代闻龙在《茶笺》（1630年）进一步追述"田子以生晒不炒不揉者为佳，亦未之试耳"。这种"不炒不揉的制茶方法"，正是相近于当今的白茶制法。通过以上史料记载，我们可以认为白茶在唐代《茶经》成书之前也许已经出现，但确切有文字记载则起始于1094—1098年，真正确定白茶加工工艺特征则起始于1630年。

白茶类加工技术工艺的最大特点是"不炒不揉"。其初加工基本工艺流程：萎凋→晒干或烘干。白茶类通常选用芽叶上白茸毛多的茶树品种鲜叶为原材料进行加工，如福鼎大白茶、福鼎大毫茶、丹霞1号茶树、丹霞2号茶树、丹霞8号茶树、景谷大白、凌云白毫、云南大叶种等，要求芽壮多毫，制成的成品茶白毫满披，十分素雅，汤色清淡，味鲜醇。其他无茸毛或少茸毛的茶树品种，比如武夷菜茶、福建水仙、凤凰水仙，也可以加工品质优良的白茶产品，只是外形上缺少白毫而已。据文字记载，白茶主产于福建省的福鼎、政和、松溪和建阳等县，我国台湾、广东、广西、云南等省份也有少量生产。白茶因采用鲜叶原材料的嫩度不同，分芽茶与叶茶两类。芽茶的典型代表是白毫银针，叶茶的代表是白牡丹、寿眉和贡眉等，此外还有小白、水仙白等商品花色。

萎凋工序，是白茶加工的关键工艺，茶鲜叶通过萎凋，失去水分，轻微发酵，达到白茶的品质状态。白茶萎凋，一般摊叶厚度2～3 cm，以萎凋温度20～25℃、相对湿度60%～80%为适宜，至萎凋叶含水率在10%～15%即可进行拼筛。白茶品质以萎凋时间36～72 h为好。时间过短则氧化不充分，多酚类含量高，青气重且带苦涩味，时间过长则生化成分消耗过多，滋味淡薄且色泽偏暗。

并筛，即将萎凋叶进行归堆合并，增加萎凋叶摊放厚度，以促进茶多酚酶的氧化作用，去除青气，增加滋味的浓醇度。并筛厚度一般控制在25～35 cm，温度控制22～25℃，并筛时间视萎凋叶的实际情况而定。

白茶干燥，过去有利用阳光晒干的做法，但现代白茶则多用机械设备烘干为主。通过干燥萎凋适度叶，固定品质，发展茶香，形成白茶产品。白茶干燥温度一般掌握在80～90℃，烘干后茶叶水分为5%～7%。

在初制的基础上，按照白毫银针、白牡丹、贡眉、寿眉各等级的外形和内质要求，将毛茶通过拣剔→归堆→拼配→匀堆→复烘→装箱等精制工艺，形成精制茶白茶产品。1968年福鼎白琳茶厂在传统白茶的基础上，应港商要求创制了"新白茶"。新白茶主要是在萎凋工序后增加了轻揉捻的工艺，因原材料相对粗老故焙火温度提高到120℃左右，使茶叶品质呈现香高味醇的特点。2006年起，福建创制白茶紧压茶，主要是将白毛茶压制成不同造型的饼茶。白茶饼的原材料相对粗老，多为贡眉或夏秋季寿眉，通过压饼，可减小空间，优化品质，增加滋味的浓纯度，同时利于收藏。

二、绿茶类

绿茶类的感官品质特征是"清汤绿叶"。绿茶是我国产量最多的一类茶叶，占世界茶叶市场绿茶贸易量的70%左右，其花色品种之多居世界之首。绿茶属于不发酵茶类，其初加工工艺流程为：摊青→杀青→揉捻→干燥等四个步骤，杀青方式有加热杀青和热蒸汽杀青两种，以蒸汽杀青制成的绿茶称"蒸青绿茶"，比如湖北恩施玉露、广东华海绿茶、广东茶叶研究所的"鸿雁绿茶"等。绿茶干燥依方式不同有炒干、烘干和晒干之别，最终炒干的绿茶称"炒青"，如西湖龙井、江苏碧螺春、都匀毛尖、古丈毛尖、广东客家绿茶等。烘干的绿茶称"烘青"，有安徽太平猴魁、黄山毛峰、广东乐昌白毛、仁化白毛尖等；晒干的绿茶称"晒青绿茶"，如用作传统普洱茶原材料的云南大叶晒青绿茶，每一类又可分若干花色品种。

关于绿茶的加工技术，将在接下章节中单列详细介绍。

三、红茶类

红茶属于重度发酵茶类，以其"红汤红叶、滋味浓甜"的品质特征著称于世，至今是世界茶类消费中第一大茶类，占全球茶叶消费量的60%以上。

红茶类初加工的主要工序流程：萎凋→揉捻→发酵→干燥。中国红茶最早出现的是福建崇安一带的小种红茶，有正山小种和外山小种之分，其上品为"正山小种"，政和、坦洋、北岭古田等地所产的小种红茶称外山小种，以后发展演变产生了祁红、宜红、滇红、粤红、湖红、越红等工夫红茶。粤红最典型代表茶有石牌红茶、英德红茶、鸿雁牌金毫茶、金毛毫、英红九号和荔枝红茶等。贵州著名的红茶有宝石红、遵义红和太极古树红茶等。

19世纪，我国的红茶制法传到印度、斯里兰卡、肯尼亚、印度尼西亚等国，后来他们仿效中国红茶的制法又逐渐发展成为将叶片切碎后再发酵、干燥的"红碎茶"。中华人民共和国成立后，我国出口红碎茶分为四套标准样，其中：第一套标准样以滇红为代表，第二套标准样以广东英德红碎茶为代表，自1964年在英德茶科所（广东省农业科学院茶叶研究所前身）和英德茶场直接用鲜叶切碎研制成功后，驰名海内外，并深受英国女王喜爱。在计划经济时期，贵州生产的红碎茶主要属于第三套样红碎茶，晴隆等部分大叶种茶区达到二套样红碎茶品质水平。

红碎茶颗粒紧结匀整，色泽乌黑油润，净度好，香气鲜高带花香。滋味鲜浓，汤色红亮，叶底嫩匀。

计划经济时期，贵州红碎茶主要产于湄潭、羊艾、花贡、广顺、双流等大中型专业茶场。贵州地处亚热带季风气候区，生产红碎茶的茶场又分布在贵州省的中部、北部、南部的丘陵台地或河谷盆地。由于高温多温、雨热同季、昼夜温差大，这些地区的大叶型品种、中叶型品种和地方群体品种长势旺，叶片厚。其内含物如氨基酸、茶多酚增多。因此贵州红碎茶以其香气高、鲜爽度好、品质独具一格著称。由于产地、茶树品种和加工方法的不同，其品质各具特色。羊艾中叶种红碎茶香气特高，在全国第三套样中连续多次名列前茅，被评为优质产品；晴隆花贡大叶种红碎茶，达国家规定二套样标准，品质接近滇红，能与斯里兰卡、印度的红茶媲美；开阳双流红碎茶曾获1983年外贸部优质产品荣誉证书；泥潭茶场的红碎茶被推为商业部优质产品。

四、乌龙茶类

乌龙茶类属半发酵茶，以外形色泽青褐，因此也称它为"青茶"，在明清时期广东也俗称"黄茶"。乌龙茶类以其"花香蜜韵"或"花香果韵"而驰名中外。传统乌龙茶冲泡后，叶片中间呈绿色，叶缘呈红色，素有"绿叶红镶边"之美称，汤色黄红，有天然花香，滋味浓醇，具有独特的韵味。乌龙茶类主产福建、广东、台湾三省，因品种和品质上的差异，乌龙茶分为闽北乌龙、闽南乌龙、广东乌龙和台湾乌龙四类，其中以广东凤凰单丛、岭头单丛茶、大叶奇兰、西岩乌龙、石古坪乌龙、粤西清香乌龙，武夷岩茶、漳平水仙、永春佛手、安溪铁观音和台北木栅铁观音、新竹和苗栗的白毫乌龙（膨风茶）、冻顶乌龙、南投雪山乌龙、文山包种等产品最为出名。据康熙二十三年（1684年）杨钟岳《潮州府志》等史志引用明代中后期的地方资料记载推论，在明末清初以前，广东省饶平县待诏山（即今潮安县凤凰山系）已出产有明显乌龙茶晒青、做青工艺的"黄茶"，也称待诏茶，这是至今为止关于乌龙茶起源的最早记载。

乌龙茶类的基本加工工艺流程是：晒青→凉青→碰青（浪青、做青）→杀青→揉捻（包揉）→干燥。其中福建闽北和台北乌龙茶做青和焙火程度比较重，以武夷岩茶和木栅铁观音为代表；闽南和台南乌龙茶做青和焙火程度比较轻，以安溪铁观音、阿里山乌龙茶为代表；而广东乌龙茶则介于两者之间，以凤凰单丛、岭头单丛、西岩乌龙、大叶奇兰为典型。

五、黄茶类

黄茶类的品质特点是"黄汤黄叶"。这是制茶过程中进行了"闷堆"渥黄特色工艺处理的结果。根据目标品质或闷黄程度的不同要求，闷黄工艺可分为揉捻前堆积闷黄、揉捻后堆积或久摊闷黄、初烘后堆积闷黄和烘干中闷黄共4种情况。黄茶类依据其原材料芽叶的嫩度和大小不同，可分为黄芽茶、黄小茶和黄大茶。黄芽茶的典型代表有湖南君山银针、安徽霍山黄芽、四川蒙顶黄芽、英德大银毫、丹霞银针、浙江莫干黄芽等，黄小茶主要有安徽的黄小茶、仁化银毫茶、宁乡沩山毛尖等，而黄大茶则以安徽黄大茶、云南晒青毛茶（滇青）、毕节太极"杆杆茶"、广东大叶青（粤青、肇青）、台山白云茶、广西桂青茶（六堡茶原材料茶）等为代表。

黄茶类的初加工工序有：鲜叶→摊青→杀青→闷黄→揉捻→干燥；或鲜叶→摊青→杀青→揉捻→闷黄→复揉→干燥；或鲜叶→摊青→杀青→揉捻→初烘→闷黄→足烘干燥。

黄大茶类，因其新梢比较成熟，比如广东大叶青、桂青和黄大茶，在初制工艺上一般采取长杀青、重闷黄技术，甚至在杀青后和揉捻后进行两次闷黄处理，以促使叶绿素和苦涩味物质充分降解，果胶和多糖等充分释放，实现"红汤红叶、口感浓醇"。历史上，广东大叶青和桂青等黄大茶主要用于加工广东普洱茶和广西六堡茶，是难得的黑茶类优质原材料茶。

六、黑茶类

黑毛茶的基本工艺流程是杀青、揉捻、渥（沤）堆、干燥，或杀青、揉捻、干燥、渥堆（或蒸压）、干燥等多套加工技术工艺。黑毛茶是压制各种边销紧压黑茶的主要原材料。黑茶一般原材料较粗老，加之制造过程中往往堆积发酵时间长，存放若干年形成"陈香陈韵"之后才提倡饮用，因其陈化后色泽黑褐，故称黑茶，其本质就是陈年老茶，又称"陈香茶"。

黑茶类一般分为人工快速重发酵黑茶和自然慢发酵黑茶两大类。前者以云南、广东普洱茶熟茶和广西现代工艺六堡茶为代表；后者则以云南普洱茶生茶、四川康砖、金尖，湖南黑砖、花卷、茯砖，湖北青砖、米砖等自然发酵的陈年茶为代表。黑茶类产品类型也比较丰富，按照产区和工艺上的差别，可分为广东黑茶（比如陈年广东大叶青、清远蒲坑茶、曲江罗坑茶、客家女儿茶、潮汕老水仙、广东熟普洱茶和广州"伯公茶"等）、湖南黑茶（茯砖、黑砖、花卷、天尖茶等）、云南普洱熟茶（含后发酵圆茶、砖茶、沱茶和散茶）和陈年普洱生茶、湖北青砖（老青茶和米砖茶）、四川边茶（如金尖、康砖、方包等）和广西（含粤西）六堡茶等。

第二节　茶叶加工机械设备及使用规范

茶叶加工效率高低，甚至茶叶品质的好坏，均与其加工机械设备的型号、性能、功率及其操作使用等密切相关。因此茶厂机械设备的选配与使用，对茶叶加工品质和效率至关重要。

一、绿茶初加工主要机械装备

绿茶加工的机械设备，主要有鲜叶贮存设备、杀青机、揉捻机、解块分筛机、理条机和包括烘干机、锅式炒干机、滚筒炒干机在内的干燥设备等。现分述如下。

（一）鲜叶贮存和分级机

为了减少鲜叶堆积时产生的大量热量，必须要有性能良好的贮青设备，使空气以一定流速均匀地通过鲜叶堆积层，以降低叶温，保持鲜叶品质。主要有固定式贮青槽板、移动式贮青车和鲜叶输送堆放装置（图5-1）。而鲜叶分级机则主要用于鲜叶原材料进行分级，同时除去断碎梗叶和杂物（图5-2）。

图5-1　茶叶鲜叶储青机

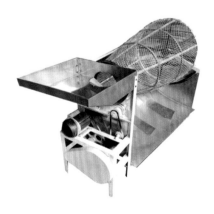

图5-2　鲜叶分级机

（二）茶叶杀青机

杀青机的主要作用是利用高温破坏氧化酶的活性，避免鲜叶变红，保持绿茶的翠绿特色，同时蒸发部分水分，使叶质软化，便于揉捻，并挥发青草气。根据发热、传热原理和杀青方式不同，茶叶杀青机可以分为锅式杀青机（图5-3）、滚筒杀青机（图5-4）、燃气滚筒杀青机（图5-5）、微波+光波杀青机（图5-6）、朝天锅杀青机（图5-7）、高温热风杀青机、蒸汽杀青机等（图5-8）。在茶机选配时，要根据生产的茶类风味要求、原材料嫩度、生产成本等因素综合考虑。一般来说，燃气滚筒杀青机、朝天锅杀青机比较适合用于大、中叶种鲜叶或比较粗老小叶种鲜叶的杀青。

图5-3　锅式杀青机

图5-4　滚筒杀青机

图5-5　燃气滚筒杀青机

图5-6　微波+光波杀青机

利用微波杀青时茶叶表面温度不高，出叶时不需要吹风冷却，故叶绿变化少，色泽翠绿耐藏、香气损失少，干燥均匀，同时由于水分蒸发速度快，容易形成多孔性，产品的复水性好，泡茶时内容物易溶出，但微波杀青的茶叶也有其缺点，那就是茶叶的香气和甜度要比其他长杀青方式淡，因此为了提高绿茶的香气，现在多改用"微波+远红外"，或"微波+光波"设备来替代纯微波杀青机。

图5-7　朝天锅杀青机　　　　　　　　　　图5-8　蒸汽杀青机

（三）茶叶揉捻机

揉捻机的作用，主要是将杀青叶卷紧成条形，同时适度破坏茶叶细胞、挤出茶汁，以增加绿茶外形的光润度。中华人民共和国成立以来，茶叶揉捻机已经从人工木制揉捻机，逐步过渡到了电动铜制揉捻机、不锈钢制揉捻机和智能数控揉捻机组（图5-9）。

图5-9　不锈钢制揉捻机和智能数控揉捻机组

（四）茶叶理条机

理条机主要是对揉捻叶进行外形整理、塑造并干燥定形，一般多用于针形、直形和扁形名优绿茶的外形塑造（图5-10）。

图5-10　茶叶理条机

（五）茶叶干燥机

茶叶烘干，主要是通过热作用散发茶叶水分，去除茶叶杂味，固化茶叶品质，并提高茶叶香味的甜度、浓度和丰富度，改善茶汤口感。茶叶干燥机的种类和花色产品十分丰富，按照发热干燥原理不同，一般分为炒干机、烘干机（图5-11）、烘干房（图5-12）、光波干燥机、冷冻干燥机四大类。

图5-11　链板式连续烘干机

图5-12　智能烘干房

二、红茶初加工的主要机械装备

红茶初加工的特色工序是萎凋和发酵，因此萎凋槽和发酵设备的选型配套是否科学适用，直接影响红茶加工的品质和效率。

（一）萎凋机械设备

萎凋的目的是使茶叶鲜叶均匀失水，便于揉捻。在萎凋过程中，鼓风机将空气吹过叶层，使鲜叶表面及周边水势降低，叶内外水分散失，叶子变软；叶细胞内的酶、活性物质和香味成分等逐渐浓缩，酶活性增强；青草气散失。鼓风时间一般掌握8～12 h，减重45%～50%。过去，传统手工萎凋使用的设备是木制或竹制的萎凋架、竹帘、竹席等，如今，已普遍使用机械化萎凋装备。例如，配有轴流风机（有带热风炉）萎凋槽、连续萎凋机及网带式多层萎凋设备（图5-13）。

图5-13　网带式连续萎凋槽

（二）揉捻和揉切设备

揉捻的作用是在揉捻机械力的作用下，使萎凋叶揉卷成条（茶叶造型）；充分破坏叶细胞组织，茶汁溢出，以利于形成干茶色泽；促使叶内多酚氧化酶等与多酚类化合物直接接触，同时增加细胞膜的透氧性，让空气中氧气可以进入叶细胞内部，为启动红茶发酵创造物理、化学和生物学基础（奠定发酵条件）；揉出的茶汁凝于叶表，在茶叶冲泡时，可溶性物质溶于茶汤，增进茶汤的浓度。常用的揉捻设备有平板履带式、揉桶式、揉盘式等类型。平板履带式揉捻机工作时，茶叶在履带上揉捻前进，完成揉捻。揉桶式揉捻机按照桶径大小有20、25、30、40、45、50、55、65、70、90等多种型号，加压形式有重锤式和单柱杆式。揉切机械是红碎茶加工专用机种，主要有转子揉切机、螺旋滚切机式转子机和齿轮揉切机。21世纪后，各地研发应用了连续揉捻设备机组，实现了进出料和加压自动控制，同时电动控制桶盖开关，如图5-14所示。

图5-14　连续化揉捻机组

（三）解块筛分设备

茶叶揉捻后团块，必须把团块解开，同时筛分出粗细老嫩。主要有解块筛分机和解块机。

（四）发酵设备

发酵是红茶加工的关键工序。发酵设备的好坏直接影响红茶的汤色和内质。通过有效控制发酵叶酶的活性和发酵空间的氧气、温度和相对湿度，促进多酚类化合物的氧化缩合，形成红茶特有的茶黄素、茶红素等呈色成分和滋味成分，同时减少青涩气味，产生浓郁的茶叶香气。20世纪80年代，国内开始引进开发出车式发酵设备，并得到广泛应用，由车厢、透气板、出风管、供风系统等组成。后来我国开展连续式发酵机开发取得成功，其结构类似于自动链板式烘干机，原理与发酵车相似，包括上叶输送机、百页板发酵床、轴流风机、风管、喷雾机等部分（图5-15）。

连续发酵设备

红茶发酵室

图5-15 发酵

（五）干燥设备

烘干机通过向烘箱体内提供足够的高温空气，迅速破坏发酵叶酶的活性，终止发酵的进程；蒸发水分使干毛茶含水量降低到6%以下，以紧缩茶条，固定茶叶外形，去除茶叶青臭气，防止霉变，便于贮运；进一步转化生成新的茶叶香味物质，最终形成和固化茶叶品质。红茶干燥设备型号众多，除少量高档红茶使用焙笼干燥外，主要应用的设备有茶叶炒干机、手拉百叶式烘干机、自动连扳式烘干机、电热烘干机、微波烘干机、沸腾床式（流化床）烘干机、远红外烘干机以及真空冷冻干燥机等。茶叶烘干机在国内发展较早，技术比较成熟。现在也出现了并联/串联烘干设备（图5-16）。

串联式连续烘干机

非串联式烘干机

图5-16　烘干机

（六）红茶加工的新技术新装备

随着传感检测、自动控制、智能控制、新材料等新技术在产品研发过程中的应用，我国红茶加工机械开始由传统的单纯机械化向机电一体的自动化、智能化设备转变，向更卫生、更美观、更人性化的连续生产线转变。红茶加工自动化生产线目前基本实现完全自动化生产，实现了红茶连续化生产及部分工序的自动控制。

1. 数控揉捻机

融入了先进的数控技术，压力、转速和时间可通过人机交互界面调整，操作简单、方便，自动化程度高，实现了制茶工艺参数化。该设备自动无级加压，具有压力反馈系统，自动开闭，自锁中心出料，具有成茶率高、细胞破坏适宜、碎茶率和跑茶率低等优点。

2.智能变频烘干机

在茶叶烘干机热风炉上应用智能变频技术，实现热风炉恒温智能变频控制系统。经性能试验表明，该系统能有效地控制热风温度，使实际热风温度与设定温度差异不显著，上下温差不超过5℃，其变异系数小于人工控制，温度控制的准确性和稳定性显著提高。

3.连续式红茶发酵机

目前的连续式红茶发酵机也集成了诸多新技术。其采用超声波加湿器调节发酵室湿度；通过变频器控制链板转动，以调节发酵时间；使用丙烯玻璃门，发酵状态一目了然，取样也很方便；发酵时间、湿度、温度等参数可以直接在主机控制器上设置；安装有蜂鸣报警器，能对燃烧器灭火和发生茶叶堵塞等突发情况鸣笛报警。

三、茶叶精制设备及其作业功能

茶叶精制，是将初制毛茶按外形长短、粗细、轻重和色泽等进行除杂净化和分级拼配的过程。常见的茶叶精制机械有八角车色机、茶叶平面圆筛机、茶叶抖筛机、阶梯式拣梗机、茶叶风力选别机、色选机和拼配机等。

（一）精制的作用和主要措施

从毛茶经分筛、风选、色选复制形成筛路茶（即半成品茶），到拼配、再干燥形成成品茶，直至包装、编号、入库的一系列加工过程，称之为茶叶精加工，也叫"精制"或"复制"。

茶叶精制的目的和作用，是为了稳定品质、对标生产、保障信用、维护品牌。茶叶精制工序十分复杂，其主要措施有以下4个方面：

其一，整饰形状。通过圆筛机、抖筛机、风选机、拣梗机、色选机的各工序的分离处理，使茶叶以制品条索（或颗粒）的粗细、长短、轻重、色泽分别开来，然后对照加工标准样进行拼配，使茶叶的上、中、下三段茶按比例、自然、无痕衔接，达到增进外形美观的目的。

其二，划分品级。毛茶经筛制分出本身茶、长身茶、圆身茶、轻身茶等四路茶，各路茶品质均有升有降，达到品质纯净，品级划一的目的。

其三，淘除劣异。毛茶中常常含有梗子、皮肋、杂物等，需要通过精制筛拣、风簸，剔除梗子、茶果及非茶类夹杂物，以达到保证品质纯净，符合食品卫生要求的目的。

其四，补火去水。茶坯在贮运和精制的过程裸露于空气中，提高了含水率，因此在精制装箱前必须进行补火去水、除杂，以使茶叶含水率达标，以利于茶叶终成品在长期保存和远途运输中不发生质变，影响品牌信誉。

（二）筛路茶及精制流程

条形绿茶、工夫红茶和乌龙茶类的精制，按传统分法，分为本身路、长身路、圆身路、轻身路4路进行分筛，各路茶所得头尾的副茶，用单独作业机处理。精制加工工艺流程如下：

1. 本身路

毛茶→干燥→滚筒（平）圆筛（打毛筛、分大小）→抖筛（分粗细）→平圆筛（分长短）→风选（分轻重）→拣剔（去梗杂）→干燥（清风）→匀堆装箱。

2. 长身路

滚筒（平）圆筛的筛尾（筛面茶）、抖头（抖筛面茶）→切碎→抖筛→平圆筛→风选→拣剔→干燥→匀堆装箱。

3. 圆身路

抖头→撩筛头→平圆筛→风选→拣剔→干燥→匀堆装箱。

4. 轻身路

各风选机次子口茶→拣剔→干燥→匀堆装箱。

筛分的作用：毛茶通过筛分使茶坯大小、粗细、长短分开，以便分别处理。

筛分工艺有两种：一是圆筛，二是抖筛。圆筛（平面圆筛）筛分工艺主要是划分茶叶的长短，通常采用滚筒圆筛机和平面圆筛机来完成，而抖筛工艺则主要是细分茶叶的大小、粗细，通过抖筛机来完成。

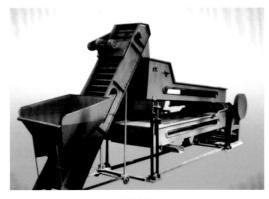

抖筛机   平面圆筛机

图5-17　筛分机

（三）精制的主要工艺及作用

1. 筛分

筛分通常分为抖筛筛分和圆筛筛分两种。筛分主要是将毛茶分出粗细、长短划一的筛路茶，其中抖筛主要是分粗细、大小，而圆筛则主要分长短。

（1）滚筒圆筛机。主要用于毛筛作业，利用茶叶自身的散落性，当茶叶旋转到滚筒顶部时就会自动散落下来。粗细小于筛孔的毛茶条子就穿过筛孔而落下，不能穿过筛孔的则因滚筛的倾斜滚动而从尾口流出，因而实现毛茶粗细的初步分离。由于滚筒筛一般有三四个联合组装，各配有不同孔数的筛网，这样就能将长短、粗细、老嫩进行初步分开。

滚筒圆筛精制工艺由滚筒圆筛机来完成，通常被称为精制的第一道工序。通过滚筒圆筛，使毛茶中不同类型的茶条作初步分离，使毛茶从不同长短、粗细、老嫩的组合体中分出外形品质优次，以便分路处理，为下续工序划分花色等级打好基础。

滚筒圆筛机的作业要点：主要是根据毛茶的等级、体态的大小，配置筛网组合，按2～3节配置筛网。一般前松后紧，即前节筛网较次节松一孔。此外，还要适度地调节主轴转速及筛体的倾斜角度。

（2）平面圆筛机。简称"平圆筛"，即在作业时筛床作水平面的旋转运动，用以分清茶坯的长短。细短的茶坯斜穿过筛孔落于筛底，成为本身茶；而粗长的茶叶沿着筛面逐步运动，最后流出筛面进入后续作业。

平圆筛因筛分的目的及作业方法不同，有"分筛"与"撩筛"两种。分筛的作用是进一步细分形体的长短，通过配置相连的筛网，有次序地分出各筛号茶，使其按筛孔号数分离而实现外形规格品质划一。撩筛的作用则是使茶坯中过于粗长不合规格要求的茶条和茎梗，通过撩筛筛分集中于筛面，符合规格要求的落入筛底。撩筛所配筛网的孔数不是连号，一般较原号筛大1～2号。平圆筛第一层筛网起撩筛作用，粗大茶条、长茎、大块朴片作为头子茶流出机口，第2、3、4、5层筛网按大小连号排列，最后一层起割脚作用，筛底作副茶处理。在分筛作业时，圆筛机的转速应稍慢，一般控制180～210 r/min；而在撩筛作业时转速宜稍快，一般控制在210～240 r/min。

（3）抖筛机。抖筛因筛分的目的不同，分抖筛和紧门筛两种作业。抖筛主要分离毛茶茶坯的粗细，筛面作前后来回振动，使茶条在筛面上下穿插跳动，因此符合筛孔规格的茶条就会穿过筛孔落于筛底（再经圆筛、风选后成为本身茶）；而粗大的茶条留于筛面流出茶机（经下续的切断和再分筛后，筛底茶就成为长身茶）。抖筛有划分外形规格和定级的作用，使茶坯实现粗细均匀，抖斗中无长条茶，长条茶中无头子茶。

紧门筛与抖筛的作用基本相同，主要是弥补抖筛的不足。通过紧门筛的茶坯规格整齐，因此也称为"规格筛"。对中小叶种工夫茶的紧门，上级茶12孔，中上级茶11～12孔，中级茶10孔，中下级茶9孔，普通级茶8孔。大叶种工夫茶较上述松1～2孔。圆身茶、轻身茶已经过抖筛的茶坯，为了提条去片，必须再经抖筛，抖筛规格应比紧门筛规格紧1～2孔，如本身茶9孔，圆身茶10孔，轻身茶11孔。

2. 切断

主要作用是粗改细、长切短、匀体形。

切断作业是将留筛面的粗大茶坯解体切断，由粗改细，由长切短，改变其原有形态。茶坯中穿不过筛孔的圆头、抖头，其形状粗大、圆扁，必须经过切断、切细才能穿过规定的筛孔，达到体形、长短、粗细一致的目的，因此切碎便是工夫红茶精制不可缺少的基本作业之一。但是切断作业运用是否恰当，对茶叶的精制率起决定性的作用，对品质的好坏和经济效益高低也起关键性的作用，因此必须慎重运用，要依茶坯的具体情况而定。

切断作业时要根据切断的目的和要求，采用不同类型的切茶机，目前茶厂使用的切茶机有滚筒式方孔切茶机、圆片式切茶机、螺旋滚辊切茶机、橡胶滚辊切茶机及风力破碎机几种。

（1）滚筒式方孔切茶机。既能切断又能轧细，切断时要按条索长短来选用方孔不同的滚筒，应用范围广，一般应用于切毛茶的头子和长身茶的头子茶坯。

（2）圆片式切茶机。能把圆形茶切解为条形茶，适用于平圆筛头茶的切断，对提高正茶制率和发挥原材料的经济价值有良好作用。

（3）螺旋滚辊切茶机。适用于毛茶初分头子和弯曲粗大头子茶的切断。

（4）橡胶滚辊切茶机。适用于拣头茶的切断，茶叶拣梗机分离出来的拣头，茎多茶少，经过该机可将茶叶切断，而茶梗一般韧性好而不能切断，故称"保梗机"，对于从拣头中取尽茶条和同等规格的嫩梗很有作用。

（5）风力破碎机。是用高速风力来破碎茶叶，效率高，但产生粉末茶较多。一般用于圆身茶的茶尾或轻薄茶片的切碎。

切断作业是一种必要的解体切细作业，但存在产生碎茶，并降低茶条光泽的缺点，严重者甚至会使干茶色泽变灰，因此在精制过程中，应尽量把握"少切少筛，轻切多筛，分次切，分次筛"的原则。

3. 风选

风选工艺，是利用风力的作用分离茶叶轻重的作业。通过风选工艺能使经过筛分后长短、粗细、形状基本相近的茶坯有轻飘重实之分，轻者松粗质差，重者紧嫩质好，借用风力的吹落，重者落近，轻者吹远，分段收集，达到分出同筛号茶的品质优次的目的。风选作业还具有将干燥后的热茶扇凉去热的作用，叫"清风"，同时还可剔除一些轻质黄片、杂质、粉末等，达到剔除劣异的目的。

风选机按风力输送方式不同，可以划分为吸风式风选机和吹风式风选机2种，按排列层次不同又可分为单层式风选机和双层式风选机2种（图5-18）。

吹风式风选机是由离心式风机迫使空气产生气流来分离茶叶轻重，这种形式风力稳定，但风力小，适合体型细小的茶坯使用。吸风式风选机是由轴流风机排气吸风来分离茶叶轻重，特点是风速高，风量大，适用于粗大茶坯的选剔。

图5-18　多功能吹风式风选机

风选机一般设7~8个茶叶出口，靠近进茶的一端为沙石口，其次为正口、子口、次子口，黄片、毛筋及轻质杂物，一般落入尾端的第七或第八口，尾口为灰尘。从正口风选分离而出的茶叶自然品质最好，子口次之，依此类推。

风选机的操作，要根据茶坯质量及各路茶、各筛号茶的不同情况，调节下机茶量和风力的大小。茶坯质量好、夹杂物少的下茶量大，风宜大；轻身茶应调小下茶量和风力；圆身茶适当调大下茶量，风力宜稍大；同路茶、上段茶风量宜大，中下段茶风量宜小。正口茶要一次选清，子口茶轻条要复扇提取正口茶，次子口片茶再提取其中部分重质茶，其他作片茶处理。

4. 拣剔

拣剔，是精制流程中剔除茶中茶梗、夹杂物和纯净品质的操作过程。茶坯经过筛分风选，除去了部分长梗、沙石及轻质黄片、杂物，但与茶条长短、粗细、轻重相近的茶梗或杂质尚留茶中，必须予以剔除，以保证茶叶的洁净。

拣剔分为机拣和手拣两种作业方式，目前各精制厂以机拣为主，手拣为辅。

机械拣剔作业的机械，过去主要有阶梯式拣梗机、振动式圆孔取梗机、静电式拣梗机，现在则多用色选机。

（1）阶梯式拣梗机。主要功能是分离茶叶中的梗子。其工作原理是茶坯随拣机的振动在斜面滑行，茶梗一般较圆直平滑，流动快，通过拣台斜面上的拣槽与螺旋丝杆之间的间隙快落入茶梗箱中，而茶条则一般稍弯扁，表面粗糙，摩擦力大，通过拣台斜面后受螺旋丝杆推动，落入间隙中再导入净茶箱，以达到分离茶条与梗子的目的。

（2）静电拣梗机。主要功能是分离茶叶中的皮梗、毛筋等轻质组分。其工作原理是利用茶与梗的含水量不同，当两者通过设置的静电场时，由于正、负电荷的感应拉力不同，达到梗、叶、皮、筋分离的目的。静电拣梗机对脱皮梗、老蒂梗、轻质的毛筋，及混入茶中的谷壳、高粱等夹杂物的拣剔作用更为明显。对工夫红茶、条形绿茶六七级茶的拣剔效果较为理想。拣梗必须注意掌握茶坯的温度高于室温5~10℃、含水率5%左右以及适度的投茶量。

（3）智能色选机。色选机的功能是可以对不同颜色的茶叶和异杂物进行分离，从而达到净化茶叶内质、统一外形规格的效果。其工作原理，茶叶从顶部的料斗进入机器，通过振动器装置的振动，被选茶叶沿通道下滑，加速下落进入分选室内的观察区，并从传感器和背景板间穿过。在光源的作用下，根据光的强弱及颜色变化，使系统产生输出信号驱动电磁阀工作，并迅速将异色茶叶和杂物吹至接料斗的废料腔内，而合格的好茶则继续下落至接料斗成品腔内，从而达到筛选甄别茶叶的目的（图5-19）。

5. 干燥

精制过程的干燥作业，因目的不同分为补火干燥和复火干燥2种，其共同作用均是去除茶叶水分、固化茶叶品质。

（1）补火干燥。当茶坯含水率超过9%时，必须先对茶坯进行补火干燥。补火干燥一般在茶坯精制（如筛分、风选等）之前进行，先除去过高的含水量，使茶坯干燥再进入分筛精制。若茶坯含水率低于9%，则可免此补火作业。

图5-19　智能茶叶色选机（图片来源于网络）

（2）复火干燥。则指在茶叶装箱之前对各号茶（筛路茶）的最后一次干燥，使水分含量达到6%以下，同时去除杂气、醇化香味、固定品质，以保证商品茶在仓储、运输、货架期和饮用期不发生变质。由于干燥在先在后的问题，加工付制中有"生做熟取"和"熟做熟取"之分。茶坯补火干燥后再进行分筛精加工的精制方式称"熟做"，不经补火即付之精加工的称为"生做"。精制干燥设备可以与初制干燥设备共用，有条件的也可以单列专用。

6. 拼配

拼配，也称拼堆成色，这是成品茶品质把控最重要的精制工序。其专业性、技术性较强，需要有具有长期制茶和评茶工作经验的技术人员来掌控。拼配质量不但直接影响成品茶的综合品质、企业经济效益，更影响企业的品牌信誉和可持续发展。

（1）拼配的依据。拼配、拼堆的唯一依据就是贸易标准样和法定标准样。即拼配必须对标客户提供的贸易茶样，利用茶厂仓库中现存的各路精制散茶进行反复配比，研究形成一个茶叶配方和拼配制备方案，下达给车间精制执行，并要求生产成本低于贸易价格。在计划经济时期，我国各国营茶厂均对照国家颁发的加工标准样进行出口茶和内销调拨茶加工拼配，有的原箱出口厂家则对照贸易标准样进行拼配。改革开放后，茶叶产品花色日新月异，各茶叶企业均改为按贸易标准样对标拼配。

（2）拼配的方法和程序。拼配方法就是对样拼配，先拼小样、再拼大样、检验合格、付制生产、包装待售。其操作程序总体上可以归纳为：先拼配小样（在评茶室完成）→感官审评、优化配方→拼配大样（在车间完成）→扦样复验→确定配方、下达付制→复火清风→装箱入库。

拼配小样的步骤，先对标贸易标准样的外形从仓库抽取各批相似的筛号茶进行感官审评，对比外形规格、色泽，初步选定若干个档级预期与贸易标准样同向的原材料茶，按数量比例拼成小样，并填写成品拼配单交手工拣剔；对拣剔后的半成品小样再进行对样审评，并反复优化配方，直至小样感官品质与贸易标准样一致，即确定拼配初步方案，交精制车间拼堆作业拼成大堆（大样）。拼大堆时必须选择长短、粗细、硬软、轻重不同的筛路茶来进行拼配，整批茶坯拼完后要翻堆2～3次，直到拼配均匀。大堆拼完后再由质检人员多点扦样、取样，交质量管理技术部门再次审评检验。大样经多点多次取样审评和检测合格（确认品质符合加工标准样或贸易标准样）后再付之批量拼堆复火。因茶坯在精制过程中摩擦碰撞，自然产生一些粉末，在流动过程中也难免混杂一些毛茶或杂物，因此复火后要过撩筛、割脚除去混入的粗条茶和夹杂物，或风选飘去粉末，保持茶叶的洁净。

四、常见加工机械设备的操作规范

（一）萎凋槽操作要求

（1）萎凋操作人员必须熟悉萎凋工艺操作，保持萎凋槽的清洁卫生，每天每批次搞好安全、卫生工作，节约用电。

（2）萎凋操作人员进入车间前必须先洗手、更衣，严禁操作人员躺睡、坐在萎凋槽上。

（3）生产期间必须做到勤观察茶青的萎凋程度，检查萎凋槽的风机转动情况，以确保萎凋能按预期时间完成，需要加温时要及时加温，早春低温季节热风温度控制在28～30℃，夏季高温控制温度在20～28℃。

（4）下完叶后要清理好萎凋槽，拉好萎凋帘，恢复原状。

（5）坚持交接班制度，交班者必须向接班者交代清楚一切情况（萎凋叶品种、数量，萎凋方法，物资设备等）。

（二）揉捻设备的操作及维护要求

（1）揉捻机操作人员必须严格遵守操作规程。上叶前必须检查确认电源开关和揉捻机处于安全状态，搞好卫生；萎凋叶送达后，打开机盖，然后上叶、匀叶，启动揉捻机，按公司制定的各轮茶、各品种的工艺要求设定揉捻技术参数，进行揉捻作业。

（2）装叶量要根据设备的生产能力添加，加压要掌握"轻—重—轻"的加压方法，严禁一压到底；加压时要观察电机的运转情况，防止设备过载；每次加压揉捻完成后，要松压空揉。

（3）下叶时先开启振动槽，然后打开出叶盖，边转动边出叶。出叶完毕，关闭揉捻机，关好出叶盖，进入下一次操作。

（4）电源开关操作规范。开机时，要顺着电源流动的方向从总开关开始向揉捻机的方向逐级开启电源；关机时则方向相反。

（5）每天清洗（理）揉捻机械设备一次，保持机器清洁、当班生产的职工，必须负责清扫揉捻机等生产设备及生产现场。

（三）茶叶解块机的操作规范

（1）解块机操作人员必须严格遵守操作规程。接通电源进行空运转试用，待一切正常后，方可投入使用。

（2）揉捻叶送达后，打开机盖，启动解块机，然后上叶，按公司制定的各轮茶、各品种的工艺要求分别进行解块，做好标签标注。

（3）下叶时先开启振动槽，然后打开出叶盖，边转动边出叶。出叶完毕即关闭解块筛分机，关好出叶盖，进入下一次操作。

（4）注意调整送叶量，保证揉捻叶经解块筛分机后可以均匀分级并达到解块、理条、分筛等相关要求。

（5）每天清洗（理）机器一次，保持机器清洁。当班生产的职工，必须负责清扫解块筛分机等生产设备及生产现场。

（6）茶季结束后，应进行一次保养，使整机保持清洁卫生。

（四）发酵设备实施的操作及维护规范

（1）发酵机操作人员必须严格遵守操作规程。接通电源进行设备预热，待一切正常后，方可投入使用。

（2）将解块后的茶叶直接调入发酵机（室）内。发酵机（室）的温湿度要根据原料的数量调好参数，以确保发酵充分。

（3）发酵过程应注意调节发酵的时间、温度、湿度，一般温度控制在26~30℃，湿度控制在80%~90%，时间5~8 h。

（4）发酵机操作人员应对红茶发酵状态有较好的了解，定时观察茶叶发酵程度，根据不同茶树品种、种植地域、鲜叶嫩度及产品质量要求，严格控制发酵工艺参数，当发酵叶温达到40℃以上时，要及时翻叶，透气降温，严格控制发酵湿度，以保障茶叶的发酵品质。

（5）发酵完成后的茶叶，由出料输送机送出，送至干燥提升机上，进入干燥工序，终止发酵反应。

（6）每班下班前必须清理干净设备，每日打扫一次车间内外环境卫生，按规范关闭电源。

（五）干燥设备的操作及维护规范

（1）热风烘干操作人员必须严格遵守操作规程。按照制定的工作流程和工艺参数要求进行生产，要做到"二勤"：勤上叶、勤出叶。

（2）先开启热风烘干机，等烘干机箱体内达到一定的温度才上叶，严格控制上叶的速度和厚度。经常观察机内情况，如有故障要马上排除，然后重开机器，不得有湿茶、烟焦茶事故发生。

（3）发酵叶由出料输送机送至干燥提升机上，然后送入干燥机内干燥。

（4）干燥完成后的茶叶，放置在宽幅冷却缓苏机（箱）内缓苏降温，摊放走水。冷却缓苏机的上下方要布置风机强化冷却，待缓苏完成后，将茶叶送入复烘段干燥机提升机内。

（5）冷却缓苏后的茶叶由干燥机提升机送入复烘干燥机的斜输送带上。复干风口温度控制在120℃左右，时间为15 min，使产品的含水率控制在7%以下。干燥完成后茶叶由振动出茶机送出，待缓苏冷却后打包入库。做好换班交接，记录当班信息。

（6）下班前清理好机仓，不残留茶叶叶片；搞好车间卫生，复位各类工具，按规范关闭电源。

（六）平面圆筛机操作规范

（1）补火干燥完成后的茶叶，由振动出茶机送入冷却缓苏机摊放缓苏，冷却完成后送入抖筛机或平面圆筛机筛分。

（2）按制茶工艺要求调整投茶量。然后进入圆筛机作业，筛分后装袋。

（3）更换或维修平面圆筛机，应在停机状态进行。在更换、维修作业前必须首先切断电源。

（4）每班次或批次的分筛作业，必须待输送机上的茶叶全部输送完毕，筛面上的茶叶也全部出清后，才可关停输送机，然后关停平面圆筛主机。

五、设备故障维修过程的安全注意事项

一是在出现问题的机器主控制面板处设立警告牌。

二是所有的维修工作必须由一个负责人进行指挥。

三是如果在保养、维修过程中，不需要运行机器，应当将主开关置于断开位置上，并使用挂锁来锁住这个位置，以防止其他人员误将主开关置于接通位置而导致产生触电等事故。

四是机器只能由经过专业训练的人员来进行维修。为了防止人身安全事故的发生和机器的损坏，维修人员必须穿戴安全设备，严格执行维修安全规范。

五是维修电气部件之前，必须先断电。为此，必须采取以下正确的安全措施：

关闭电源；对电源开关采取保护措施，以防止电源被接通；试验一下，看一看电源是否真正被关闭；在接地线和进行短路保护时，只能使用性能良好的保护部件；邻近的部件必须罩好或绝缘。

六是气压和液压部件必须在卸压之后方可进行维修。

七是在保养和维修过程中，其他无关人员应当远离机器。

八是在进行维修或其他操作时，每次启动机器之前，必须向所有的有关人员发出警告。

九是维修工作完成之后，必须经过负责人的审核同意，机器才能投入运行。

十是在运行机器之前，负责人必须检查确认：维修工作确实已经完成；整台机器确实具备了可靠的运行条件；所有的有关人员已经离开了机器的危险区域。

第三节　绿茶加工技术

绿茶，依然是我国的第一大茶类，也是贵州省的第一大茶类。包括太极茶区在内的毕节七星关区，过去也一直以生产绿茶类为主。2022年世界茶叶总产量639.7万t，其中绿茶类约231.7万t，占36.23%，仅次于红茶位居第二。绿茶类根据其干燥和杀青方式的不同，可划分为蒸青绿茶、炒青绿茶、烘青绿茶和晒青绿茶四大品类；根据其干茶形状的不同，又可划分为针形、扁形、珠形、芽形、卷曲形、盘花形和兰花（自然形态新梢）形绿茶，每一类绿茶又可细分为若干花色等级。我国是世界最大的绿茶生产和消费国，2022年绿茶产量约185.4万t，约占全球绿茶的80%。贵州产地辽阔、品种丰富，其中贵州都匀毛尖、金沙贡茶（夜郎茶）、大方海马贡茶、纳雍姑箐茶、七星太极贡茶、雷公山银球茶、花溪绿宝石、贵定云雾茶、湄潭翠芽茶、太极古树绿茶等名优绿茶，在国内外均享有盛誉。

绿茶类有别于其他基本茶类的共性品质特点是"清汤绿叶"，即外形、汤色和

叶底"三绿",香气清幽,滋味鲜醇,无苦涩味或粗老味。因此绿茶加工技术工艺的一切出发点和落脚点,都是要对标名优绿茶的品质特征,同时又要根据不同茶区生态、茶树品种和文化习俗的特色,生产出绿茶应有的地域香、品种香和文化香高级感产品。

一、大宗炒青绿茶加工技术工艺

炒青绿茶是我国产区最广、产量最多的一类绿茶产品,毛茶经过精制成绿茶后,主要用于出口。主要大宗炒青绿茶成品茶有安徽生产的"屯绿""舒绿"和"芜绿",浙江生产的"杭绿""遂绿"和"温绿",江西的"婺绿"和"饶绿",湖南的"湘绿",广东的"粤绿",贵州的"黔绿",四川的"川绿",云南的"滇绿"和江苏生产的"苏绿"。其中贵州省的西汉金沙贡茶(夜郎茶)、明代大方海马贡茶、清代纳雍姑箐贡茶和七星太极贡茶等均属于高档炒青绿茶。

中国炒青绿茶,按产品形态分有长炒青(如眉茶)、圆炒青(如珠茶)、扁炒青(如龙井、旗枪)等,数量以长炒青为多。长炒青经精制分级整形后称为眉茶,圆炒青经精制分级整形后称为珠茶,眉茶和珠茶都是中国重要的外销绿茶品种,在国际市场上素负盛誉。

绿茶加工的基本加工流程,即加工工序,主要是:鲜叶采摘管理→摊放→杀青→揉捻→理条→干燥→精制→包装入库。其中,决定茶类性质、茶叶色泽、香气和甜度的关键加工工序是杀青,决定绿茶外形和审美的关键工艺是茶青质量管理和揉捻、理条技术工艺;而决定绿茶类茶汤口感的关键是杀青与干燥工序的温度与时间控制。

下面以长炒青绿茶为例,按照其加工流程的先后顺序,对各个工序的工艺技术要求和关键控制点,分别作一简要介绍。

（一）采摘高质量鲜叶

鲜叶是绿茶毛茶加工的原材料。鲜叶质量的好坏是影响绿茶品质最重要的物质基础,这是绿茶初加工的第一道工序。要提高鲜叶质量,一是选择最适合加工绿茶的优良茶树品种。一般适制名优绿茶的茶树品种多为叶质肥软、内含物丰富、酚氨比低、游离氨基酸含量高、多酚氧化酶活性较低的中小叶品种。二是选择海拔高、温差大、生态优良、空气水土洁净、春季少雨、漫射光为主、富含矿物质和有机质土壤的山坡地开垦建设"立体生态茶园"。三是给予茶树最佳的人工栽培管护技术,比如:深挖战壕式种植沟(宽×深为120 cm×65 cm),重埋有机质和矿物肥改土(每亩下牛羊粪等有机肥20～30 t,农作物秸秆20 t、过磷酸钙2 t);实行单行单株或双行单株种植(每亩种植茶苗1 000～2 000株);合理修剪、留叶,培育骨架枝层次分明的伞形树冠;幼龄茶园间种豆科作物和每亩10～15棵豆科乔木遮阴树，留养结合、以养为主；投产茶园每年冬季要翻土清园，补施有机质肥料，保证枝叶繁茂。四是合理采摘，做到分期分批按标准采茶，做到上午露水干后及时采，雨水天不采摘，正午强光不采摘；采摘和装运过程要防止鲜叶机械损伤和发热烧伤，保证鲜叶的鲜度、嫩度、匀度和净度均达到验收标准。

鲜叶采摘验收的等级标准，不同茶区、不同茶类有所差异，但总体上也是有规律可依的。一般地，大宗绿茶鲜叶等级通常划分为4~5个等级，而名优绿茶一般分为4个等级。

特级鲜叶：以第一轮茶的独芽和一芽一叶初展为主（占比95%），一芽二叶初展≤5%，要求芽头比叶片长，芽长于叶（或者说芽头比叶片高），新梢梢长不超过3 cm（其中叶柄≤2 mm）。

一级鲜叶：芽头与叶等长，一芽一叶初展大于20%，一芽二叶初展≤70%，一芽三叶初展≤5%。

二级鲜叶：一芽二叶≥70%，一芽三叶初展≤30%，一芽四叶初展及以上≤5%。

三级鲜叶：一芽四叶初展和一芽四叶以上。

对于太极绿茶，采摘时间为清明前后，其鲜叶等级标准是：特级为一芽一叶初展，一级为一芽一叶半开展，二级为一芽一叶开展。鲜叶采摘的质量要求为鲜叶（采下的新梢）长度不大于2.5 cm，叶柄长度不大于2 mm；芽叶完整，叶色淡绿或深绿，叶质鲜嫩，均匀洁净，含水量不低于72%；无机械损伤，无病虫害斑点；无鱼叶鳞片，无夹杂物。

鲜叶采摘下来后，适宜采用通风透气的竹制或食品级塑料筐装载，置于有制冷条件的运输车厢中运送进厂。鲜叶进厂验收后，要及时摊放降温，或置于储青机中，或摊于萎凋槽中，或摊于水筛上，散发水分、降低叶温，以备进入杀青工序。

（二）及时摊放

摊放工序，是绿茶在进入热加工前调整鲜叶理化品质的一道重要工序。适度摊放不仅可以改善鲜叶中的风味物质的构成，而且可以降低水分、软化叶质，便于后续的加工。

摊放环境应选择清洁卫生、阴凉、无异味、空气流通、不受阳光直射的场地。分级后差异较大的鲜叶分别摊放，摊放过程中要适当翻叶，翻叶时应轻翻、翻匀，减少机械损伤。不同等级、不同品种的鲜叶要分别摊放，分别付制。

摊放厚度一般3~20 cm，但要根据茶青嫩度和含水量灵活调整。摊放的原则是嫩叶薄摊、老叶厚摊，雨水叶薄摊、干水叶厚摊，并通风散热。有条件的茶厂，也可采用储青机等设备摊放，进行温湿度控制。

摊放时间控制在2~12 h，具体要根据鲜叶含水量、温度和相对湿度的情况而做出调整。一般地，小叶种2～6 h，中叶种3～8 h，大叶种6～12 h。摊放期间要适当翻叶，温度以20～25℃为佳。当鲜叶叶色由亮变暗、叶质由硬转软、香气由水香露清香、含水量降低到约70%（或减重约10%）时为摊放适度。摊放过程中要适当翻叶，翻叶时应轻翻、翻匀，减少机械性损伤。

（三）适度杀青

杀青是对绿茶类品质形成发挥决定性作用的加工工序。目前大宗绿茶的杀青均采用机械杀青，应用较广泛的有滚筒杀青机、蒸汽杀青机、汽热杀青机等。杀青温度和时间依杀青机的性能有所差异，但均要求杀匀、杀透。不论何种杀青机，在杀青过程中，要时刻检测杀青叶的质量，并调整投叶量，确保杀青质量。

使用滚筒杀青机杀青时，先开动机器运转，同时加热，在机器前段筒壁温度升至260～280℃时即可均匀投叶，开始阶段投叶量要稍多，以防形成焦叶、爆点，之后均匀投叶。6CS-60型滚筒杀青机每小时投叶50～60 kg，6CS-70型每小时投叶60～80 kg，6CS-80型每小时投叶80～100 kg，6CS-90型每小时投叶150～200 kg。在杀青过程中，应开启排湿装置或使用风扇、鼓风机等辅助排湿，出叶后及时摊凉，防止堆积闷黄。

当杀青叶的叶面失去光泽、叶色转为暗绿，手握叶片成团、叶质柔软、稍有弹性，嫩茎折而不断，青草气消失并散发出良好的茶香，杀青叶含水率降至55%～65%（其中高档茶59%±2%、中档茶61%±2%、低档茶63%±2%，鲜叶平均减重率达到40%）时，视为杀青适度。杀青良好的杀青叶要求"杀熟、杀透、杀匀"，并达到"香、软、匀、熟"标准，不得出现红梗红叶、焦叶和爆点。

若采用蒸汽杀青，蒸汽温度须控制在180℃以上，杀青时间约30 s。与锅式杀青相比，蒸青叶的叶色青绿，含水量高，因此必须配套相应的吹风透气或脱水机械设备，及时除去表面水，以防产生水闷气。

手工杀青则要求"高温杀青，先高后低""前期先闷后抛、多闷少抛，后期少闷多抛""老叶嫩杀、嫩叶老杀"。

所谓"嫩杀"，即时间适当短一点，水分适当少蒸发一点，反之则为老杀。"前期先闷后抛、多闷少抛"即是在杀青的初始阶段要用高温，并以闷为主，多闷少抛，目的在于通过"闷"迅速使叶温提高到80℃，以钝化酶的活性、防止出现红梗红叶；但闷得太长，杀青叶会产生黄熟现象。"先高后低"和"后期少闷多抛"是指在完成了高温多闷钝化酶活性的任务后，杀青的任务应当马上转为散发水汽、提升茶香、防止产生闷气闷味，因此要降低锅温、延长时间，以达到"杀透、杀匀、杀香"的效果。

杀青叶出锅后要及时摊凉，摊凉历时一般20～30 min。

（四）适度揉捻

揉捻采用中小型揉茶机效果较好，一般采用冷揉，投叶量和揉捻时间依揉捻机不同而异，揉捻加压的原则是掌握"轻→重→轻"的原则。由于长炒青主要作外销眉茶的原材料，重外形美观，要求条索紧结匀整、圆直，滋味适当浓厚，又要耐泡，所以炒青绿茶的揉捻是为卷紧条索打好外形基础，便于干燥工序进一步炒制整形，且叶细胞破坏程度要比烘青适当大一些。

当揉捻叶茶汁黏附叶面，手摸有柔滑黏手感，茶条紧结均匀、不扁，嫩叶不碎、老不松时为适度。高档茶成条率要求达到90%，低档茶掌握在60%～80%，碎茶率小于3%。结成团块的揉捻叶应及时解块，解块可以结合筛分进行，筛面上的粗松茶条可以进行复揉。

揉捻质量对绿茶干茶的外形、色泽和茶汤浓度有重要影响。嫩叶含水率高，一般采用冷揉，老叶则宜用热揉。根据揉捻机型号和鲜叶原材料等级的不同，揉捻时间可选择35、45和55 min。鲜叶等级与揉捻时间、加压程序和方法，一般按表5-1执行。

表5-1 鲜叶等级与揉捻时间和加压程度的关系

鲜叶等级/工艺	揉捻总时间（min）	揉捻加压时间与压力
特级	35	5 min→10 min→8 min→2 min→8 min→2 min 空揉☆；轻压+；空揉☆；中压++；空揉☆；轻+
一、二级	45	10 min→15 min→5 min→10 min→5 min 空☆；轻+；空☆；中++；轻+
三级	55	10 min→15 min→5 min→10 min→5 min→2 min→8 min 空☆；轻+；空☆；轻+；重压+++；空☆；轻+

注：符号+表示对应揉捻过程的加压程度，+为轻压、++为中压、+++为重压。符号"☆"表示不加压（即空揉）或松开压力。

（五）解块分筛

杀青叶经过揉捻后易结成团块，故揉捻叶下机后需经解块机筛分机及时解块，使茶叶及时透气，不至闷黄，以提高毛茶品质。

在大生产中采摘的鲜叶，特别是机采鲜叶，往往携带有老片、黄片甚至老梗、老叶，这些级外叶片在揉捻中容易破碎，产生较多的碎末片茶。为了减少这些碎末片茶在后续工作中对茶叶品质的影响，需要采用分筛机去除。

（六）分段干燥

1. 干燥的目的

干燥是绿茶加工的最后一道工序，主要是通过提高温度去除茶叶内的水分，并在温度的作用下进一步形成茶叶品质，炒青绿茶的干燥分为二青（初烘或滚炒）、三青（中温二炒）和辉锅（低温三炒）。干燥的目的意义在于：一是在揉捻基础上整理条索，塑造外形；二是生成香气，增进滋味，形成品质；三是蒸发水分，防止霉变，便于贮运。

2. 干燥原理

茶坯的干燥速度，受内部水分扩散速度和表面汽化速度的影响，其干燥过程分为等速干燥阶段和减速干燥阶段。在等速干燥阶段，干燥机理属表面汽化的控制，相当于同条件下水的汽化速度与茶叶含水量无关。随着茶坯含水量的减少，特别是含水量减少至10%～20%时，内部扩散速度下降，内部扩散与表面汽化速度失去平衡。进入降速干燥阶段，干燥机理属于内部扩散的控制，而内部扩散速度主要受叶温的影响，适当提高叶温可加快干燥进程。但如果温度太高，叶温上升急剧，茶条内的水分内部扩散速度跟不上表面汽化速度，就容易导致茶叶产生高火味和焦味。当干燥速度趋于零时（含水量3%～5%）称平衡水分，此时叶温有一个明显急剧上升的过程，俗称"回火"，此时应及时结束干燥作业。

干燥过程中，茶叶在外力的作用下，茶条紧缩，外形得到进一步塑造，由于干燥方式不同，茶叶的外形各异。因此，控制干燥温度和作用力，将直接影响茶条的松紧、曲直、整碎、风味和色泽。

茶坯在干燥前期含水量较高，后期含水量下降，所以前期在湿热作用下物质的变化和后期干热作用下的变化有差异。在干燥过程中，可溶性糖、氨基酸总量有所下降，还原性糖与氨基酸发生美拉德反应而减少，在热作用下部分多糖裂解，非还原性糖有所增加，叶绿素被进一步破坏，含量减少20%～25%，多酚类有所减少，咖啡碱略有增加。

此外，在干燥过程中，温度控制得好，可以消除水闷味、青草气等不良气味，使茶叶香气进一步发展。同时，温度的掌控对茶叶香型的形成有很大影响，一般而言，干燥温度与茶叶甜度成正比，与茶汤口感成反比。如高温下茶叶产生高火香，甚至会产生焦煳味；适当的高火可使茶叶中的淀粉、单糖等产生甜香、嫩熟香，俗称板栗香；适当的低温下茶叶产生清香。因此，干燥进程中只有掌握好温度，才能获得较好的茶香。

3. 干燥技术

从上述干燥原理可知，干燥是在控制水分散失的同时，控制热化学反应的程度，炒青绿茶还要把干燥过程和做形结合起来，逐步完成外形的塑造。

目前绿茶的干燥要求分次进行，一般烘干采用2次，炒干采用2~3次，其间要进行摊凉。干燥时叶温上升，水分散失，摊凉时叶温下降，叶片内水分重新分配，叶质变软。这种方法既可使茶叶干透、干匀，又可避免高温焦茶。

影响茶叶干燥的因素主要有进风温度、投叶量和干燥时间。一般要求前期干燥温度较高，投叶量宜少，时间较短；后期干燥温度应适当降低，投叶量增加，延长干燥时间。由于炒青绿茶需在干燥中做形，因此要掌握好各影响因素之间的关系，做到失水与成形同步。即在干燥（翻滚）降速阶段应逐步降温，控制干燥速度，延长炒制时间，才能做好外形。

4. 干燥的方法

干燥方法各地不一致。例如二青有炒制的，也有烘焙的；炒青中有用锅炒的，也有用滚炒的。

（1）晒干。晒干是一种原始的干燥方法，其原材料主要用于再加工紧压茶类。在日光条件下，温度很难达到60℃以上，水分散失较慢，内含成分的化学反应依然进行，成茶色泽欠佳，香气低下，有日晒味，但比较有利于黑茶类的后期仓储陈化与转化。

（2）烘干。烘干有焙笼烘干和机械烘干。烘干一般采用两次进行，俗称毛烘、足烘。温度掌握先高后低，干燥后期采用高温提香，但要求高温快速，防止高火焦茶。也有清香型高档烘青绿茶，不宜采用高温提香。烘干温度和速度都直接影响茶叶品质，一般中大叶种在初烘时烘干机热风进口温度掌握120~125℃，速度采用快挡；复烘（足火）时温度则掌握100~105℃，用慢挡；复烘或复炒温度，一般前段设置100℃、时长20 min，后段60~70℃、40 min。而对于小叶种和鲜叶细嫩的揉捻叶，初烘和复烘温度适当下调5~10℃。干燥完成后毛茶含水量要求达到在6%以下。

（3）炒干。炒干分手工和机械两种。高档炒青绿茶采用手工全程炒干，逐渐摊凉和并锅，外形紧细，嫩栗香显露；机械干燥分为2~3个工序，即二青、三青和辉锅，一般先烘后炒，即二青多采用烘干。由于揉捻叶含水量较高，叶汁黏附在叶表面，二青宜先用高温快烘，以不使茶叶黏着锅面，保持芽叶完整，色泽翠绿；内质上又能使苦涩味减轻，滋味浓厚，汤色清澈明亮，叶底嫩绿，而且能够缩短干燥时间，节省工时。二青水分控制，以由35%~40%下降到15%~20%为适度。二青结束需经60~120 min摊凉，使茶条表里水分重新平衡，再进入三青炒干；若二青是实行炒干的，可以结合摊凉并锅，一般两锅并一锅进行三青复炒和辉锅。三青和辉锅要适当降低锅温，下调转速，以利于炒紧外形，又减少碎末茶，这是炒青绿茶做形的关键。

二、名优绿茶加工技术工艺（太极绿茶加工技术）

名优绿茶是指茶青原材料比较细嫩，外形特别优美，具有明显品种、地域或工艺特色香味，生产规模不大，并能卖得较高价钱的高品质绿茶。依其外形不同，名优绿茶有扁形、芽形、针形、卷曲形和盘花形之分。其中扁形炒青绿茶以杭州西湖龙井茶为代表，扁形烘青绿茶以黄山太平猴魁为典型；卷曲形炒青绿茶以贵州都匀毛尖为标杆，七星太极绿茶与之一脉相传；针形绿茶以南京雨花茶为经典；而盘花绿茶则以贵州花溪绿宝石著称。

由于毕节太极古茶树群落品种类型丰富，有小叶种、中叶种和中大叶种之分，绿茶加工必然涉及大、中、小叶种原材料，因此必须同时掌握不同类型茶树品种鲜叶加工绿茶的原理和技艺，才能胜任毕节茶产业发展的要求。据此，以下就分别以七星太极绿茶（卷曲形）、西湖龙井（扁形）和广东大叶种绿茶加工技术为例，简要介绍名优绿茶的加工技术工艺。

（一）卷曲形太极绿茶加工技术

卷曲形名优绿茶鲜明的品质特征，一般表现为外形纤细、卷曲如螺、白毫显露、清香鲜醇、滋味爽口、叶底匀齐。太极绿茶和太极古树绿茶的加工技术工艺，均是在传承古代夜郎茶和当代都匀毛尖技术经验基础上，结合太极茶树的种性、高山茶园的"马血泥"土质和茶农的采摘习惯等实际情况，经过7年多的实践探索，逐步改进优化而成的。太极绿茶是一种具有特定品质特征的卷曲型绿茶，成品茶分珍品、特级、一级和二级共4个等级，其中珍品级别的外形要求紧细较卷。其加工流程有鲜叶采摘、鲜叶分级、摊青、杀青、揉捻、做形、提毫、烘焙8道工序。

1. 鲜叶采摘

从太极古茶树群落中选择中小叶型茶树，按照鲜叶等级要求，在无雨天的上午和下午组织采摘。珍品级别太极绿茶要求采摘独芽或一芽一叶初展，且芽必须长于初展叶；一级以采摘一芽一叶全展（芽与叶等长）为主；二级以采摘一芽二叶初展和一芽三叶初展鲜叶为主。要求鲜叶必须保持芽叶完整、新鲜、匀净、无污染物和其他非茶类夹杂物。

2. 鲜叶分级

鲜叶（茶青）进厂验收后，要按照太极绿茶鲜叶质量标准进行验收，要求做到不同茶树品种分开验收、分级验收、分级计价、分级付制。分级方法一般采用鲜叶分级机。

3. 摊青

对进厂验收后的鲜叶必须及时进行摊放，以迅速降低叶温、散发表面水，防止产生闷气。摊青要做到不同茶树品种、不同等级茶青分开验收摊放，雨水青和非雨水青分开收放，上午青与下午青分开收放，严禁混装、混收、混放。摊青室温宜控制在25℃以下，厚度5～15 cm，每隔1 h左右倾翻一次，摊放4～12 h，当茶青叶质开始变软、色泽变暗，含水量降至68%～72%或减重10%时即可付制。

4. 杀青

由于太极古茶树生长在高海拔山区，叶细胞比较密集而且含水量稍低，在手工杀青时，一般采用比其他名优绿茶偏高的锅温和较大的投叶量。一般杀青，锅心温度选择280～350℃，投叶量为500～800 g/锅，杀青时间4～6 min，灵活掌握杀青温度"先高后低，分段杀青"，杀青手法"前期多闷少抛，后期多抛少闷"。以杀青叶色泽变暗，叶质变软，青草气消失，茶香显露，不干边焦边即为杀青适度。若采用滚筒杀青机进行杀青，当滚筒内壁温度达到220～280℃时即可投叶杀青，但要注意初始投叶量要适当增加，而后较少到正常投叶量并保持恒速、恒量作业。

5. 揉捻

杀青结束后，立即将锅温降到150～200℃，开始进入手工揉捻。按照"轻→重→轻"的原则，交替用力、交替揉团散团，时间8～10 min，待茶叶成条变软，手捏不黏时，转入茶叶做形。

6. 做形

做形，即塑造茶叶形状。做形过程锅温过低，容易产生闷气，影响茶叶鲜爽度；锅温过高，又容易产生高火味，甚至烟焦味，影响茶汤口感。对于熟练的制茶师，做形锅温宜控制在120～170℃，而对初学者可以将锅温降至90～120℃，造形时间一般8～12 min。造形手法，采用手心搓团揉法，反复循环，使茶条卷曲，待含水量达20%～40%时，进行提毫。

7. 提毫

提毫就是通过合适的手法，将细嫩茶条中固有的茸毛慢慢地激发还原出来。提毫锅温120～150℃，时间8～12 min，双手握住茶团，掌心用力，让茶团相互轻轻摩擦，激发茸毛还原释放而显毫。当茶毫显露、茶条变硬且显脆时，提毫结束。此时茶条含水量应降低到10%～20%，随后进行烘焙。

8. 烘焙

这是茶叶足干工序，也是加工的最后一道工序。太极绿茶烘焙，既可采用电炒锅或滚筒炒茶机，也可以使用烘干机或提香机来实现。当使用电炒锅烘焙时，锅温控制80～110℃，时间8～25 min，将茶叶均匀薄摊于锅壁，每2～3 min翻动一次，反复进行，翻动时动作要轻，翻动彻底，待手捏茶叶成粉、含水量达6%以下时即可出锅。若使用烘干机或提香机烘焙，则先用90～100℃烘焙30 min，出茶摊凉1 h，再用80～95℃长烘60 min至含水率6%以下。出锅（箱）后的茶叶经适当分筛和审评后，即可归类、拼堆，装箱后入库待售。

（二）扁形名优绿茶技工技术

扁形绿茶，原产于浙江，历史上有龙井、旗枪、大方三个花色之分。现将龙井和旗枪统称为龙井茶。根据《地理标志产品龙井茶》（GB/T 18650—2008）的规定，龙井茶的生产划分为3个产区，即西湖、钱塘和越州龙井茶。以西湖龙井茶最为有名，且生产历史悠久。据记载已有1 000多年历史，是我国绿茶中的国事礼茶。

龙井茶的品质特点，外形似碗钉，扁平光滑，挺秀匀齐，色泽嫩绿；特级龙井扁平光润、尖削；内质香高持久，汤绿明亮，滋味甘醇，叶底嫩匀成条。龙井茶以"色绿、香郁、味甘、形美"四绝著称。

太极扁形绿茶，可以参照龙井茶的技术工艺进行本土化改进，形成太极古茶特色名优扁形绿茶。太极扁茶，既有与浙江龙井类似的外形和内质，又有独特的栗甜花香带木脂香韵，近年来，备受消费者青睐。其主要技术工艺概述如下。

1. 采摘

在清明前后开采，高级龙井茶标准是1芽1~2叶初展，芽长于叶，长度在3 cm以下，要求芽叶均匀成朵，不带夹蒂、碎片。采后及时送到加工厂。

2. 摊放

采回来的鲜叶要及时摊放。摊放点室内要求阴凉清洁，无阳光直射，厚度以1 kg/m²为宜，最多不超过2 kg，摊放程度以鲜叶减重15%~20%为准。

3. 青锅

青锅是杀青和初步整形的过程。高级扁形绿茶用手工炒制，每锅投叶量75~125 g，锅温80~100℃，掌握先高后低的原则。炒制大致可分3个阶段，掌握"先抖后捺、先快后慢"的原则。第一阶段抖炒1~2 min，40~45次/min，使水分挥发，使叶质柔软。如果鲜叶含水量较高，可适当延长抖炒的时间，反之，适当缩短抖炒时间。抖时抓叶手势要轻，动作要快。第二阶段是抖、带、甩交替进行，时间2~3 min，使杀青叶水分继续蒸发，并带有揉压与初步做形作用。第三阶段捺、抓、拓交替进行，时间8~9 min，使水分进一步蒸发，并使茶条进一步收紧扁平而成为扁条。青锅时间共12~13 min，青锅程度根据"嫩叶老炒，老叶嫩炒"的原则要求，当茶叶减重60%~65%时，为青锅适度。

4. 摊凉

起锅后摊放在软匾内，经过簸箕簸出片、末，拣出茶梗、果、老叶等，再用3号筛分筛出头子，筛底用4号筛分出中段和细头，分别放入小篮中，回潮40~60 min。待茶叶松软，即可进行辉锅。

5. 辉锅

辉锅即是炒干茶叶，进一步整形，发展香气，使成茶达到扁平、光滑、香高、味醇和足干的目的。炒前必须用茶籽蜡（油）先打光锅面，然后每锅投入约150 g青锅叶，调节锅温至60~80℃，温度要稳定，但起锅前可略微升高，以提高香气。炒制手法以捺、拓为主，后阶段用抓。当所炒制的茶叶达到扁平光滑，折之即断，含水量为5%~6%，手捻成粉末时即可起锅，辉锅时间一般掌握20~25 min。

辉锅后阶段是在扁形基础上进一步整形磨光，因此，锅温不宜太高。同时，龙井茶贵在保持"四绝"，传统上加工好的龙井茶用皮纸包装放入石灰缸内贮藏。

近年来，由于制茶机械化的发展，中低档扁形绿茶已逐步采用机械加工。其主要加工技术要点：

（1）杀青。一般采用小型滚筒杀青机杀青，滚筒温度200℃以上，出口温度85℃以上。杀青时间70~110 s，杀青叶含水量为55%~60%。

（2）揉捻。采用小型揉捻机进行揉捻。杀青叶经摊凉后即进行机械揉捻，时间依鲜叶质量而定，一般10~15 min，采用轻压、慢揉揉捻法。

（3）初烘。采用烘干机初烘至一定干燥程度。当仪表温度（进风口温度）为95~100℃时，即可上叶。烘干叶含水量控制在35%~38%即可出烘，进入下一步造形工序。对于使用杀青和揉捻理条一体化机械的，鲜叶杀青理条后，不再需要进行初烘，即可直接进入压扁整形机械设备进行整形。

（4）整形。采用扁茶整形机，当锅温达到85℃时开始投叶，投叶量，小型自动扁茶整形机（图5-20）每次投叶量50~500 g，时间3~4 min，台时产量0.1~1.0 kg；全自动大型扁茶整形机则投叶8~12 kg，时间30~40 min，台时产量可达16~40 kg（图5-21）。投叶量、加压时间和加压轻重视鲜叶质量而定，一般高级茶青投叶少、加压轻，待含水量降达8%~10%时出锅。

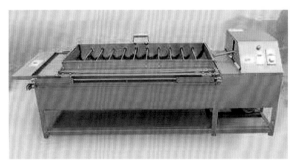

图5-20　小型自动扁茶整形机

图5-21　扁茶全自动生产线

（5）足干。整形后的茶叶摊凉10 min，用16孔筛筛去茶末，用80～90℃烘干至含水量3%～5%即可出茶、摊凉，包装入库。机械加工提高了工作效率，降低了劳动强度，促进了产业的发展。

（三）大中叶种银毫茶加工技术

大叶、中叶种银毫茶，是指采用茸毛丰富的无性系名茶品种单芽或一芽一叶初展鲜叶为原材料，使用特殊工艺加工而成名优绿茶。代表性产品，比如用太极中叶种古树茶加工的毛峰绿茶、用广东英红九号和丹霞1号无性系良种加工的大银毫茶和仁化银毫茶等。其感官品质，具有外形肥壮白毫多，香气鲜高、毫香持久，汤色黄绿明亮，滋味浓醇回甘的鲜明特点。由于大中叶茶树品种芽叶富含苦涩味的酯型儿茶素和咖啡碱、苦茶碱等，在加工名优绿茶时，需要适当延长鲜叶摊放和杀青时间，增加闷黄工艺。主要加工工艺如下。

1. 鲜叶标准

采摘春季单芽或一芽一叶初展芽叶为原材料。

2. 鲜叶摊放

将鲜叶均匀摊放在竹筛上，摊叶厚度2～3 cm，并置于通风干爽处。摊放时间5～8 h。当鲜叶含水量降至68%～70%，芽叶表面失去光泽，手抓有柔软感，并可闻到清香时，就达到摊放适度。

3. 充分杀青

使用直径70 cm、倾斜呈45°角的电炒锅进行杀青。起始锅温150～160℃，投叶量每锅0.5～0.6 kg。先翻炒1～2 min，多闷少抛，待叶温均匀升至80～90℃时，再适当闷炒1～2 min，以达到彻底钝化氧化酶活性的目的；这时将锅温逐渐降至110～120℃，转为多抛少闷，以抛炒为主，适当辅以焖炒，时间5～6 min。全程杀青7～10 min。待芽叶色泽变暗，叶质松软，清香溢出时即为适度。

4. 轻度揉捻

将杀青叶置于簸盘内，以双手直条推揉。先轻揉半分钟抖散一次，适当重揉1 min；最后轻揉，历时2～3 min，以茶成条，稍有粘手感为度。

5. 初炒理条

将锅温调节到110～120℃，投叶量以一锅杀青叶为宜；以抛炒为主，适当配以理条，时间5～6 min，至茶坯含水量降低到55%左右时，起锅摊凉，供堆闷备用。

6. 堆闷醇化

将含水量基本一致的初炒茶坯，两锅或三锅拼成一堆，置于簸箕上堆闷，上盖干净湿布。堆闷时间以2 h左右为宜，中间可翻动一次。

7. 复炒做条

将锅温控制在80～90℃，投叶量以1/2锅青为度，先抛炒1～2 min，使茶坯受热，稍经理条后，即可做条，塑造形状。用右手轻轻抓起茶叶，移至左手，两手夹住茶叶，四指合拢，来回搓动4~5次，使茶自然落入锅中，如此反复，再与抛炒、理条交替进行。做条时间6~7 min，至茶叶含水量35%时出锅摊凉。

8. 提毫定形

做条叶摊凉20 min后，即可进入提毫定形工序。前期锅温控制70~80℃，将茶坯投入锅内，先理条抖炒，待叶温上升后，再适当做条，当茶坯含水量降至18%~20%，即有硌手感时，开始提毫。提毫时，锅温降至50~60℃，方法是两掌合住茶叶，手指自然伸直，右手前推，左手后拉，用力均匀，使茶叶在掌中轻轻旋转，通过茶条互相摩擦，擦破茶表面果胶层的张力，在热力作用下将茶坯毫毛提出。提毫动作一般以5~10次为宜。

9. 烘焙足干

用焙笼烘焙，焙心上垫干净纱布。将茶坯均匀摊于纱布上，每笼投入茶坯400~500 g，焙心温度60~70℃，文火烘干，烘焙时间45~60 min至足干，中间轻翻1~2次。

10. 包装贮藏

出烘后的茶叶，经适当摊凉，剔除外形和色泽不合规格的部分后，即可包装入袋，置于干燥、阴凉处贮藏。

第四节　太极红茶加工技术

太极红茶，因产于毕节市七星关区亮岩镇太极村而命名，因其采制于太极古茶树群落及其优秀单株，感官品质除了具有名优红茶的甜醇鲜爽风格，还具有花果香、木脂韵，醇厚饱满，鲜稠流芳的独特品质和口感，自2016年创制投放市场以来，深受市场追捧。

红茶是中国生产和出口的主要茶类之一，分为红条茶和红碎茶两大类，而红条茶又可细分为工夫红茶和小种红茶2个品类。小种红茶以福建武夷山正山小种为代表，具有条索紧结圆直、色泽乌润，有松木桂圆香和滋味醇厚的品质特征。中小叶种工夫红茶以祁红工夫、宜红工夫和广东鹤山工夫红茶等为代表，外形条索紧直、匀齐，色泽乌润，香气馥郁，滋味醇和而甘浓，汤色、叶底红明，具有形质兼优的品质特点。其最高品质的代表有金骏眉、金钩祁红（特茗级）和太极特茗等。大叶种工夫红茶则以滇红和英红工夫而著称，其品质特点是汤色红艳，甜香鲜浓，滋味浓厚。红碎茶则以英德、凤庆、定安红碎茶等浓、强、鲜的鲜明特色而举世闻名。随着改革开放的不断深入，贵州成为目前中国第一大产茶省，红茶产销厚积薄发。

遵义红、红宝石、七星太极等红茶品牌，以高山、生态、干净、醇甜等独特价值观，逐步赢得国内外消费者的喜爱。

一、传统工艺太极红茶加工技术

传统工艺太极红茶，按照传统工夫红茶萎凋、揉捻、发酵、干燥工序进行加工。毛茶经精制加工后便成了红茶成品茶，其主要加工工序及技术要求简述如下：

（一）鲜叶质量与验收

鲜叶质量是成品茶质量的物质基础。没有好的茶青，再好的加工技术也很难做出好的茶叶。而影响茶青质量的因素有方方面面，其中主要包括茶树品种的种性、茶园的生态条件、茶树的栽培管理技术和茶叶加工技术四大方面，可见茶叶加工技艺对茶叶品质的贡献只占其1/4。因此，作为一位合格的茶人，无论是茶叶企业创始人、投资人、职业经理人，还是制茶师、评茶师，都必须明白茶青质量才是决定茶叶香味风格和高度的基础性和决定性要素，茶叶技工技术只不过是通过合理的工艺将茶青的自然品质激发、转化出来并固化在终端产品中而已。总之，茶叶加工是鲜叶自然品质的转化器与合成器，茶青是茶叶自然香味与风格的创造者和提供者。其中，对茶青和茶叶自然香味类型最大的贡献者是茶树品种，正所谓"种瓜得瓜，种豆得豆"，种植什么基因的品种，就给茶叶贡献怎么样香味类型的自然品质，也就是大家经常说的"品种香"；当茶树品种确定后，茶树种植所在地的土壤、气候、海拔、纬度、植被、水土洁净度、人工干预技术（包括茶树形态培育、根际土壤生态、茶园空间生态、茶树营养平衡、新梢采留和装运管理等栽培模式）则对"品种香"的质量高度和茶汤口感（韵味）贡献最大；这种来自自然生态条件和人工栽培技术对茶青质量和茶叶成品香味质量高度和口感的贡献，表现在感觉器官上的反应，就是"地域香"、口感或韵味，比如凤凰单丛茶的"山韵"，武夷岩茶的"岩韵"，英德红茶的"秋香"，布朗山脉普洱茶的"霸气"等；而茶叶加工技术则是对承载在茶青中"品种香""地域香"和"韵味"物质基础的激发、转化与固化发挥"最后一公里"的作用。如果把制茶师比喻为厨师，那么鲜叶质量就可以比喻为食材的质量。没有好的食材，再好的厨师也做不出顶级的菜肴，同理，没有品种特殊化和地域个性化茶青，再好的制茶师也加工不出顶级韵味的"品种香"和"地域香"名茶。

关于太极红茶的鲜叶采摘标准、分级标准，采摘、检验、装运方法等技术要求，与前面所述的太极绿茶相同，故这里不做重复表述。

（二）萎凋

1. 萎凋的作用

萎凋是茶青进厂后红茶加工的第一道工序。萎凋，不是一个单纯的物理失水过程，更重要的是生物化学过程，是决定红茶品质口感好坏最重要的加工工序之一。萎凋的作用，主要是在鲜叶散失水分、叶质变软的过程中，减少叶细胞的张力，便于揉捻成形；更重要的是促进鲜叶承载的香味物质发生一系列生物与化学变化，比如促进叶绿素脱镁降解，促使淀粉、蛋白质、果胶、糖苷、不饱和脂肪酸等大分子或水不溶性化合物部分水解，生成特定的甜味、鲜爽味和香气成分，氧化或散发一部分不愉快的青草气味成分，为红茶色、香、味的形成奠定物质基础；激发酶类尤其是多酚氧化酶和过氧化物酶的活性，提高酶类及其酶促反应的底物浓度，为红茶的良好发酵创造生物化学条件。

2. 萎凋方法

根据萎凋场地来划分，过去生产上有室内萎凋和室外日光萎凋两种。按照萎凋的驱动力来划分，可分自然萎凋（包括室外日光萎凋、室外自然晾青、室内自然晾青）、鼓风萎凋（包括自然风、热风、冷风萎凋）和智能萎凋（控制温度、湿度、透氧量、自动上下萎凋叶）三种。按照萎凋工具划分还可以分为萎凋槽萎凋、水筛萎凋、竹帘（草席）萎凋、萎凋机萎凋、智能车间（空间）萎凋等。

（1）室内萎凋。通常是萎凋槽萎凋，是以人工控制萎凋槽设备进行加温鼓风的萎凋方式。萎凋槽萎凋时采用7号轴流风机鼓风，气流温度控制在25～35℃，鲜叶摊放厚度控制在18～20 cm。

（2）智能车间萎凋。这是近年来大型品牌企业较多采用的萎凋方法。具体是将萎凋车间设计为一个可以智能控制室内温度、相对湿度、空气流动和鲜叶上下输送的，而且门窗可开可闭的空间，要求配备鲜叶输送机、冷暖空调机、抽湿机、变频鼓风机、空气送排和搅拌设备、人工太阳灯、各种传感器和电脑中枢等，做到在任何天气条件下都能模拟最佳萎凋条件，保障萎凋质量可控、可预期。

（3）日光萎凋。一般使用竹帘（席）、竹篾或水筛承载鲜叶，置于温和的阳光下进行萎凋。在日光热力作用下，鲜叶散失水分，叶质变得柔软，青草气味得到部分散发，从而达到萎凋的目的。这种方法速度快，但受自然条件限制太大，萎凋程度很难掌握，一般应选择阴天、多云天以及晴天的上午10时前和下午4时后进行萎凋，不宜夏秋季节晴天正午时段直晒。直晒光照强度应≤30 000 lx。目前，大部分茶厂不采用此法。

3. 萎凋技术

萎凋工艺的核心是要控制好摊叶厚度、温湿度、鼓风量、静动频率、萎凋时间和萎凋适度等因子。在使用萎凋槽鼓风萎凋时，要求高级或有表面水原材料摊放厚度2～5 cm，中级原材料6～12 cm，低级和粗老原材料15～20 cm。室内气温≤20℃要加热鼓风，气温≥30℃要制冷鼓风；在萎凋前期鼓风量要加大，以快速散发茶青表面水，中段改用正常风量，后期要减少鼓风量；萎凋期间一般每鼓风2 h需停风翻叶一次，每次停止吹风1～2 h。最理想的萎凋是采用智能萎凋车间进行萎凋。当萎凋叶达到适度标准时便终止萎凋，萎凋时间一般在15～24 h。太极红茶由于茶青原材料上乘，应采用薄摊、控温、鼓风萎凋，摊叶厚度3～6 cm，萎凋时间20～24 h。

4. 萎凋适度标准

红茶萎凋应按"嫩叶重萎凋、老叶轻萎凋"的原则进行，萎凋时间一般要根据茶青含水量、温湿度和室内空气流动性灵活掌握。当萎凋叶对比鲜叶减重约50%，含水量降至58%～61%，叶面基本失去光泽，叶色转为暗绿，嫩茎梗折而不断，无干芽、焦边和红叶现象，青气消失、转为青果香或清香时，即为萎凋适度。随即可以下叶付制。

太极红茶萎凋标准：花果香型品种鲜叶掌握适度偏轻，木脂香型品种鲜叶掌握适度偏重。古树原材料萎凋偏轻，小树灌木鲜叶适度偏重；叶色黄绿、叶质柔软的鲜叶适度偏轻，叶色墨绿、叶质厚硬者萎凋偏重；同等条件下，大叶种须萎凋偏重，小叶种则选择萎凋偏轻。

（三）揉捻

揉捻是利用外力使茶叶卷曲成条，是塑造工夫红茶外形和内质的重要工序。揉捻，是将达到萎凋适度的萎凋叶投入揉捻机中，通过揉捻作业，将萎凋叶卷紧成条、破损细胞、挤出茶汁、促使茶多酚与氧化酶结合的过程。工夫红茶要求外形条索紧结，汤色红亮，滋味浓厚甜醇，取决于揉捻叶的卷紧程度和细胞损伤率。

1. 揉捻的作用

红茶揉捻的目的和作用是为发酵创造基础条件。这是红茶是否能够开启发酵的必要前提。表现为：一是破损叶片细胞组织，使多酚类化合物与氧化酶充分接触，便于启动发酵；二是紧卷叶片、缩小体积、塑造茶条外形；三是揉出茶汁，使茶汁黏于叶表，干燥后乌润有光泽，冲泡时易溶于水，增加茶汤浓度；四是刺激茶叶产生免疫反应，产生新的香味成分。

2. 揉捻原理

工夫红茶的揉捻在造型上与绿茶相同，也是利用机械力，使叶片卷曲成条索状，体积缩小。红碎茶是揉切，对叶细胞组织的破损强度大。由于揉捻使叶细胞组织损伤，液泡和原生质体的半透性膜发生破损，由半透变为全透，液泡汁液与原生质中的酶接触，从而促使叶内发生一系列酶促和非酶促化学反应，可溶性物质减少，多酚类物质开始氧化，缩合物增加，叶绿素发生分解。此外，淀粉和蛋白质也在酶的作用下开始分解。科学研究还发现，在红茶揉捻过程中，酶类和香气组分大量被激活和生成，使揉捻叶发出有刺激性的辛辣气味。因此，笔者认为，没有揉捻工序，就没有发酵的开启。没有充分的揉捻，就没有高质量的发酵，茶黄素、茶红素和茶褐素的比率就不协调，更没有红茶独特的色香味。适度、充分的揉捻是决定红茶属性和品质的前提条件。

3. 揉捻方法

条形红茶揉捻多采用55型、65型、920型等中型或大型揉捻机。红碎茶采用揉切机具进行揉切。根据揉捻机型号的不同，投入规定投叶量范围的萎凋叶，按操作规程开始揉捻作业。可以实行分次揉捻，解块筛分，各号茶分开发酵。

影响红茶揉捻的因素包括投叶量、揉捻时间、次数、加压轻重、萎凋叶的老嫩以及揉捻室的温湿度等。这些因素相互联系又相互制约，在实践中要根据具体情况，分出主次来掌握。如夏季必须注意温度，避免叶温上升过高而影响品质。揉捻室内要求低温高湿，以室温20～24℃、相对湿度85%～90%为好。

太极红茶机械揉捻，一般要求长空揉，时长85～90 min，整个揉捻过程的加压原则是"轻—重—轻"，具体揉捻公式是：✿45→+15→✿5→++10→+5。分两次揉捻的，先按上述公式揉捻，然后下机解块筛分一次，筛底茶直接进入发酵，筛面茶投入揉桶复揉。

4. 揉捻适度标准

检查揉捻程度通常采用两种方法。一种是感官判断法：当揉捻叶片90%以上紧卷成条；茶汁黏附叶表，用手紧握，茶汁外溢，松手不散；茶坯局部泛红，并发出较浓厚刺激的辛辣气或青草气；叶细胞破损率达80%以上。另一种是氧化检验法：用10%的重铬酸钾溶液浸渍揉捻叶（20～30片）5 min，然后用清水冲洗干净，检查染色部分的面积占叶面积的百分比，即为细胞破损率。若细胞破损率达到80%以上，视为揉捻适度。充分揉捻是发酵的必要条件。如揉捻不足，细胞破损不充分，致使发酵不良，茶汤滋味淡薄有青气，叶底花青。若揉捻过度，茶条断碎，茶汤浑浊，香低味淡，叶底暗红。

（四）发酵

发酵是形成红茶色、香、味的关键工序，是绿叶变红的主要过程。红茶发酵是在酶促作用下，以多酚类化合物酶促氧化为主体的一系列化学变化的过程，发酵时需要消耗大量的氧气，因此必须保持发酵室空气新鲜流通。

1. 发酵目的

红茶发酵的目的，是使茶叶中的多酚类化合物在酶促作用下产生氧化反应，其他化学成分也发生深刻的变化，使绿叶变红，形成红茶独特的色、香、味。红茶发酵虽在揉捻中已开始，但在揉捻后尚未完成，必须经发酵工序，进一步给予揉捻叶更佳的温湿度和氧气条件，才能完成香味物质的转化与生成，形成红茶"红汤红叶，甜浓鲜爽"的品质特点。

2. 发酵原理

红茶发酵的实质是以多酚类化合物深刻酶促氧化为核心的一系列内含物质化学

变化的过程。它以儿茶素类的变化为主体，并带动其他物质的变化，对红茶品质的形成起着决定性的作用。

儿茶素、黄酮、花青素类物质在多酚氧化酶和过氧化物酶类的催化下，很快被氧化成初级产物邻醌，进而氧化成茶黄素（TF），茶黄素转化为茶红素（TR），茶红素又进而转化为茶褐素（TB）。茶黄素呈亮黄色，是红茶汤色亮度、"金边"和香味鲜爽度、浓烈度的重要成分。茶红素是茶汤红色素和滋味浓度的主体，收敛性较弱，刺激性小。TF和TR两者的含量和比例越高，红茶品质就越好。

发酵过程中蛋白质的水解产物氨基酸和小分子是红茶鲜爽度和口感细滑度的重要成分。氨基酸部分地与邻醌作用，形成有色物质和芳香物质。叶绿素在发酵中被大量破坏，叶色红变。淀粉和原果胶的水解可增进茶汤滋味和香气。发酵过程中，咖啡碱的含量变化不大，但它能与茶黄素、茶红素分别形成螯合物，在茶汤冷却（≤15℃）后产生浑浊现象，俗称"冷后浑"。这是红茶品质最好的表现，尤其适用于调配高级奶基红茶。

3. 发酵方法

将揉捻叶放在发酵筐，进入发酵室发酵，要求摊叶厚薄均匀，不需压紧。由于发酵过程是以多酚类化合物酶促氧化为主体的生物化学过程，影响发酵的因素主要有温度、湿度、通气（供氧）等，其中又以温度和氧气为主。温度过低、透气不足，氧化反应缓慢，发酵难以达到适度；温度过高、空气流动性过大，则氧化过于剧烈，毛茶香低味淡，色暗。因此，高温季节发酵要采取适度降温、通风措施。一般发酵叶厚度控制在8～12 cm，最多不得超过20 cm；发酵室内温度控制在24～25℃，相对湿度在90%以上，保持空气新鲜流通为好。发酵过程中，氧化作用会释放热量使发酵叶升温，良好的发酵叶温度一般比室温高2～6℃，以保持在30℃左右为宜。发酵时间因茶树种性、叶质老嫩、揉捻程度、发酵条件不同而异，一般工夫红茶从揉捻开始2～6 h；氧化酶活性较低和叶片质地坚韧的，发酵时间可能要延长至6～12 h；红碎茶细胞破损率高、表面积大，发酵时间只需2 h以内，其中C.T.C.工艺红碎茶只需发酵45 min左右。

4. 发酵适度

红茶发酵过程中内部化学成分发生了深刻变化，外部特征也呈现规律变化。叶色由青绿、黄绿、黄、红黄、黄红、红、紫红到暗红；香气则由青气、清香、花香、果香、熟香，随后逐渐低淡，发酵过度时出现酸馊味；叶温也发生由低到高再低的变化。

生产中一般凭经验掌握，通过闻香气、看叶色，感官判定发酵程度。发酵适度的表现如下。

（1）从叶温鉴别，在正常环境条件下，当叶温平稳并开始下降时。

（2）从叶色鉴别，由绿色转为黄红色或红色时。

（3）从香气鉴别，当发酵叶具有玫瑰花和熟苹果似的芳香，茶香初现，青草气味消失时。

（4）从气味的强弱判定，从初期辛辣或青草气粗浓而强烈刺鼻转为沉柔的花果甜香、茶香并略显微酸香。

（5）从发酵叶的质地鉴别，茶条变得柔软、绵滑。如发酵不足，则干茶色泽不乌润，滋味青涩，汤色欠红，叶底花青绿；发酵过度，则干茶色泽枯暗，欠润泽，香气低闷，滋味平淡，汤色红暗，叶底呈暗。

在生产中，发酵程度通常掌握适度偏轻。因为发酵叶加入烘干机，叶温不能立即上升到终止发酵酶类活性的温度，烘干初期叶温逐渐上升，酶的活性不仅不能在短时内被抑制，反而有一个短暂的活跃时间，即发酵叶在烘干初期仍然存在发酵作用，直到叶温上升到80℃以上时，酶促氧化才会逐渐下降，到足干时才基本停止。如果发酵叶在发酵适度时才开始烘干，则可能由于干燥中的这一阶段影响，造成发酵过度。因此，红茶发酵应掌握宁可偏轻、不可过度。

（五）干燥

干燥是利用高温终止发酵，迅速蒸发水分，固定和提高红茶品质，达到保质要求的过程。一般采用高温烘焙。干燥的好坏直接影响毛茶的品质。

1. 干燥目的

干燥目的：一是利用高温迅速破坏酶活性，停止发酵；二是蒸发水分，去伪（去除发酵叶存留的青草气、杂气成分）存真；三是进一步通过热作用促进甜味等物质进一步形成，提高和发展香气；四是固定已形成的品质成分，紧缩条索，固定外形，便于贮藏和运输。

2. 干燥原理

干燥过程中，以热化作用占主要地位。它对红茶品质的形成和发展起重要作用。根据红茶在干燥过程中的理化变化规律，为提高红茶品质，干燥应分两次进行，第一次烘干称毛火，第二次烘干称足火，中间适当摊凉。

为阻止酶促氧化作用，毛火要高温快烘，减少不利于品质的变化。多酚氧化酶对温度的反应，40℃时开始下降，70~80℃时失活。温度升高到足以抑制酶活性的高度，需要一段时间，这段时间过长会造成发酵过度，影响品质。因此，第一阶段必须用较高的温度，迅速终止酶促氧化作用。初烘后，茶叶含水量一般控制在20%~25%，大约七成干的程度。

足火温度影响香气的高低、香型和口感。足火温度应降低一些，比如在60~70℃的温度下慢烘，可以形成口感绵柔的"蜜糖香"。控制好温度，使香气成分在干热作用下发生转化，有利于高级太极古树红茶品质和香气的形成。如温度高于125℃，易产生高火味，甚至烘焦，以致口感干涩。

红茶中芳香物质的含量只有鲜叶中的1/4，一般低沸点的不愉快的挥发性成分在干燥过程中已被散发掉，而高沸点的具有良好香气的成分则被转发释放出来，尤其在足火热作用下才得以充分形成。温度过低则香气低，温度过高则芳香成分损失，产生高火味甚至焦味。

热化作用不仅对香气的发展与形成起重要作用，而且增进茶汤滋味。如酯型儿茶素的裂解，使苦涩味减弱；蛋白质裂解成氨基酸，淀粉裂解为可溶性糖，使茶汤浓度提高，滋味醇厚、甜爽；叶绿素裂解破坏，改善了红茶的色泽。在毛火与足火之间，要进行适当的摊凉，使茶叶内水分重新分配，以利于干燥均匀、充分。

3. 干燥方法

目前红茶的干燥采用烘焙干燥，主要有烘笼烘焙和烘干机烘焙两种。烘笼烘焙，采用木炭烘焙，操作简单，烘茶质量高，特别是香气好，但劳动强度大，工效低，适于少量茶的加工。大生产中，目前多用自动烘干机烘焙。太极红茶干燥，多采用炒干（过红锅）和烘干相结合。

太极红茶的干燥，一般分3次进行：第一次用滚筒炒茶机"过红锅"，当滚筒首部内壁温度达到85℃时，即投入已解块好的发酵叶，时间10～20 s。然后入烘干机二烘和三烘，注意掌握"毛火高温、足火低温，嫩茶高温、老茶低温"的原则。第二次烘干：烘干机进风温度为110～120℃，不超过120℃，以烘焙10～15 min、达到七成干为宜。第三次足火：进风口温度85～95℃，不超过110℃，时间以15～20 min为宜。二烘与三烘足火之间，茶叶要摊凉40 min，不超过1 h，促使叶脉内的水分重新分配，以利于干燥均匀。

二、创新工艺太极红茶加工技术

所谓创新工艺太极红茶，就是针对发挥太极古茶树的种性优势，以生产"花果香、木脂韵"品质特征为目标，按照《太极古树红茶加工技术规程》（T/GZTA-001—2023）加工而成的红茶产品。

贵州省茶叶协会2023年发布的团体标准规定，特指采自贵州省七星关区亮岩镇以太极村为核心产地，树龄在50年以上的本土大、中、小叶茶树品种鲜叶，经萎凋、轻晒青、轻碰青、揉捻、发酵、干燥和整形工艺制成的带有花果甜香和老茶树韵味（木脂韵）的红茶产品。

对比如前所述的传统工艺太极红茶加工技术，创新工艺太极古树红茶的创新点，主要表现在增加了"轻晒青"和"轻碰青"工艺。主要技术及关键控制点概述于下。

（一）鲜叶质量与加工条件

采摘时间：鲜叶采摘前，要求至少有1天的晴天或2天以上的多云天气，雨天不采茶。采摘时间，以9：30—11：30和15：00—17：30为佳，不采正午茶，不采露水茶，不采暑天茶、不采荫枝茶，不采虫口茶。

采摘标准：一芽一叶初展、一芽二叶初展和小开面二三叶，要求叶片柔软、肥厚。

鲜叶质量：要求任何嫩度等级的鲜叶都必须达到新鲜、均匀、肥嫩、无异物，忌采老叶及非茶类夹杂物。特级鲜叶为一芽一叶和一芽二叶占90%以上；一级鲜叶一芽二叶和一芽三叶初展占80%以上；二级鲜叶为一芽三叶占80%以上，同等嫩度对夹叶20%以下；三级鲜叶则为一芽三叶占50%以上，同等嫩度对夹叶50%以下。

加工场地与加工条件：茶叶加工厂的场地选择，加工用水、用电，废物处理，人流、物流安排，厂区和加工车间功能布局等，应符合GB/T 32744—2016的要求。加工过程中的机械、设备、用具和人员的要求，应符合GB/T 32744—2016的规定。

（二）工艺流程

1. 初加工流程

共分为鲜叶检验→轻晒青→室内萎凋⇄轻碰青→萎凋→揉捻→发酵→干燥→毛茶→分级检验等10个工序。

2. 精加工

共分为毛茶→筛分→拣剔→拼配匀堆→补火→成品→出厂检验等7道工序。

3. 初加工技术

（1）轻晒青。

轻晒青工具：在离地80 cm处搭建竹木或不锈钢萎凋架，上置竹帘、竹筛或纱网作为承载鲜叶的工具。

轻晒青时间：多云天气可选择10：00～16：00，晴天应选择上午9：30～10：30和下午15：30～16：00。

光照强度：宜选择20 000～35 000 lx的柔和阳光。当光照强度＞45 000 lx、气温≥30℃时，应在离地2.5～3 m处遮盖浅橙色或浅绿色遮阳网，遮光度50%～70%。

轻晒青的适度判断：将鲜叶轻轻抖松并摊放在晒青架的竹帘、竹筛或纱网上，摊叶厚度宜1～3 cm，应摊叶松软、均匀，叶温控制28℃左右，时间控制15～30 min，中间轻轻翻拌一次，以鲜叶第一片叶子呈微萎垂状、减重约5%为适度，再转移至室内水筛或萎凋槽上摊凉，摊叶厚度2～3 cm。轻晒青过程不应鲜叶红变、灼伤。

（2）轻碰青。

①第一次轻碰青。在轻晒青叶充分摊凉后，叶片减重率（对比鲜叶）达到

10%～15%时进行第一次轻碰青。可以根据实际情况，选择以下两者之一方法进行：一是手工轻碰青，以手指抖翻为主，来回碰青2次，至略显青气；二是摇笼轻碰青，装叶容量控制在1/3～1/2，转速10～20 r/min，轻摇1～3 min（10～60转），摇至略显青气时终止摇青。

将碰（摇）青叶收堆薄摊，静置摊放2～3 h，待青气消退，再进行第二次轻碰青。

②第二次轻碰青。以手指和手腕同时抖翻为主，来回碰青4～6次；若用摇笼碰青应控制转速10～20 r/min，时间5～10 min。碰青完毕，将碰（摇）青叶收堆静置至适度为止，收堆厚度宜5～10 cm。若第二次轻碰青后，萎凋叶经静置2～3 h花果香依然不显，可进行第三次轻碰青，碰青力度应适当加大。

（3）室内萎凋。

①常温萎凋。经过轻碰青的再加工叶，采用水筛或萎凋槽进行室内萎凋。可根据气温高低情况选择自然萎凋或鼓风萎凋。摊叶厚度宜在3～5 cm。萎凋环境温度宜20～28℃，萎凋时间宜16～24 h。当室内温度高于30℃时，可采用制冷萎凋。

②加温萎凋。当气温低于20℃或鲜叶带表面水时，应采取加温萎凋。摊叶厚度可增加至10～20 cm，摊叶时应抖散摊平呈蓬松状态，保持厚薄一致。加温萎凋进风口温度控制在25～35℃，室内温度控制在30℃以内，温度先高后低，下叶前10～15 min停止加温，改吹冷风。雨水叶应先用冷风吹干表面水，再进行加温萎凋。加温萎凋时间控制在12～20 h。

③萎凋适度。萎凋适度以鲜叶减重率达到40%～45%为宜。感官特征为：叶面失去光泽，叶色转为暗绿；经过轻碰青工艺处理的叶缘微显红边；青草气减退，花香或果香开始显露；叶质柔软，梗折不断，紧握成团，松手可缓慢散开。

（4）充分揉捻。当轻碰青萎凋叶达到适度标准后即开始揉捻。揉捻全程掌握"轻→重→轻"原则，揉捻时间为60～80 min，至叶片成条率90%以上，茶条紧卷、茶汁溢出而不滴流、茶条85%泛红黄色为适度。嫩度不一的揉捻叶需经解块筛分，筛面茶应进行复揉。

（5）适度发酵。发酵室温度宜24～28℃，空气相对湿度≥80%～85%，摊叶厚度15～20 cm，发酵时间4～8 h，中间翻拌2～4次，并保持发酵室内空气清新、流通。当发酵叶的叶色85%～90%达到黄红和褐红色，并呈现出花果香，且香味由辛青转清醇、馥郁时为适度。以加工花果香型红茶为目标的，选择适度偏轻发酵；以生产"木脂甜韵"为目的者，则可选择适度偏重发酵。

（6）干燥。

①毛火。用链条式自动烘干机打毛火，进风口温度110～130℃，烘箱内温度90～105℃，摊叶厚度2～3 cm，有效温度作用时间8～15 min，烘至含水率约20%（六成半干），手握茶叶以条索中间尚软而两端有刺手感为适度。

②摊凉。将毛火茶叶均匀摊开,当叶温降至室温、梗叶水分重新平衡分布后,即可进行足火干燥。摊凉时间约40 min,不超过60 min。

③足火。先用链条式自动烘干机打第二次火,进风口温度90~100℃,或箱体内温度达80~90℃,摊叶厚度3~4 cm,时间40~60 min,烘至毛茶含水量约10%,摊凉后装袋,储藏1~2 d后进行提香。提香用专业提香机(烘箱),设定温度80℃,时间60~90 min,至含水率6%以下,即用手指搓揉茶条可成粉末为止。茶叶经摊凉至室温后,装袋、进仓,按批次标识和保管,等待审评、分类、归堆。

(7)毛茶审评分级。在毛茶足火后1~2 d,应对各批次毛茶进行感官品质审评,标注、记录其品质优点、弊端,给出分值,并根据感官审评结果分出A、B、C三大类。合并同类项,分类管理,等待进入精制。

4. 精加工技术

(1)筛分。包括抖筛分茶条粗细,撩筛分茶条长短。

①抖筛。毛茶先经滚筒圆筛机(筛网配备4目、5目、7目)或抖筛机(筛网配备8目、9目)初步分离粗细、长短、老嫩。

②撩筛(平圆筛)。滚筒圆筛机或抖筛机的筛下茶,经平面圆筛机(筛网配备5~10目)进一步筛分,分出长短;其10目筛下茶经平面圆筛机(筛网配备12目、14目、16目、18目)分清碎、片茶,再经24~50目筛网分出末茶。筛面茶经齿切机切细后,再经平面圆筛机反复操作。

③紧门抖筛。经抖筛、撩筛工序得到的5~8目筛下茶,经紧门抖筛机10目和11目筛网抖筛分出外形特级茶,经9目和10目筛网分出一级茶,经8目和9目筛网分出二级茶,经7目和8目筛网分出三级茶。

(2)拣剔。采用机拣、电拣、色选、手拣等,剔除茶梗、老叶、黄片及非茶类夹杂物,保障茶叶净度。

(3)拼配匀堆。根据产品各等级的感官指标要求,选择半成品筛号茶,按比例拼配匀堆,保证产品品质符合各等级的感官指标。

(4)补火。温度80~100℃,厚度2~3 cm,时间1~3 h,烘至含水率≤6%,以保证茶叶在仓储、分包、运输过程中不发生质变,符合产品标准。

5. 质量管理

(1)加工过程应符合GB 14881—2013的规定,且不能添加任何非茶类物质。

(2)鲜叶、毛茶、半成品应按批次经检验符合要求后方可进入下一生产工序,并做好检验记录。

(3)应对出厂的产品逐批进行检验,出厂检验项目包括感官品质、净含量、水分、碎茶、粉末和标签。

(4)产品污染物限量应符合GB 2762—2022的规定,产品农药最大残留限量应符合GB 2763—2021的规定。

6.标志、标签、包装、运输和贮存

（1）标志、标签。

①各批次、等级毛茶产品应有标签。标签内容应包含产品的品名、产地、生产者、生产日期、保质期、产品质量等级、数量等。

②成品茶的标签应符合GB 7718—2011等相关规定。

③产品的包装储运标志应符合GB/T 191—2008的规定。

（2）包装。各等级茶叶的产品包装应符合GH/T 1070—2011的规定。

（3）运输。运输作业应符合GB 31621—2014的规定。运输工具应清洁、干净、无异味、无污染。运输时应防雨、防潮、防暴晒，不得与其他物品混装、混运。

（4）贮存。毛茶、半成品、成品茶应分开存放，贮存条件应符合GB/T 30375—2013和GB 31621—2014的规定。

第五节　茶厂规划设计与茶青质量管理

一、茶厂的规划设计

（一）厂址选择

选择厂址要考虑以下几个问题：一是茶树鲜叶不宜长距离运输；二是鲜叶生产具有季节不平衡性，高峰期的鲜叶可以及时运输和处理；三是加工场地及加工过程要求安全、卫生，环境良好，无污染源；四是加工产品商品性强，要快制快运；五要可以规避50年一遇的洪水、冰雹等自然灾害影响。综合考虑，茶叶加工厂应选在交通方便，与茶园相隔距离不远，并远离有毒、有害物质及有异味气味的场所。

（二）建厂规模

茶厂的规模应根据全年加工量和最高加工量，结合茶厂发展规划而定。有关车间的面积计算方法如下。

1.确定最高日产量

以全年茶叶总产量的3%～5%，或春茶产量的8%～10%计算。也可用春茶高峰期中的日平均产量为最高日产量。

2.确定茶机配备数量

先确定茶机日产量，并按每台茶机工作20 h，求出茶机台数。

$$茶机日产量=台时产量×20（h）$$

茶机台数=茶机最高日产量÷茶机日产量=茶叶最高日产量÷〔台时产量×20（h）〕

上述公式的计算结果往往有小数，按经验和考虑生产发展余地，常以"2"舍"3"入，使结果为整数，每种茶机需要数量的总和为茶机总台数。

3.确定厂房面积

茶厂是由加工（摊青、贮青、初制、包装）车间、仓库、生活用房等组成，设计茶厂面积时，可参阅下列数字。

（1）大宗茶摊青车间。按每100 kg鲜叶需6～8 m²计算。

（2）贮青车间。按100 kg鲜叶需2.4～2.6 m²计算。

（3）初制车间。按茶机（不含贮青）总台数的面积之和乘以8计算。

（4）茶叶仓库。按贮量为250～300 kg/m²计算。

（5）包装车间。按茶机占地面积乘以10计算；手工包装10人以内按每人5 m²计算，10人以上按3～4 m²计算。

（三）厂房要求

厂房一般采用砖木结构，也可采用钢筋混凝土结构。绿茶初制车间因制茶过程中散发水汽多，可用"人"字形气楼屋顶或锯齿形屋顶。不同制茶车间选择不同地坪，如精制厂、绿茶揉捻车间适宜用磨石子地面；绿茶杀青、绿茶烘干以及摊青车间可用水泥地面，但水泥标号要高，不能起灰；仓库宜用木地板或预应力多孔板地面。

1.厂房的通风要求

茶厂通风透气，避免在地下水位高的地方建厂房。并要考虑风向。

2.厂房的通风采光要求

车间或审评室等要求光线充足，排尘良好、干燥。车间内装置日光灯为宜。车间层高一般为5 m，白色墙，初制车间要多开门窗，精制车间则少开门多开窗。门窗面积占墙总面积35%。

3.厂房的卫生要求

茶厂的规划设计与布局，必须符合QS与GMP的布局和管理要求。

4.特殊要求

仓库应设在地势高处，地面下设通气孔，要求门少、窗高而小、密闭性强；揉捻（切）车间，要设有给水管道、暗排水沟；司炉应尽量设在车间墙外；精制车间地坪应比室外高40～50 cm。

茶厂设计除上述要求外，还要有安全（防火、防盗）、卫生、通道等要求，缺一不可。

二、茶青的质量管理与调控技术

（一）茶青、茶叶与茶叶品质的概念

茶青，从茶树上及时采摘下来的芽叶嫩梢，以供制茶，称为鲜叶。又称鲜叶、生叶、青叶。茶叶，是指鲜叶通过加工而成的产品，可供人们饮用，称为茶叶。茶叶品质，指茶叶色、香、味、形4个因子的综合结果。优质茶是指芽叶所形成的色香味化学物质多且配比平衡协调，既有共性也有独特性。

（二）影响茶叶品质的主要因素

影响茶叶品质的主要因素有：一是鲜叶原材料的质量，二是制茶机械设备和制茶技术的优劣。本节主要介绍鲜叶原材料质量及其管理技术。

鲜叶原材料是形成茶叶品质的物质基础，直接决定成茶品质的风格类型和口感。鲜叶原材料对茶叶品质的影响可分为物理因子和化学因子，物理因子决定茶叶的外形，而化学因子（生化成分）决定茶叶内质风味。

1. 物理因子

指芽叶的大小，长短老嫩，匀净度，光泽性和鲜度。决定茶叶外形与色泽。

2. 化学因子

指茶叶中所含的物质成分，包括总量和组分比例，是初生物质与次生物质的组合。鲜叶原材料的自然品质是茶叶优质的基础，而决定这种自然品质的因素可以归纳为品种、栽培管理、生长环境和采摘质量四个方面。

（三）茶青的分级标准

按照《太极红茶》贵州省行业团体标准，太极古树红茶分为特级、一级、二级及三级4个级别。其对应的茶青的分级标准如表5-2所示。

表5-2　太极红条鲜叶等级指标

级别	芽叶组成指标
特级	1芽2叶初展占90%以上，同等嫩度对夹叶及1芽2叶10%以下
一级	1芽2叶至1芽3叶初展占80%以上，同等嫩度对夹叶及1芽3叶占20%以下
二级	1芽3叶占80%以上，同等嫩度对夹叶占20%以下
三级	1芽3叶占50%以上，同等嫩度对夹叶占50%以下

（四）影响茶青（鲜叶）品质的因素

影响茶青（鲜叶）品质的主要因素有品种特性、茶树生长环境（生态条件）、栽培管理和鲜叶采摘质量4个方面。

1. 茶树品种

主要决定茶树鲜叶的外形特征和化学成分等，从而决定了不同茶类的品种适制性。茶树的品种特性基本决定了鲜叶原材料的植物学和生物化学特征，主要表现在对鲜叶的外形特征（大小、厚薄、叶色等）和化学成分（初生、次生物质）的影响。由于不同茶树品种的基因不同，其代谢生成的香味化学成分的种类、含量及比率就不同，对成品茶品质的呈香和呈味贡献就不一样，因此在其他条件相同的情况下，形成了独特的"品种香"。"种瓜得瓜，种豆得豆"，茶树品种对成品茶品质的贡献主要决定其香味的类型和风格，比如杏仁香茶树品种才能加工出杏仁香红茶，黄栀香单丛茶品种的鲜叶才能加工出黄栀香的花蜜韵味。同理，武夷北斗品种很难加工出武夷肉桂的香味风格。

2. 生态条件

茶树的生长发育受地域和茶园管理的影响很大。不同地区栽培同一品种茶树，受地域的影响，其鲜叶原材料品质也会有差异，导致制成同一款茶叶的品质差异，这就产生"地域香"。笔者认为，茶树基因（品种）决定茶叶香味的类型，而生态条件却决定"品种香"的高度和口感。茶园海拔越高，茶田矿物质越丰富，比如烂石土、岩石土，植被越丰富，水土越洁净，日夜温差越大，则茶树品种的"品种香"就越高雅，茶汤滋味就越绵稠、饱满，喉韵就越彰显。一句话就是基因决定香型，生态决定口感。

3. 栽培管理技术

栽培技术，即是人工干预技术，包括土壤管理，水肥管理，树冠管理等，管理水平的高低均会对鲜叶品质产生重要的影响。

4. 鲜叶采摘质量

如果当上述三大因素相同，则鲜叶的采摘管理就成了影响鲜叶质量唯一要素。一般地，衡量鲜叶质量的指标主要是嫩度、鲜度、匀度和净度等"四度"。嫩度，即是芽叶发育的程度，主要通过芽叶机械组成分析，兼看其他质地优劣；鲜度，是指保持鲜叶原有理化性质的程度；匀度，指同一批鲜叶均匀一致的程度；而净度，则是鲜叶中含有茶类和非茶类夹杂物的程度。

三、提高茶青品质的主要途径

不同的茶树品种、不同的生长环境、栽培管理、采摘质量等都会影响茶树的生长及鲜叶原材料的质量，从而影响茶叶的品质。

（一）选择茶树良种

不同的茶树品种具有不同的内含物质及其组成，酚氨比高的茶树品种适合制红茶、普洱茶；酚氨比较低的茶树品种适合制绿茶和高级黄茶；芳香类化合物丰富的茶树品种适制乌龙茶。因此，选择合适又感官品质辨识度高的茶树品种来种植，是提高茶叶品质最关键的因素。

（二）选择生态良好开建茶园

选择最能发挥所选茶树品种种性的生态条件来规划建设茶园，让茶树品种优良种性得到充分发挥。气候对于茶叶品质的影响是多方面的，既影响着鲜叶的色泽、大小、厚薄及嫩度，也影响着其内含物质（如氨基酸、蛋白质、茶多酚、咖啡碱、糖类、芳香物质等）的形成与积累。很多与茶叶品质有关的化学成分都是随着气温的变化而变化的，因此只有在有利于茶树生长发育的水分条件下，茶叶品质才好。

（三）选择最佳的土壤条件

不同土壤类型，所含的有机质和矿物质种类和水平大不一样，因此茶树鲜叶所承载的香味物质就会不一样。茶树在含腐殖质较多的沙质壤土生长良好，合成香味物质丰富，各组分比例协调，茶叶品质较好；生长在黏质黄土上生长势差，细胞透气性弱，鲜叶中烯烃物质和叶绿素含量低，茶叶香气和色泽品质低；一般在富含腐殖质和矿物质的红黄壤土种植的茶叶滋味浓厚，汤色略带黄色；在腐殖质和矿物质贫乏的沙质土壤种植的茶叶色淡青绿，香味淡薄；石灰岩地带的茶叶发酵性稍差，香气低，滋味淡薄，水色较暗淡。

（四）科学栽培

氮肥（N肥）的使用可增加叶绿素的形成，利于提高氮代谢，提高氨基酸、蛋白质的含量，利于绿茶品质；磷肥的使用可加强糖类物质运输与积累，利于提高碳代谢，提高茶多酚的含量，利于红茶品质；有机肥是全面性肥料，使用有机肥可以使茶叶滋味醇厚，香气高长，而纯粹施用化肥，则滋味浓苦涩味重，香气低淡。

（五）采摘标准

不同嫩度的芽叶内含物差异很大，原材料老嫩度是鲜叶内在各种化学成分的外在综合表现。鲜叶中与茶叶品质关系密切的化学成分，主要有茶多酚总量、儿茶素、全氮量、蛋白质、咖啡碱，可溶性糖和可溶性灰分等，它们的含量与鲜叶嫩度呈正相关，而水浸出物、氨基酸变化规律不明显。一般地，在同一茶树品种、同一生态条件和同一栽培条件下，鲜叶嫩度高，加工红茶、绿茶、黄茶和白茶的品质就越好。

第六节　茶厂生产质量管理

一、茶青储运

为保证鲜叶采摘后保持鲜爽度，必须用干净透气的竹篓或食品塑料筐装运茶青，切忌紧压。茶青要用无污染、无异味的清洁专车运输。摊青室与车间要保持清洁卫生，严禁堆放有毒有异味杂物。装运茶青的器具，必须清洁干净。

二、茶叶加工卫生

（一）工人着装

车间人员要穿着规定的衣、帽、鞋、袜上班，头发不外露，离开岗位应脱下工作服、帽、鞋（非本车间人员包括来厂参观的指导人员都按此要求着装入内）。车间人员禁止佩戴各种首饰进入加工现场，禁止在加工现场饮食、抽烟或随意吐痰。

（二）车间卫生

要随时保持车间卫生、整洁，工具存放井然有序；每一作业班后，机具设备、车间地面、墙壁清理干净，关好门窗。严禁携带有毒、有异味或与加工无关的杂物进入车间。厂内要设有更衣室和冲洗室。茶机润滑要采用食用油。

（三）车间人员健康状况

要定期对车间人员体检，身体不健康者或带传染病菌者均不能上岗，以防污染茶叶。

（四）加工机具

加工机具要清洁、干净。杀青机、烘干机炉灶不得漏烟，烘干机无烟尘。

三、包装

包装成品茶的车间要保持清洁卫生。初精制加工好的茶叶要及时包装进库储存。定型包装，必须有产品标签、检验合格证和生产日期，不同等级、规格茶叶分库储存，标识清晰，防止混淆。

包装容器应该用干燥、清洁、无异味以及不影响茶品质的材料制成，包装要牢固、密封、防潮、能保持茶品质。

四、储存与运输

按茶叶保存要求和卫生要求进行储存和运输。原材料和成品茶专用仓库必须通风、干燥、清洁、无异味、无日光照射；有防虫、防鼠设施，库内物流有序，有明显挂牌标识。茶叶控制在一定的含水量（≤5%）之下，运输工具应该清洁干燥，没有异味，并有防雨、防日晒设施。茶箱发运过程要轻装轻卸。

五、生产过程质量管理

（一）原材料的质量管理

每批原料进厂后，保证原材料符合相应规格和标准、新鲜、清洁、无霉败变质，无有毒有害物质污染。

（二）加工过程的质量管理

加工全过程要每日贯穿以下管理，做到按职责分工，落实到班组、到岗位：

（1）所加工的茶叶必须有企业标准、加工工艺操作规程和作业标准。

（2）不同工序，采用不同质量控制方式。对生产质量不稳定，容易产生不合格品的工序及影响产品卫生质量的关键工序，必须建立有效的质量控制点。

（3）加工过程各工序、各岗位的操作工人必须严格执行产品的自检和互检制度，发现问题及时解决。

（4）要定期对加工过程的质量控制情况进行全面检查；重点审查作业是否按标准进行；每批茶制好后，要及时开汤审评，做好档案记录；对存在问题及时予以纠正。

（5）实施加工过程的质量普及教育，即对全厂加工管理人员、检验员、操作工人进行分层教育和训练，使之明确自己应负的职责和工作要求。

第六章　太极名茶与品鉴

第一节　茶叶冲泡与茶文化

俗话说"一阴一阳之谓道"，也即一阴一阳的运行变化称之为道。"一生二，二生三，三生万物"，一跟二是分不开的，阴阳变化相克相生，是宇宙万象变化的规律。太极茶道的二元论思想，讲究功能性与精神性的完美融合。从流派角度的规范来说，就是要在讲究"色香味形"的同时，发扬茶道精神，达到阴阳融合的极致美。

一、选茶和鉴茶

只有正确选茶和鉴茶，方能决定冲泡的方法。茶的种类很多，可以根据采摘时间的先后分为春茶、夏茶、秋茶，也可以按种植的地理位置不同分为高山茶和平地茶，还可以根据茶类（加工方法不同）将茶分为绿茶、红茶、青茶（乌龙茶）、白茶、黄茶、黑茶六大类。如太极红茶为红叶红汤，这是经过发酵形成的品质特征，干茶色泽乌润，滋味醇和甘浓，汤色红亮鲜明。

二、水质

水之于茶，犹如水之于鱼一样，"鱼得水活跃，茶得水更有其香、有其色、有其味"，所以自古以来，茶人对水津津乐道，爱水入迷。

明人许次纾《茶疏》中就说："精茗蕴香，借水而发，无水不可论茶也。"茶人独重水，因为水是茶的载体，饮茶时愉悦感的产生，无穷意念的回味，都要通过水来实现。水质欠佳，茶叶中的各种营养成分会受到污染，以致闻不到茶的清香，尝不到茶的甘醇，看不到茶的晶莹。

择水先择源，水有泉水、溪水、江水、湖水、井水、雨水、雪水之分，但只有符合"源、活、甘、清、轻"（"清、轻、甘、洌、活"）五个标准的水才算得上是好水。所谓的"源"是指水出自何处，"活"是指水有源头而常流动，"甘"是指水略有甘甜，"清"是指水质洁净清澈，"轻"是指水分量轻。所以水源中以泉水为佳，因为泉水大多出自岩石重叠的山峦，污染少，山上植被茂盛，从山岩断层涓涓细流汇集而成的泉水富含各种对人体有益的微量元素，经过砂石过滤，清澈晶莹，茶的色、香、味可以得到最大的发挥。古人陆羽有"山水上、江水中、井水下"的用水主张，当代科学试验也证明泉水第一，深井水第二，蒸馏水第三，经人工净化的湖水和江河水，即平常使用的自来水最差。但是慎用水者提出，泉水虽有"泉从石出，清宜洌"之说，但泉水在地层里的渗透过程中融入了较多的矿物质，它的含盐量和硬度等就有较大差异，如渗有硫磺的矿泉水就不能饮用，所以只有含有二氧化碳和氧的泉水才最适宜煮茶。清代乾隆皇帝游历南北名山大川之后，按水的比重定京西玉泉为"天下第一泉"。玉泉山水不仅水质好，还因为当时京师多苦水，宫廷用水每年取自玉泉，加之玉泉山景色幽静佳丽，泉水从高处喷出，琼浆倒倾，如老龙喷射，碧水清澄如玉，故有此殊荣。看来好水除了要品质高外，还与茶人的审美情趣有很大的关系。"天下第一泉"的美名，历代都有争执，有扬子江南零水、江西庐山谷帘水、云南安宁碧玉泉、济南趵突泉、峨眉山玉液泉多处。泉水所处之处有的江水浩荡，山寺悠远，景色亮丽；有的一泓碧水，涧谷喷涌，碧波清澈，奇石沉水；再加之名士墨客的溢美之词，水质清冷香洌，柔甘净洁，确也符合此美名。民间所传的"龙井茶，虎跑水""蒙顶山上茶，扬子江心水"，真可谓名水伴名茶，相得益彰。而从太极茶道流派的历来经验证明，泉水泡茶活性最佳、渗透性最好，可以充分发挥茶性，使茶叶色香味形俱美。因此，太极茶道历代郑家茶人都是秉持天泉水泡茶的观点，赢得宾客、茶友持久的赞誉。

三、煎水

　　水煮到何种程度称作"汤候"。鉴别"汤候"的标准，一是看水面沸泡的大小，二是听水沸时声音的大小。明代张源的《茶录》对煎水的过程做了绘形绘声、惟妙惟肖地描写："汤有三大辨、十五小辨。一曰形辨，二曰声辨，三曰气辨，形为内辨，声为外辨，气为捷辨。如虾眼、蟹眼、鱼眼、连珠皆为萌汤，直至涌沸如腾波鼓浪，水汽全消，方是纯熟。如气浮一缕、二缕、三缕、四缕、缕乱不分，氤氲乱绕，皆为萌汤。至气直冲贯，方是纯熟。"古人对于"汤候"的要求是有科学道理的，水的温度不同，茶的色、香、味也就不同，泡出的茶叶中的化学成分也就不同。温度过高会破坏所含的营养成分，茶所具有的有益物质遭受破坏，茶汤的颜色不鲜明，味道也不醇厚；温度过低，不能使茶叶中的有效成分充分浸出，称为不完全茶汤,其滋味淡薄,色泽不美。这些煎煮法成为我国品茶艺术的重要组成部分,与今天的科学冲泡有异曲同工之妙。看来古人对泡茶水温是十分重视的,泡茶烧水要武火急沸,不要文火慢煮,以刚煮沸起泡为宜,用这样的水泡茶,茶汤、香味皆佳。沸腾过久,二氧化碳挥发殆尽,泡茶鲜爽味便大为逊色;未沸腾的水,水温低,茶中有效成分不易泡出,香味清淡。一般来说,泡茶水温的高低与茶叶种类及制茶原材料密切相关,较粗老原材料加工而成的茶叶宜用沸水直接冲泡,用细嫩原材料加工而成的茶叶宜用降温以后的沸水冲泡。具体而论,高档细嫩名茶,一般不用刚烧沸的开水,而是以温度降至80℃的开水冲泡,这样可使茶汤清澈明亮,香气纯而不钝,滋味鲜而不熟,叶底明而不暗,饮之可口,茶中有益于人体的营养成分也不会遭到破坏。而像乌龙茶,则常将茶具烫热后再泡;砖茶用100℃的沸水冲泡亦不够,还得煎煮方能饮用。

泡茶水温与茶叶有效物质在水中的溶解度成正比,水温越高,溶解度越大,茶汤也就越浓;相反,水温越低,溶解度越小,茶汤就越淡。古往今来,人们都知道用未沸的水泡茶固然不行,但若用多次回烧以及加热时间过久的开水泡茶也会使茶叶产生"熟汤味",以致口感变差,那是因为水蒸气大量蒸发所留剩下的水含有较多的盐类及其他物质,以致茶汤变得灰暗,茶味变得苦涩。

四、茶趣

各类茶叶的特点不同,或重香、或重味、或重形、或重色,泡茶就要有不同的侧重点,以发挥茶的特性。各种名茶本身就是一种特殊的工艺品,色、香、味、形各有千秋,细细品味却是一种艺术享受。要真正品出各种茶的味道来,最好遵循茶艺的程序,净具、置茶、冲泡、敬茶、赏茶、续水这些步骤都是不可少的。置茶应当用茶匙;冲泡水七分满为好;水壶下倾上提三次为宜,一是表敬意,二是可让茶水上下翻动,浓度均匀。俗称"凤凰三点头"。敬茶时应避免手指接触杯口。鉴赏名贵茶叶,冲泡后应先观色,后尝味、察形,当茶水饮去2/3,就应续水,不然等到茶水全部饮尽,在续水时茶汤就会淡而无味。

五、茶文化

泡茶时用开水冲泡茶叶,是茶叶中可溶物质溶解于水成为茶汤的过程。泡茶这一过程需要较高的文化修养,不仅要有广博的茶文化知识及对茶道内涵的深刻理解,而且要具有高雅的举止,否则纵有佳茗在手也无缘领略其真味。初学泡茶者在模仿他人动作的基础上,不断学习、加深思索,由形似到神似,最终会形成自己的风格。要想成为一名茶人,不应仅拘泥于泡茶的过程是否完整、动作是否准确到位,同时要增加文化修养,提高领悟能力。泡茶者的姿容、风度以及泡茶者的内心世界都会在泡茶过程中表现出来，到达以茶修身养性、陶冶情操，做到能以茶配境、以茶配具、以茶配水、以茶配艺，融会贯通。茶汤的浓度均匀也体现了泡茶的功力所在，要想茶汤的浓度均匀一致，就必须练就眼力能准确控制茶与水的比例。茶人总结出的"浸润泡"和人们常说的"关公巡城""韩信点兵"都很好地体现了自然知识和人文知识的结合。中国茶人崇尚一种妙合自然、超凡脱俗的生活方式，饮茶、泡茶也是如此。茶生于山野峰谷之间，泉出露在深壑岩罅之中，两者皆孕育于青山秀谷，成为一种远离尘嚣、亲近自然的象征。茶重洁性，泉贵清纯，都是人们所追求的品位。人与大自然有割舍不断的缘分。

茗家煮泉品茶所追求的是在宁静淡泊、淳朴率直中寻求高远的意境和"壶中真趣"，在淡中有浓、抱朴含真的泡茶过程中，无论对于茶与水，还是对于人和艺都是一种超凡的精神，是一种高层次的审美探求。对今天的人们来说，喝杯茶如此讲究，大都难以理解。那是因为中国古老的茶道形式和内容多已失传，许多人甚至不知有中国茶道。赏茶有所谓"雀舌、旗枪""明前、雨前"之分，泡茶有惠山泉水、扬子江心水、初次雪水、梅上积雪之别，品茶还要讲人品和环境协调，领略清风、明日、松涛、竹筠、梅开、雪雾等，凡此种种，尽在一具一壶、一品一饮、一举一动的微妙变化之中。

太极茶包含了道家文化的形上精神与艺术条件两个部分，以阴阳五行、太极功法来制茶乃是道茶的艺术部分，而道法自然、象外之象、味外之味是道茶的形上精神的部分。源于太极村充满着宁静祥和的气息，太极茶也拥有着清香宜人的味道。由于太极村特殊的气候及地理原因，该村生产的太极古茶品质极佳，滋味醇厚鲜爽，香气清高并带有花香，独具特色。"寒冷若你，茶将为之温暖；激愤若你，茶将为之安定；沮丧若你，茶将为之开怀；疲惫若你，茶将为之抚慰。"如诗般，品太极古茶能带给你无限心绪。

太极村青山环绕，河水穿流，生态环境优良，不管入冬还是立夏，只要在此待上片刻，心头都是舒适的。如若偷闲时不愿走动，你可以约上几个伙伴，寻一处院坝坐下，身边放张小茶几，再泡上一壶古茶，让静谧时光常伴身旁。太极古茶正日益焕发生机，向着集茶旅、茶研学方向发展。走入太极村，与一片接一片的古茶树亲密接触着，与忙碌又热情的茶农隔树谈笑，漫步于茶香间，心情是何等的愉悦。

第二节　太极古茶品鉴

太极古茶因制作原材料为主要为古老茶树鲜嫩茶芽的一芽二叶，十分精致。并且，它又经过初制、杀青、揉捻、发酵、干燥等多道工序，使得自身香气持久馥郁，香气高藏，古墨幽香。

品茶与喝茶不同。喝茶主要是为了解渴，品茶则是为了追求精神上的满足，重在意境。将饮茶视为一种艺术欣赏，要细细品味，徐徐体察，从茶汤美妙的色、香、味、形得到审美的愉悦，引发联想，从不同角度抒发自己的情感。一杯茶汤至少可从三个方面去欣赏：一赏茶色，二闻茶香，三品茶味。

一、赏茶色

赏茶色主要是观察茶叶的形态和茶汤的颜色。

（一）茶的形态

从茶叶的外形上来看，太极红茶以条索紧结纤秀，乌黑润泽，金毫显露，均匀整齐；太极绿茶白毫显露，条索紧结，叶芽嫩绿。在碧绿的茶汤中徐徐伸展、亭亭玉立、婀娜多姿、令人赏心悦目。有的芽头肥壮，芽叶在水中上下浮沉，最后簇立于杯底，犹如枪戟林立，让人好像回到茶林之中，重沐茶乡春光。

（二）茶的汤色

冲泡后，茶叶几乎恢复到自然状态，红茶汤色也由浅转深，汤色红艳明亮，晶莹澄清；绿茶汤色鲜泽绿润，绿色明亮。在饮茶之前，宜将茶汤审视一番，好好欣赏一下，是懂得品茶的表现，切勿接过茶杯，未加观察就一口吞下。

二、闻茶香

茶叶香气是由多种芳香物质综合而成的，不同的茶叶就有不同的香气，泡成茶汤后，会出现清香、栗子香、果味香、花香等，仔细辨认，兴味无穷。太极古茶原材料细嫩、制作精良的名优绿茶，具有清香型（香气清纯，缓缓散发，令人有愉快感），也有嫩香型（香气高洁细腻，新鲜悦鼻，有的似熟板栗、熟玉米香）的香气，也有清花香型；红茶带甜花香、干果香（枣香、桂圆香）或木脂甜香。总之，嗅闻茶香是品尝茶叶最难的一环，需具备一些常识，细心品尝，并经过长期的实践才能掌握。

三、品茶味

嗅闻茶汤的香气之后，就可开始品尝茶汤的滋味。与茶的香气一样，茶的滋味也是复杂多样的，初尝者一时难以体会。不论何种茶叶泡出来的茶汤，初入口时，都有或浓或淡的苦涩味，但咽下之后，很快就口里回甘，韵味无穷。这是茶叶中所含化学成分刺激口腔各部位感觉器官（其中最主要的是舌头）的作用。

茶叶中对味觉起主导作用的物质是茶多酚（包括儿茶素及各种多酚类物质）、

氨基酸，起辅助作用的是咖啡碱、还原糖等化合物；红茶中还有茶黄素和茶红素等物质。在不同的条件下，这些物质的含量与组成比例的变化，表现出不同茶类的滋味特征。

茶汤入口之后，舌面上的味蕾受到各种呈味物质的刺激而产生兴奋波，经由神经传导到中枢神经，经大脑综合分析后产生不同的滋味感。舌头各部位的味蕾对不同滋味的感受不一样，如舌尖易感受甜味，舌面对鲜味最敏感，近舌根部位易辨别苦味。所以，茶汤入口后，不要立即下咽，而要在口腔中停留，使之在舌的各部位打转，充分感受茶中的甜、酸、鲜、苦、涩五味，才能充分欣赏茶汤的美妙滋味。

四、保健功效

红茶含有的碱性物质，能刺激大脑皮质兴奋神经中枢，拥有提神、增强记忆力的作用。同时还能促进血液循环，促进全身新陈代谢，排出体内毒素，所以也有延缓衰老、养胃的功效。红茶有舒张血管的作用，心脏病患者每天喝4杯红茶，血管舒张度可以从6%增加到10%。每天一小杯红茶，还能防治骨质疏松症。它还是极佳的运动饮料，能够增强运动持久力。

此外，还有研究表明红茶中的多酚类化合物具有止渴消暑、消炎杀菌等作用。若加以牛奶或糖饮用，将有修复胃黏膜效用，治胃养胃。红茶还具有预防龋齿、降血糖、降血压、降血脂、抗癌、舒展血管、提高机体免疫力等功效。

绿茶含有丰富的茶多酚，具有活血化瘀、防止动脉硬化、消炎止痛、降血压、防治冠心病等功效。茶多酚能有效地移除我们体内的自由基，抑制人体内的亚硝酸盐反应，达到抗癌的目的。茶多酚还可以中和人皮肤因为辐射而产生的氧化物，经常用电脑、手机，或者经常晒太阳的人，一定要多喝绿茶。茶多酚还能抑制心血管疾病的发生，对人体胆固醇、血糖、血压等都有明显的降低效果。绿茶含有的微量元素和维生素，能解除疲劳、护眼明目、增强记忆力、保护神经细胞、缓解脑损伤、降低眼睛晶体混浊度、消除神经紧张。太极绿茶茶氨酸含量要比一般茶叶高，有利于血液免疫细胞促进干扰素的分泌，提高机体免疫力，也可促进脂肪酸化，能除脂解腻，具有瘦身美肤等效果。

第三节　太极古茶的冲泡方法

在各种茶叶的冲泡程序中，茶叶的投茶量、冲泡水温、注水方式和浸泡时间是冲泡技巧中的4个基本要素。在泡茶时，还有3种不同的投茶方法，分为上投法、中投法和下投法。

一、投茶量

冲泡不同类别的茶叶，或使用不同的茶具时，茶叶的投放量稍有差异。一般来说，冲泡同样的茶叶，在冲泡水温和浸泡时间等同的前提下，茶水比越小，水浸出物的绝对量就越大。当茶水比过小时，茶叶内含物被溶出的量虽然较大，但由于用水量大，茶汤浓度相对较低，于是茶味淡，香气薄。相反，当茶水比过大时，由于用水量少，茶汤浓度过高，滋味苦涩，而且不能充分利用茶叶的有效成分。

（一）太极绿茶

冲泡太极绿茶时，一般每克茶用水量以50～60 mL为宜，也就是说1 g绿茶，冲入开水50～60 mL。通常一只容量在100～150 mL的玻璃杯，投茶量为2～3 g。当然也可视品饮者的习惯和需要稍作调整。

（二）太极红茶

太极红茶品饮主要有清饮和调饮两种。清饮冲泡时，每克茶用水量以40～50 mL为宜，如选用红碎茶则每克茶用水量70～80 mL。调饮冲泡时，要在茶汤中加入调料，如加入糖、牛奶、柠檬、蜂蜜等，茶叶的投放量可随品饮者的口味而定。

二、冲泡水温

泡茶水温的高低与茶的老嫩、条形松紧有关。大致来说，茶叶原材料粗老、紧实、整叶的，比茶叶原材料细嫩、松散、碎叶的浸出茶汁要慢得多，所以冲泡水温要高。一般来说，外形细嫩的名优茶冲泡水温应在80℃左右，外形粗老的茶冲泡水温应掌握在95℃以上。

（一）绿茶类

普通绿茶用80～85℃的水冲泡，但遇到极细嫩的名优绿茶，一般用70～75℃的水冲泡。只有这样，泡出来的茶汤色清澈不浑，香气醇正，滋味鲜爽，叶底明亮，使人饮之可口。如果水温过高，汤色就会变黄；茶芽因"泡熟"而不能直立，失去欣赏性；维生素遭到大量破坏，营养价值降低；咖啡碱、茶多酚的快速浸出，使茶味淡薄，还会降低饮茶的功效。

（二）红茶类

外形细嫩的红茶，冲泡水温一般掌握在80～85℃。叶片较粗发的红茶，冲泡水温可提升至90～95℃。

需要说明的是，泡茶用水，通常是煮沸后再自然冷却至所需的温度。

三、注水方式

注水是泡茶过程中需要由人工完全控制的环节，水流的急缓及水线的高低、粗细等，对茶汤质量都有一定的影响。每种茶叶根据其特征不同都有其对应的冲泡方法，应遵从"实用、科学、美观"的原则，同时根据实际情况进行茶叶冲泡。

（一）单边定点低斟

单边定点低斟是指顺着容器边缘固定位置定点低位注水，细流慢斟，使茶的内含物释放舒缓、协调。

（二）中间定点低斟

中间定点低斟是指在容器中间位置注水，茶底只有中间的一小部分能够和水线直接接触，使茶叶浮在水面缓缓上升，让茶叶通过水的热气浸润慢慢舒展。

（三）环圈式低斟

环圈式低斟是指环绕容器边缘一圈或数圈均匀慢斟，注水时要根据"注水速度"配合以"旋转速度"，水线细就慢旋，水线粗就快旋。

（四）单边定点高冲

单边定点高冲是指顺着容器边缘固定位置定点注水，水流高冲，使茶叶翻滚，避免水流直接击打茶叶，利于茶叶的舒展，使茶的内含物快速释放。

（五）螺旋式高冲

螺旋式高冲是指从容器内任意一点开始注水，螺旋绕圈上升扩展至容器边缘。让茶叶能直接接触到注入的水，上下层茶叶基本上能同时浸出茶叶内含物。

（六）环圈式高冲

环圈式高冲是指注水时沿着容器边缘高位旋满一周，收水时正好回归出水点。

这种注水方式可令茶的边缘部分在第一时间接触到水，而面上中间部分的茶要靠水位上涨才能接触到水，注水时的茶水融合度没有那么高。

四、冲泡时间

泡茶时间必须适中，时间短了，茶汤淡而无味，香气不足；时间长了，茶汤太浓，茶色过深，茶香也会因散失而变得淡薄。

（一）太极绿茶

太极绿茶采用单杯单饮时，第一泡茶以冲泡30～50 s饮用为好，若想再饮，当杯中剩有1/3茶汤时，再续热水。如果是小壶冲泡，投量大，出汤时间快，冲泡15～30 s为宜。

（二）太极红茶

太极红茶的浸泡时间，第一泡以30～45 s（视茶而定）为宜，第二泡的浸泡时间相对缩短些，往后每泡可逐渐增加浸泡时间。

第七章 / 市场与贸易

第一节　太极古茶面积与产量状况

纵观古今历史，茶树一直是七星关区境内宝贵的自然物种之一，在发展的历史长河中，因受客观条件制约和主观因素影响，太极古茶区茶树面积和产量，历经过许多波折，也有过大起大落，主要可分为以下4个阶段。

一、自然发展阶段（1949年以前）

《神农本草经》有云："神农尝百草，日遇七十二毒，得茶以解之"。唐·茶圣陆羽著《茶经》曰："茶者，南方之嘉木也，一尺二尺，乃至数十尺。其巴山陕川有两人合抱者……其名一曰茶，二曰槚，三曰蔎，四曰茗，五曰荈"。根据《贵州通志》《毕节县志》等史料记载，以及本地百姓世代口传，了解到不同区域、村寨的居民对种茶、制茶、饮茶的茶事都不陌生，"进门一杯茶"的待客之道也无村不有，这些史事充分说明当地都应有茶树存在。结合古时历朝历代的土地资源分配体制，以及社会经济发展水平条件，可以推知，在中华人民共和国建立和土地体制改革以前，茶树主要是野生自然繁殖为主，人工大面积培育种植的较少，至少在七星关区区域及周边地区，没有记载人工有计划大规模栽培茶树的史料，这个阶段可以归为自然发展阶段。其发展特点如下。

一是分布广，具有零星不成片特点。由七星关区土壤、气候等自然条件都适宜茶树生长的客观条件可知，古时在深山川峡林地中，应零散分布着野生茶树。虽然这个时期没有人为地、有计划、规模化地育植茶树，但整个区域内都有茶树的分布，特别是林区地带，灌木林间都应有零散的茶树生长。茶树分布区域虽然广，但主要在深山林间，呈现茶树不成林、茶地不成园状态。

二是发展不均衡，具有随机偶然性。虽然广泛区域存在茶树，茶树的繁殖主要是种生繁殖，这里的种生是茶树种子成熟自然脱落，或种子被鸟兽、风雨、水流等自然环境因素带动茶树种子移动而繁殖生长。也有少数压枝繁殖茶树情况，这里的压枝繁殖是由自然条件无意识所致，具有偶然性，比如茶树枝条被林中的断枝枯叶压制、土石滑坡压制、动物活动踩压制等情况，达到压枝繁殖条件而发苗繁殖。可能也有人工移植培育茶树的情况，但应只是个别个人的少量行为。茶树发展总体呈现发展不均、生死由天的自然随机偶然状态。

三是品种呈现多样性。由于繁殖形式、生长环境的多样性，致使茶树变异性较大，同一区域或不同区域，都有不同的品种。经过漫长的自然变异和进化，太极茶辖区内生长的茶树有大叶种、中小叶种等；有乔木型、半乔木型和灌木型等；有茎秆为紫茎、绿茎等；有叶色为绿叶、黄绿叶、紫绿叶、紫叶、白化叶等；有叶片为椭圆形、披针形、卵圆形等。茶树种类呈现杂、多、繁状态。

四是产茶量较少。根据毕节史料及茶文物反映，七星关区古时民间茶事活动，主要出于个人喜好和民风民俗原因，家庭农户对茶有一定需求，但受经济条件限制，只是少数经济条件较好的家庭常年饮茶，经济条件差的农户家庭需求量少，甚至没有需求，萧条的市场决定了以茶业为主要经营渠道的农户和商人较稀少。所以，这个阶段茶叶产量规模不大，采茶、制茶具有偶然性、随意性和间断性特点。

二、毁灭退滞发展阶段（1949—1978年）

受国内外动荡形势、战争及自然灾害影响，毕节地方经济比较萧条，较慢的经济增长与快速的社会人口增长的物质文化需求的矛盾，加深了地区的贫穷程度。为了解决温饱，百姓大面积毁林开荒，滥采滥伐。这种对自然资源的恶性开发，特别是毁林改地，致使多数地区森林整山整村被毁，包括茶树也遭受毁灭性砍伐，这个时期是茶业发展的毁灭退滞阶段。

匮乏的创收渠道，低下的家庭经济收入，解决温饱是当时农户家庭的最大实际，种植粮食作物，养殖家禽牲畜，是百姓家庭主要的普遍性经营产业，经济林、水果等经济作物发展处于较迟缓，甚至停滞状态。茶树在此时期，除了少数处于地块边的、路边地埂上的茶树保留了下来，多数农户的土地，全部都是用于种粮，茶树没有生存之地。被毁的茶树也未得到及时恢复和重植，致使野生茶树十不存一。

在这个阶段，七星关区亮岩镇、燕子口镇、小吉场镇、清水铺镇、生机镇、阿市乡、朱昌镇、杨家湾镇、撒拉溪镇、阴底乡、鸭池镇、千溪乡、长春堡镇、海子街镇、小坝镇等镇乡，其辖区内的少数村寨路边、地埂边、森林间等保留了少数古茶树，大多数村寨茶树几乎随林地的毁灭而毁灭。随着茶树发展的退步停滞，茶叶加工、销售几乎处于绝迹状态，懂得茶叶加工的百姓更少，即使存在一些对加工有所了解的百姓，只是粗浅了解一些加工工序，各茶系茶叶加工的全部工序工艺并不精通。总之，在全区国民经济收入占比中，茶叶产量产值几乎可以忽略。

三、缓慢发展阶段（1978—2010年）

随着社会经济总量的增加，生产力水平快速提高，家庭经济收入也得到缓慢增长，解决温饱，提高家庭经济收入，是这个时期百姓的重要诉求。茶产业作为一项具有巨大发展潜力的传统产业，重新受到社会重视，在政府大力推动下，一些区域，开始大力种植茶叶。

七星关区也赶上了种茶的"列车"，采取茶籽播种和扦插苗移栽相结合的方式，主要引进"福鼎大白""龙井"品种，在全区大面积推广种植，通过不断努力，茶园面积扩展到万亩以上。形成了以野生古茶树为主，"福鼎大白"相混合的，以亮岩镇、燕子口镇、小吉场镇、小坝镇、海子街镇、层台镇、生机镇等镇为核心区域的七星关区东部及东北部古茶树茶区；以朱昌镇和岔河镇接合部的"大坡茶场"、撒拉溪和杨家湾接合部的"周驿茶场"为核心区的七星关区西部及西北部片区近代茶树区。截至2000年，据不完全统计，全区80年以上的茶树有30余万株（其中，100年以上的茶树有10万余株），30年以上的茶园有3 000余亩，5年以上新茶园有5 000余亩。

茶叶加工也从传统手工加工模式向现代先进的机械加工模式转化，形成了传统手工加工和现代机械加工变革的过渡阶段，该阶段茶叶市场需求不断增大，但茶园规模小，产出能力弱，供给能力难以满足发展需要。在政府力推扶持下，引进了当时较为先进的机械加工设备，建成了"大坡茶场"和"周驿茶场"2个大型茶叶生产经营主体。其余小量生产都为农户，主要以亮岩镇太极村、燕子口镇阳光村等村为代表茶区的散户较多，其余区域较少，这些茶农主要以手工加工为主，工艺为传统的旧式加工工艺，他们以自己所拥有的茶树为主要茶青来源，主要特征是有则生产，无则不管，茶叶生产主要是为自饮需要，用于市场交换的少，故个体农户生产茶是随机的、偶然的。在此期间，七星关区主要生产的茶叶为红茶和绿茶，干茶年产总量不到万斤。

四、高速发展阶段（2010年至今）

随着社会经济快速增长，高速公路、机场、高铁等交通设施的建成使用，各项基础设施条件都得到根本性改善，国内外大小区域之间的信息、物资，相互传输，相互流通，更加便捷多样，更加高效频繁，茶业发展障碍大幅度被降低扫清，七星关区茶业迎来了高速高效发展的历史时期，各乡镇、村的茶叶企业（公司）、专业合作社、大户等茶叶经营主体，茶叶加工厂等如雨后春笋欣欣向荣，争奇斗艳。

市场上新兴优质茶叶品种，如"安吉白茶""黄金芽"等，也加入了七星关区传统茶叶的大家庭，不同区域茶区茶园的规模化、标准化水平得到大幅提升，茶园面积出现飞跃式扩展。至2023年，七星关区茶园面积达到5万亩以上，春夏干茶产量达0.2万t左右，茶业产值达4亿元左右，有力推动了乡村振兴和巩固了脱贫攻坚成果。

第二节 茶企与茶人

在茶文化的不断衍生发展中，七星关区以太极古茶为代表，涌现出了许多茶企和茶人。

一、主要茶企

（一）毕节七星太极古树茶开发（集团）有限责任公司

成立于2016年11月15日，注册地位于贵州省毕节市七星关区亮岩镇太极村村委会，注册资本4 000万元，是一家集茶叶生产、加工、科研、销售于一体的现代化企业（图7-1至图7-6）。2017年，新建了5 000 m²的茶叶加工，2022年5月公司产业园被纳入广州天河·毕节七星关共建太极古树茶产业园，拥有茶叶加工机械设备60余套，年生产能力达到500 t，生产的七星太极古树茶获得国家级、省级"茶王奖""金奖""一等奖"等50余项。公司秉承以科技促进产业发展，以示范带动农民增收为宗旨，按照古树茶产业向集约化、规模化、标准化、品牌化转变，实现产业发展促农民增收，农民发展促企业增效的双赢目标。公司与广东省农业科学院茶叶研究所、广东省茶叶收藏与鉴赏协会密切合作，共建专家工作站和茶叶技能人才培训基地，共同开展太极茶优异品种的培育、茶叶加工技术改良及技能人才培训。2022年公司生产太极古茶超过2.5万kg，价格250～3 000元/kg，销售收入1 100万元，同时按照"公司+合作社+农户"利益连接模式，公司与当地政府签订协议，探索绿色发展、和谐共生、共同富裕新模式，成立了太极古茶保护管理开发合作联社，组织发动群众采摘茶青出售到公司，由公司单列当年农户茶青收购总价外，再奖励5%给村集体、8%给一般农户、12%给脱贫户。辐射带动4 000余户30 000余人增收致富，户均增收5 000元以上，其中万元以上采茶大户1 000余户。太极古茶产品，销售范围遍布北京、上海、广州、深圳等20余个地区，企业发展越来越好，销售逐年上升，已经成为七星关区古茶名片，在国内有一定影响力。

图7-1　毕节七星太极古树茶开发（集团）有限责任公司概貌

图7-2　毕节七星太极古茶树开发（集团）有限责任公司茶叶初加工车间一角

图7-3　毕节七星太极古茶树开发（集团）有限责任公司茶叶杀青–炒干车间一角

图7-4　毕节七星太极古茶树开发（集团）有限责任公司生产的太极古树红茶产品

图7-5　毕节七星太极古茶树开发（集团）有限责任公司的对外合作技术创新平台

图7-6　毕节七星太极古茶树开发（集团）有限责任公司向农户收购茶青

（二）毕节市七星关区吉场古树茶开发有限公司

毕节市七星关区吉场古树茶开发有限公司位于毕节市七星关区小吉场镇，拥有荒野古茶树3 000多亩，其中树龄100年以上的有3万余棵；一、二级制茶技师各1名，精湛的专业制茶师6名，其他专业人才10余人，培养季节性农民工1 000多人，其中建档立卡脱贫户173户共804人，传统、现代生产线配套，有种茶、护茶、采茶、制茶加工、包装、销售的专业团队，拥有办公楼、仓储、生产车间、展厅、员工宿舍、食堂及休闲娱乐等场所（图7-7、图7-8）。公司模式为：茶农自己管护茶园，按公司要求采摘，公司负责加工、销售，带动周边8个村创收。公司品牌"大吉古韵"精选天然有机荒野古树茶鲜叶，采用传统工艺制作而成，产品富含氨基酸、维生素及锌、硒、钙等人体所需微量元素，茶叶久泡留味，汤色清澈透莹，闻之醇香扑鼻，回味唇齿甘甜，是健康养生和馈赠亲友的上乘佳品（图7-9、图7-10）。

图7-7　毕节市七星关区吉场古树茶开发有限公司

图7-8　毕节市七星关区吉场古树茶开发有限公司生产车间

图7-9　大吉古韵绿茶产品

图7-10　大吉古韵红茶产品

（三）贵州毕节市苏峰白茶产业发展有限公司

贵州毕节市苏峰白茶产业发展有限公司位于贵州省毕节市七星关区，是七星关区人民政府重点招商引资茶叶企业，公司成立于2018年7月，注册资本1 000万元，是一家集茶叶种植、育苗、加工及销售，苗木种植及销售，化肥及农药销售，茶叶产业咨询及技术服务为一体的农业产业化经营企业。目前，公司在何官屯镇大坝村、新华村、大坪子村建有茶园3 000亩、育苗基地50亩，为当地群众解决了就业1 000人次左右。

企业与七星关区青场镇初都茶场、湖北省恩施市盛家坝乡集佳茶业专业合作社建立战略合作关系，通过订单销售模式统收统销茶产品。公司在自身发展的同时，不断完善"订单销售"和"公司+基地+农户"的经营模式，积极带动周边农户致富。通过"订单销售"模式，与七星关区青场镇初都茶场签订订单协议，每年全部按市场价收购初都茶场茶叶产品。

2022年，企业围绕茶叶种植核心基地，积极完善农产品储藏、加工、包装产业链体系，投资500余万元在何官屯建成加工厂房面积2 600 m²，名优茶加工生产线3条，干茶加工量可达15 000 kg左右。

贵州苏峰白茶发展有限公司积极推广"企业+合作社+农户"的组织方式，统筹茶叶产业前端和后端，负责提供茶苗物资以及提供技术指导、回购销售服务，由村社一体合作社负责组织生产经营管理，农户通过土地入股、务工就业等方式参与生产，2022年发放管护工资260多万元，土地流转费150万元，带动采茶工人500人，发放采茶工资250万元。

（四）贵州七星奢府茶业发展有限公司

贵州七星奢府茶业发展有限公司位于贵州省毕节市七星关区碧阳街道奥莱国际3栋。2017年，公司于杨家湾开林村、出烟洞村、放珠镇毛家屯村、长沟村流转土地约5 000亩，经多年补植补种，至2023年已成园1 700亩，累计投资3 600万余元。涵盖品种主要有安吉白茶、龙井43、福鼎大白等。

自2020年起，租用周驿茶厂生产车间进行茶叶生产。于2023年在茶园内建设2 000 m²生产车间，建设芽茶生产线一条、白茶生产线一条、香茶生产线一条，红茶生产线一条，配套1 500 m²办公、展示、生活区域。

注册有商标"七馨韵雾"，企业资质证照齐全。产品为"七馨韵雾"系列绿茶、红茶。

二、主要茶人

（一）谢涛

谢涛，贵州省毕节市七星关区人，中共党员，七星关区第二、第三届政协委员，毕节市第三届党代表（图7-11）。2016年共同创建毕节七星太极古树茶开发（集团）有限责任公司。

图7-11 谢涛在制茶及培训现场

为保护当地珍稀的古茶树资源，谢涛参与国家、省、市各级专家团多次实地普查，共发现古茶树30余万株，现已挂牌管理69 877株。覆盖4个乡镇13个自然行政村。以此为载体，毕节市七星关区于2016年3月被中国茶叶流通协会授予"贵州古茶树之乡"、2016年8月被中国茶叶流通协会授予"中国古茶树之乡"，这些成了毕节茶产业的金字招牌，为毕节茶产业发展起到积极作用。

先后获贵州省第八、第九届手工制茶技能大赛红茶加工第三名，第三届全国茶叶加工（精制）红茶贵州赛区第二名，首届贵州古茶文化节手工制茶绿茶加工第一名，贵州第一届职工技能大赛古树红茶加工第一名，贵州省五一劳动奖，贵州省技术能手，贵州省最美劳动者，贵州省制茶大师，贵州省黔茶工匠，贵州省吴学龙思想贡献奖，太极古茶非物质文化传承人。加工生产的"七星太极古树茶"荣获"茶王"奖、"金奖"十余次，其他奖项30余次。

传承制茶技艺、弘扬工匠精神，协助贵州省茶叶协会和七星关区人民政府，2018年5月举办贵州省第一届古树茶加工技能大赛暨贵州省第三届古树茶斗茶大赛，2021年5月举办贵州省第四届古树茶加工技能大赛暨贵州省第六届古树茶斗茶赛，2023年4月举办首届贵州古茶文化节暨贵州省第八届古树茶斗茶赛，为毕节茶产业发展作出了突出贡献。

协助广东省农业科学院茶叶研究所、广东省茶叶收藏与鉴赏协会和毕节七星太极古树茶开发（集团）有限责任公司，开展"太极古茶"产品感官审评和生化测定，完成不同等级太极古茶品质特点的定性定量分析及感官品质术语描述；制定太极古茶加工技术规程、地理标志产品标准；对筛选的核心古茶树种质进行采穗嫁接繁育和新品种选育，推动当地茶产业健康发展。与广东省茶叶收藏与品鉴协会共建"毕节技能人才培育基地"；与广东省农业科学院茶叶研究所共建"毕节科研合作基地"；与国家茶叶产业技术体系红茶品种改良岗位科学家共建"太极古茶专家工作站"。

秉承以科技促进产业发展，以示范带动农民增收为宗旨，按照古树茶产业向集约化、规模化、标准化、品牌化转变，坚持"保护、选育、培植、加工"等多元化发展的理念，采取"企、社、农联动"的方式，大力发展生态农业，实现产业发展促农民增收，农民增收促企业增效的双赢目标。

（二）吴道伦

吴道伦，毕节市七星关区大吉村人，毕节市七星关区吉场古树茶开发有限公司董事长，其祖父辈、父辈都是种茶人。1996年起，一直在沿海一带城市发展，先后在深圳市创办了丽雅工艺品有限公司、创新电子科技有限公司，在广州市番禺区创办了华科尔科技股份有限公司。2019年，吴道伦回到家乡大吉村，发现满山遍野的古树茶已被村民们砍来当柴烧，许多部分茶树基地变得一株不剩，有的只剩下地埂上的几株茶树，这让他心痛不已，觉得很可惜，便产生了留住古树茶，整合茶资源，把古树茶作为当地的名片推向市场，带动老百姓致富，留住绿水青山的理念。

"百姓们说茶叶没有市场了，他们就把这些茶树挖掉来种地，我觉得这么好的古茶树资源被砍伐了、流失了特别可惜，如果能够把我们当地的茶资源整合起来，推向市场，在宣传家乡的同时也能带动老百姓致富！"吴道伦有了这样的想法，便付诸实际行动，他于2020年放弃深圳市创办的公司，回乡发展古茶树产业。在毕节市各级党委、政府的重视和支持下，在东西部协作的倾情帮扶下，成功注册了毕节市七星关区吉场古树茶开发有限公司，并将父老乡亲们召集起来，向大家普及古茶树的经济价值，教他们如何修剪、管护、采摘，让大家把自家地里的茶树管护好，加入茶产业发展中来。

2021年，公司正式运营，开始面向小吉场镇大吉村、吉坪村、龙岭村、龙兴村等9个村的村民收购茶青，各村古茶树得到更好保护的同时，也带动了村民们增收致富。当年，村民们就尝到甜头，有的创收3万多元。至此，小吉场镇的古茶树得到了很好的开发利用，不仅有了茶产业基地，还有了生产厂房、车间及种茶、护茶、采茶、制茶加工、包装、销售的专业团队，年产茶量10余吨，每年面向村民收购茶青达200万元以上，打造的"大吉古韵"古树茶品牌供不应求，远销台湾、香港及国外等，年产值逐年上升。

2024年4月24日，东西部协作乡村振兴广州块链通供应链有限公司天河供销社·块链通馆将七星关区吉场古树茶开发有限公司建成天河供销社·块链通馆"半亩兰"古树茶产品生产基地和毕节盛丰公司"七馨韵雾"茶叶加工基地，并充分利用天河区供销联社搭建的"出山入湾"销售网络和贵州块链通供应链有限公司成熟运营模式，打造一支种茶、护茶、采茶、制茶加工、包装、销售的专业团队，将小吉场镇的古树茶产品以最快速度、最优价格销售到粤港澳大湾区，助力乡村振兴。

第三节　销售市场

纵观七星关区发展历史，在现有的历史文献中，专著记载七星关区历史、地理、人物的历史文献很少，只能从《华阳国志·巴志》《贵州通志》和《毕节县志》等历史地方志中，以及当地民间百姓祖传口述中，粗浅了解到本地古代、近代茶事状况的一角。虽然不能窥见从古至今七星关区茶事的全貌，但其销售市场大体可以分为三个阶段。

一、古代茶市

虽然不能从历史文献中找到记载七星关区近代以前的茶市状况，但从历史遗迹及出土文物中可窥得一斑。据《华阳国志》记载"自僰道（今宜宾）、南广（今盐津至镇雄一带）有八亭，道通平夷（今毕节）。"这条路也就是古时西南片区商品流通主要通道的一部分，即著名的盐茶古道（也称茶马古道）的一部分，七星关区也成为盐茶贸易的集散地之一，这可以通过历史文物七星关区中华南路41号的"毕节会馆（又名春秋祠、陕西庙）"证实。该馆是清朝乾隆年间由陕西在毕节的盐帮客商筹资修建，于2013年5月3日被国务院核定为陕西会馆"茶马古道"贵州毕节段的17个文物景点之一。

茶马古道是明初大定土司奢香夫人为向南京朝廷进贡，便于驿使往来修建的以偏桥（今施秉县境）为中心的驿道之一。经过七星关区的部分为"向北经草塘（今修文县内）、六广（今修文六广镇）至黔西、大方至毕节二铺迢迢五百里，史称'龙场九驿'"（摘录自中国林业出版社出版的《中国茶全书·贵州毕节卷》）。

从这些史料、历史文物中可以推测得知，近代以前，在茶马古道及丝绸之路的带动下，七星关区茶叶不仅在本地市场上有销售交换，在省外南京及东南亚等地也有销售交换。

二、近当代茶市

在近代和当代时期，七星关区茶业处于退滞状态，成规模的、大型的茶业生产加工，大批量茶叶交换，在该时期几乎没有。只有少数区域、村寨（如亮岩镇太极村、燕子口镇阳光村等）存在少量的地主、佃户、农户手工加工茶叶，但产量少，主要是用于自饮，农户加工的能用于交换的茶量少，只在周边镇上赶集时销售，茶叶在全区经济总产值中的占比几乎可以忽略。市场上销售的茶叶，主要是从外地贩运而来，县级以上市场几乎没有本地的茶叶产品。

三、现代茶市

（一）公元2000年以前

区外的一些县市，省外的一些县市，抓住了茶叶市场发展的黄金时期，茶业得到高速发展，也广泛占领了毕节本地茶叶市场。在本地市场上，特别是市县级市场，茶叶产品主要是来自区外的遵义市、都匀市等县市，以及云南省和四川省等外省生产的茶叶，本地产出的茶叶几乎没有，市场占有额几乎可以忽略。

七星关区没有抓住这个黄金发展期，茶园建设、茶叶经营主体的培育发展几乎处于停滞状态，茶业的整体实力较薄弱。在该时期内，在本区登记注册，以生产经营茶叶为主的经营实体，仅有周驿茶场和大坡茶场2家。

（二）公元2000年以后

七星关区茶业发展开始缓慢复苏，以周驿茶场、大坡茶场为代表的茶叶生产经营主体，其产能逐年不断提升，其他新建的或新引进的茶业公司（企业）、专业合作社如雨后春笋快速增加，特别是2010年后，七星关区茶业发展出现了一个高峰。随着茶园面积的不断扩大，茶叶商标的大量注册，茶叶加工厂也得到大量建设，茶叶加工技能得到较大提高，使七星关区茶业整体实力得到较快增长，干茶产量逐年提升，茶业总产值有了明显提高。截至2023年，在七星关区内登记注册的茶叶经营企业（公司）、专业合作社达43家，注册的茶叶商标达19个，建设的茶叶加工厂达13家，种植经营茶叶的农户近万户。

随着经营主体实力不断壮大，在各级政府及相关部门、经营企业（公司）、专业合作社及社会各界人士的共同努力下，七星关区借鉴省内外已有的成功经验，创新地探索出一条适合本区茶叶实际的经营道路，市场开拓取得了显著成效。近年来，生产的茶不仅打开了本地高端市场，也成功进入国内一些大型市场。

截至2023年，在区内市级市场上，大型超市、商店，各种商务活动中，大量出现了本地产出的各类名优茶，农村市场也有本地茶叶销售。太极茶在抢占本区市场的基础上，也积极地向区外、省外一线城市市场拓展。通过努力，七星关区产出的太极古茶、白茶绿茶、红茶已经销往贵阳、广州、上海、浙江、深圳、江苏等地区，销售量达2 000 t以上。

第四节　销售模式

一、增强内质建设，创建良好口碑

好名声需要好品质支撑，为提高茶叶内质，保障以"太极古茶"为代表的七星关区茶叶品质，重点从"育优叶、强优技、培优师、创优牌"四关入手，抓茶叶内质建设。

——育优叶，即培植生产出优越优质的茶青。首先，从茶苗品种着手，保护、开发好原有的古茶树，选育、培植优质的本土茶树品种，从品种上争取市场优势。其次，抓好新老品种的统一，充分利用土地资源和农村劳动力资源，引进发展潜力较大的安吉白茶、黄金芽和龙井等优质品种，扩大茶园规模，从茶叶产量上争取市场优势。最后，充分利用七星关区优越的自然环境条件，按照"有机茶、健康茶、放心茶"的标准要求，生产高品质的优质茶青，主要做法是抓好茶园建设，加强过程管理，严控肥料、农药的超标使用，以"绿色、有机"为选用肥药标准，防止农残、重金属过量超标。总之，就是创建优质茶园，牢牢夯实生产优质茶，创建名优茶的物质基础。

——强优技，即增强和创优加工工艺和技术。首先，抓好学习培训，熟悉和掌握现有先进的加工工艺，学会各类茶系的先进加工技术，提高茶叶初加工和深加工水平，大量培育制茶师。其次，改善茶叶加工条件，建全建强加工厂，引进先进的加工机械设备，完善储藏、运输配套设施，保障优质茶的正常生产。最后，开展技术竞技交流，促进技术创新，提高加工技能，主要做法是以市级、省级政府部门为主导、相关行业部门牵头，在春、夏季通过举办各种类型、各种级别的茶叶手工加工技能大赛，各种茶系的斗茶比赛，以多种形式的竞技活动为平台，创造加大茶叶加工技能学习、交流、切磋、传播的机会，促进加工技能水平的提升，牢牢筑实生产优质茶的技术堡垒。

近年来，七星关区不仅积极举办各种级别的手工制茶、斗茶比赛，为提高农户的采茶水平，还组织举办春茶开采技能比赛和茶园管护比赛等活动。2017年，在太极村成功举办贵州省"太极古树茶手工制茶大赛"，2023年成功举办"'太极古茶杯'贵州省第七届古树茶斗茶赛暨手工制茶大赛"，由七星关区农业农村局、七星关区工会，每年多次组织茶业经营企业（公司）、专业合作社，制茶师等参加市、省举办的各种级别的手工制茶比赛和斗茶大赛。

——培优师，即是培育高级茶叶技能师傅。一方面，加强技能人才培养，特别是培养高级制茶师和高级评茶员，加工是茶叶成品成型的关键环节，加工工艺是决定茶叶外形、汤色、香气、滋味、叶底等五因子品质的决定因素，加工师傅素质高低，决定着成品茶叶品质高低，培育高素质的茶叶加工师傅，是提高茶叶质量，提升茶叶等级的重要保障。为此，贵州省茶叶协会设立了制茶师、评茶员的申报评定部门，并按国家相关要求，编制了申报和考试制度，通过考试的颁发相关等级证书。另一方面，重视理论和实际操作能力，把理论和实际操作结合起来，双轨同步，齐头并进，培养高素质的制茶师。为了改变初期加工技师极度缺乏局面，主要作法：一是以集中培训的形式，聘请相关老师对企业进行培训，提高加工的理论水平；二是重视实操能力，通过举行手工制茶比赛、斗茶比赛，在评比中找出工艺问题及缺陷，在竞赛中交流及提升工艺水平。

近年来，在贵州省茶业协会、省茶业学会、省茶业促进会及省总工会，市、区政府及茶业工会等相关部门共同努力下，在广东省茶业协会及社会各界人士的关心和帮助下，每年都以省、市牵头，在春季、夏季，选择建设较好，具有一定知名度的茶区，举办茶业生产技能培训，手工制茶师比赛，各种茶类的斗茶大赛等活动，以提高制茶师水平，培育高级制茶师。

通过不断组织培训学习，充实了茶叶生产企业（公司）、专业合作社制茶技能师队伍，提升了茶叶生产水平。七星关区2023年茶叶整体加工水平，与2018年前相比，各经营主体的制茶师总体加工水平都有了较大进步，几乎是质的提高；与省内老牌茶叶产区相比，已达到全省的中上游水平。通过比赛，许多师傅在省、市级手工制茶师大赛中，都曾荣获过奖项，有些个人曾多次获奖，比赛活动有力提升了制茶师技能和名誉。

——创优牌，即是引导创建具有地方特色的茶业品牌，把全区的优质茶产品推入市场，享誉市场。为建立具有地方特色的七星关区茶叶品牌，在着力抓好前面三关的基础上，盯准核心产品，引导注册创建具有地方特色的代表性茶叶商标。充分尊重七星关区历史文化，深入挖掘、提炼和展示毕节茶文化，重点以"太极古茶"为核心品牌，带动多元茶叶品牌建设。到2022年底，七星关区茶叶注册商标达19个。

为提高品牌知名度，主要做法是在多元化活动中宣传"太极古茶"，在多极化市场中推销七星关区茶叶，除了在省内外知名报刊、电视、广播、网络等新闻媒体上大力宣传七星关区茶园、茶产品外，还在市区公园、知名景区及大型商务活动中，举办茶叶展销会，多手段、多渠道推广宣传茶叶品牌。近10多年中，多次组织区内茶企（公司）、专业合作社等经营主体参加在广东、上海、浙江、深圳、贵阳、遵义等地举办的大型茶叶展销会，推动本区茶叶走出家门。

积极变被动为主动，转换主场权，积极争取承办各种级别的茶文化活动，以此为抓手提升七星茶叶知名度。2016年举办了"中国古代茶树之乡"授牌仪式和万人品茗活动，2023年举办了"'贵州首届古茶文化节（贵州·毕节）'古茶文化节活动"等。在省内外举办的各类斗茶大赛评比竞技中，"太极古茶"共荣获"茶王"奖10多次，金银奖30多次，这些荣誉的获得，有力宣传了七星关区独特的古茶文化和茶叶产品的优越品质，增强了以"太极古茶"为代表的品牌声誉度，扩大了七星关区茶叶的知名度，拓展了茶产品的国内市场。

二、打开销售渠道，保障市场畅通

茶叶除了要有过硬的内质，还得迎合市场需求，满足消费者的消费观念和喜好，才会有市场，只有被市场接受，茶业才会有生命力。为了更好地畅通销售渠道，打开市场，主要从以下3个方面入手。

首先，根据区域市场特点，目标市场的个性需求，学习和掌握关键性技术工艺，选择对口的加工标准和产品类型，生产出适合目标市场需求的优质茶。比如：在广东、深圳、上海等地市场，红茶就占了市场茶叶需求总量的多数份额，绿茶相对红茶就要少些；在浙江绿茶就占了市场茶叶需求总量的多数份额，红茶需求量在茶叶需求总量中的份额就要小些。不同区域的消费者，其观念和喜好千差万别，对茶叶外形、香型、滋味、汤色等因子的要求和重视度各不相同，这就要求生产者在制定茶叶生产计划，设计加工技术标准时，要充分考虑这些因素，才能生产出对口产品。

为此，七星关政府加强了对目标市场的调查研究，并聘请目标区域大学中与茶有关专业的教授、市场知名企业（公司）及茶业管理部门的领导或技术专家、茶界的名人莅临七星关区进行全方位的技术培训和指导。通过对国内外市场状态的正确认识，精准掌握市场的真实需求，为茶叶生产指明了正确的方向。

其次，加强信息交流，既要把本地优势资源快速、广泛宣传出去，又要把国内外发达地区的先进思路、先进技术、先进方法引进来，通过与本地实际融入再创新，才能实现后来赶超，与时俱进。七星关区充分利用建立"毕节试验区"党中央国务院对毕节发展的重视和支持，及国家领导人对毕节建设的关怀的历史机遇，紧紧握住广东深圳、广州、民盟中央对口帮扶毕节的历史抓手，千方百计地不断对接和邀请茶界著名专家和知名人士为七星关区茶业的发展出谋献策。不断优化营销环境，通过招商引资，引进省内外大型茶业经营企业（公司）和具有较大影响力的销售企业（公司）入驻七星关区，或建厂或建立合作关系。通过这些努力，为七星关区茶业建设指明了方向，探索出一条可持续的良性发展道路。如广东省茶叶收藏与鉴定学会会长陈栋教授，专家吴华玲、陆国明等多位知名专家老师，曾多次莅临七星关区，对七星关区茶农、专业合作社、茶叶加工企业等进行全方位技术培训和指导，帮助提高管理和加工水平。对口帮扶的深圳、广州市、民盟中央也积极资助七星关区茶园、加工厂及基础设施建设，帮助改善茶业发展的基础条件。

通过借力发力的学习和创新发展，提高了全区茶业发展的整体水平，壮大了茶业经营实体，使七星关区茶叶成功进入市场的第一梯队，有效促进了全区茶业的可持续发展。

最后，转变思想，引导本地经营主体树立正确发展观，自觉按照市场规则，积极寻找和建立与发达地区经营主体的合作关系，创建合理的利益连接体制，组建利益共同体，实现资源共享，延展了产业链，壮大了本地茶业的经济体。

在2010年前的较长一段时期，受客观条件及落后思想文化的制约和影响，七星关区许多产业（包含茶业）一直处于闭塞式发展状态。其间，信息闭塞，茶园建设和管理水平、茶叶加工水平、茶叶经营水平等各环节都处于自发、盲目、无序的落后状态，销售市场更是窄小，茶农对茶业前景完全没有信心，全区茶业处于停滞或缓慢的发展状态。茶叶生产经营模式，主要是以家庭为单位，由茶农自产自销，因土地家庭承包经营权的分散性，使茶园具有量少面广的特性，致使茶叶生产经营个体户生产规模小，只能在产地周围的窄小市场销售，只能短暂地在乡、村赶集时销售，茶叶难于进入县级以上市场。2006年，在燕子口镇阳光村（当地人也称上太极），依照当时当地的茶叶零售价格曾经以100元人民币买到（50 kg大米规格装的麻皮口袋）（满袋的）干茶叶，有优质茶青资源，却没有把茶叶的真正产值充分开发出来。

2014年后，在省、市各级政府部门的大力推动下，在各帮扶单位及社会各界人士的关心和帮助下，七星关区基础设施建设，技术传播，信息交流等产业发展的各环节得到全面发展，硬环境和软环境条件有了较大改善，原有陈旧落后的生产经营模式被先进的生产经营模式取代，全区茶叶整体实现了引进来、走出去的涅槃重生。在互信互利基础上，成功建起了"茶农+种植专业合作社+加工企业（公司）+销售公司（企业）+消费者"的产业经营模式，实现了产业链各环节的利益分化和利益融合，把种植农户、种植专业合作社与加工企业（公司），加工企业（公司）与销售企业（公司），生产区与发达城市市场，有机连接起来，形成了产销相互依存、相互发展的利益共同体。至2023年，七星关区茶叶生产企业（公司）、专业合作社，已与广州、深圳、浙江、上海、贵阳等地的一些大型超市、经销商等经营实体建立了良好的产销合作关系。

第八章 东西部协作助力贵州太极古茶发展

"山海情深，协作逐梦，东西共达"。国家实施东西部协作伊始，在国家、省、市等领导关心下，1996年安排深圳市结对帮扶毕节市。到2013年，在毕节市与广州市结对帮扶基础上，深圳市罗湖区、广州市荔湾区、广州市天河区先后与毕节市七星关区实现结对帮扶，其中2013—2015年毕节市七星关区与深圳市罗湖区结对帮扶，2016—2020年毕节市七星关区与广州市荔湾区结对帮扶，2021年开始，调整为广州市天河区结对帮扶毕节市七星关区。结对帮扶以来，毕节市七星关区在人才、资金、技术、消费、劳务等方面获得各结对帮扶区的大力支持，本章以广州市天河区帮扶毕节市七星关区为例，阐述东西部协作助力毕节市七星关太极古茶发展情况。

第一节　东西部协作渊源

东西部协作制度的缘起，主要因改革开放后东部和西部发展的不平衡。改革开放初期，邓小平同志曾对沿海帮扶内地发展作出战略安排："沿海地区要加快对外开放，使这个拥有两亿人口的广大地带较快地发展起来，从而带动内地更好地发展，这是一个事关大局的问题，内地要顾全这个大局。反过来，发展到一定的时候，又要求沿海拿出更多力量来帮助内地发展，这也是一个大局，那时候沿海也要服从这个大局。"

1992年，中共十四大报告指出，经济比较发达地区要采取多种形式帮助贫困地区加快发展。

1994年，国务院初步提出，京津沪等大城市和广东、江苏、浙江、山东、辽宁、福建等沿海较发达的省，都要对口帮助西部的一两个贫困省、区发展经济。

1996年5月，中央作出了"东西部扶贫协作"的重大决策，确定9个东部省市和4个计划单列市与西部10个省区开展扶贫协作。同年10月，中央扶贫开发工作会议进一步作出部署，东西部扶贫协作正式启动。

2016年7月，在东西部扶贫协作开展20周年之际，习近平来到宁夏主持召开座谈会。他指出，东西部扶贫协作和对口支援是推动区域协调发展、协同发展、共同发展的大战略，是加强区域合作、优化产业布局、拓展对内对外开放新空间的大布局，是实现先富帮后富、最终实现共同富裕目标的大举措。

2021年2月，在全国脱贫攻坚总结表彰大会上，习近平庄严宣告：中国脱贫攻坚战取得全面胜利。"东西部扶贫协作"改称"东西部协作"，和驻村"第一书记"、对口支援等成为下一步乡村振兴战略中要继续坚持和完善的制度之一。

2021年4月习近平对深化东西部协作和定点帮扶工作作出重要指示，强调适应形势任务变化，弘扬脱贫攻坚精神加快推进农业农村现代化，全面推进乡村振兴。

第二节　发展贵州省毕节市七星关区太极古茶的意义

脱贫攻坚结硕果，乡村振兴蹄正疾。指尖上的财富·采茶富农；山野里的金山·以茶富业。贵州省毕节市七星关区太极古茶从脱贫攻坚到乡村振兴都担当起致富增收的使命，在爱茶人士心中留下茶中精品的韵味，在种茶采茶群众中种下致富的希望。

一、发掘贵州省毕节市七星关区太极古茶优势

一是太极古茶历史久，数量多。贵州省毕节市七星关区古茶树存量多、分布广，部分古茶树干高达6 m、树龄超800年。经考证，现有80年以上树龄古茶树30余万株，已挂牌69 877株，主要分布于七星关区亮岩镇、燕子口镇、清水铺镇、层台镇、小吉场镇、生机镇、普宜镇、阿市乡等乡镇。

二是太极古茶制茶技术强。太极古茶主要由贵州省毕节市七星关区亮岩镇"广州天河·毕节七星关共建——七星太极古树茶产业园"的毕节市七星太极古树茶开发（集团）有限公司生产，该公司得益于粤黔东西部协作资金、技术支持，通过产品升级，技术提升，现已形成红茶、绿茶、白茶等四大系列30款产品，销售范围遍布北京、上海、广州、深圳等20多个地区。

三是太极古茶质量高。贵州省毕节市七星关区太极古茶具有独特的品质，茶汁色泽乌润显毫、汤色橙红明亮、花果香或木脂甜香持久、滋味甜醇耐泡，余味悠长，获得省内外茶界人士一致好评，并在各类斗茶大赛中荣获"茶王""金奖""一等奖"等奖项50余项。"太极古茶"逐渐成为七星关生态高效农业的一张靓丽名片。

二、贵州省毕节市七星关区太极古茶对乡村振兴的贡献

一是帮助群众实现就业增收。古茶产业集约化、规模化、标准化、品牌化发展，实现了产业发展促农民增收，农民发展促企业增效的双赢目标。特别是古茶产

业的兴起，结合茶产业劳动密集型特殊属性，解决了"386199"（即留守妇女、留守儿童、空巢老人）队伍就业问题，实现了在家门口就近就业"宏愿"，以毕节市七星太极古树茶开发（集团）有限公司为例，按照"公司+合作社+农户"利益连接模式，辐射带动30 000余人，户均增收5 000元以上，大大加快了乡村振兴步伐。

二是助推旅游观光业发展。助力古茶产业发展，是坚持"创新、协调、绿色、开放、共享"新发展理念的产物，古茶产业规模化、标准化发展，逐渐成为网红打卡地，乡村民宿正在萌芽成长，茶旅结合成为新的经济发展模式，不仅带动当地群众增收，也带给群众更优的观光体验。

第三节 天河区实施"三个体系建设"助力七星关区古树茶产业高质量发展

2021年3月天河区与七星关区结对帮扶以来，深入学习贯彻习近平总书记关于东西部协作和定点帮扶重要指示精神，全面落实党中央决策部署和粤黔两省、穗毕两市工作要求，始终心怀"国之大者"、胸怀"两个大局"，坚决扛起东西部协作重大政治任务。以推进七星关古树茶产业发展为产业帮扶重点，加强基础设施体系建设、产业体系建设、营销体系建设，助力七星关区茶产业高质量发展，有效带动七星关群众增收致富。

七星关区是贵州的老茶区，产茶历史悠久，早在清朝时期所产制的"太极茶"就已成为中国名优茶叶，在清朝时期曾为"贡茶"，是毕节市古茶树存量最多的地区，具有非常优质的古树茶资源。但七星关区古树茶产业存在基础设施不健全、加工企业规模小、茶园分布散、制作工艺水平弱、技术人才缺口大、产业体系不完善、品牌竞争力低下等发展瓶颈，天河区紧紧围绕七星关区古茶产业发展问题，精准实施"三个体系建设"助力七星关区古茶产业发展（图8-1、图8-2）。

图8-1 2023年9月16日七星关区区长黄海刚赴广州市天河区召开两区党政联席会议

图8-2　天河区·七星关区东西部协作党政联席会议

一、完善基础设施体系

天河区帮扶以来，加大资金投入，为了完善七星关区茶叶产业基础设施体系，保障茶叶产业高质量发展。

（一）完善茶叶加工体系

天河区投入620万元用于七星关区亮岩镇、荷官屯镇产业园茶叶加工厂建设以及茶叶加工设备购买。

（二）完善茶产业基础设施建设

在七星关区朱昌镇茂岑茶叶基地投入150万元用于产业路及水源及小吉场镇大吉古韵产业园生产便道建设以及官屯镇产业园茶叶加工建设，同时投入50万元青场镇老街茶叶产业照明项目建设。

（三）弥补茶叶产业发展资金空缺

2021年以来，天河区累计投入228万用于七星关区古树茶树品牌创建及古树茶推广，及时补齐了七星关区茶产业发展短板。

二、完善产业体系建设

（一）培育良种体系

引入广东省茶叶收藏与鉴赏协会和广东省农业科学院茶叶研究所专家团队在当

地设立"七星太极古茶研究专家工作站",进行新品种选育、种苗繁育、加工等技术指导。目前,广东省农业科学院茶叶研究所在七星关区亮岩镇太极村筛选出103株优良古茶树进行单株资源鉴评,选育出5个香气、滋味特异,具有太极红茶代表性特征且适应当地高海气候的优异茶树单株,已申报植物新品种权,申报成功后可在邻近高海拔地区推广普及,有效促进了古茶树品种的升级迭代。七星关区现有国储林21.97万亩,良种的开发利用既能大幅扩大古树茶产业规模,又能防止过度采摘保护现有古茶树,为古树茶产业扩模提质发展奠定了坚实基础。

(二)建立标准体系

组织了广东省农业科学院茶叶研究所、国家红茶品种改良岗位科学家吴华玲研究员团队和广东省茶叶收藏与鉴赏协会陈栋研究员团队深入太极茶叶产区,对太极红茶感官品质标准和加工技术规范等进行了深入研究,制定了《太极红茶》《太极古树红茶加工技术规程》两个团队标准,大幅提高了古树茶工艺标准化水平。工艺标准提升后,当地鲜茶收购价从原来的10~30元/斤上升到30~100元/斤,干茶平均售价超1 000元/斤。

(三)打造人才体系

制定制茶师职业人才培养计划,举办两届粤黔协作制茶师培训班,由广东省茶叶收藏与鉴赏协会对七星关区50多名茶企骨干制茶技能进行了系统的培训,参加培训人员全部通过了贵州省茶叶协会的考核,多次在贵州省、毕节市制茶大赛中获奖,为七星关区古树茶产业发展培养了一批实用型人才。

(四)搭建品牌体系

借助2023年4月首届"贵州古茶文化节"(图8-3),对已制订的《太极红茶》《太极古树红茶加工技术规程》2个团体标准进行隆重发布,受到人民网、新华社等央媒的广泛报道,扩大了"太极古茶"品牌认知度。组织广东省农业科学院茶叶研究所、广东省茶叶收藏与鉴赏协会和贵州省茶叶协会专家等撰写《贵州太极古茶》书籍,扩大"太极古茶"品牌的知名度。2023年9月在广州市天河区举办"太极古茶"品牌推介会,采用现场短片介绍、品鉴会、茶艺表演、线上直播等丰富的内容形式,介绍了七星关太极古茶的历史、文化及品质,推动多家广东企业签署了战略合作推广协议。据统计,推介会网络直播观看量达19.2万人次,新媒体总播放量达176.2万次,扩大了"太极古茶"品牌美誉度。邀请《中国经济周刊》《南方日报》《贵州日报》和《广州日报》等媒体深入"太极古茶"产地采访并报道,持续保持品牌热度,扩大"太极古茶"品牌显示度。

图8-3　2023年贵州古茶文化节斗茶大赛——参赛选手制茶

三、完善营销体系建设

2021年天河区结对帮扶以来，组织七星关区当地茶叶企业参加了广博会、茶博会、农民丰收节等展销活动，通过走访芳村茶叶市场及广州市有关茶企、直播带货、在消费帮扶馆设立"贵州太极古茶"专柜，在国内知名"找找茶品牌网"（广州）的乡村振兴栏目设立专区等方式全面推介"贵州太极古茶"，帮助当地茶企打通供销渠道。

天河和七星关两区共建七星太极古树茶产业园携手推进以来，七星关区古树茶产业实现迅猛发展，古树茶年销售额实现大幅增长，共建推动的茶叶龙头企业以"公司+合作社+农户"的联农模式发挥了联农带农作用，带动越来越多的农户增收。据初步统计，七星关区古树茶年产值从2020年的不足300万元提升到2023年的4 000万元，带动茶农增收从2020年的700余户到2023年的4 000多户。目前，"太极古茶"已成为七星关区生态高效农业和带动农民增收的一张靓丽名片，也已走出贵州，走向大湾区，走向全国（图8-4至图8-6）。

图8-4 广州天河·毕节七星关共建太极古树茶产业园

图8-5 当地群众在茶叶基地里采摘茶青

图8-6 毕节市七星关区太极古茶获得各类奖项、荣誉证书

附录一：太极古茶大事纪

2015年初七星关区信访局派出驻村干部李德亮任太极村驻村支部书记，看到古茶树无人管理，村民随意砍伐后，萌生以茶兴农、带领当地百姓脱贫致富的想法。他将这一想法向信访局赵敏局长请示，得到赵局长大力支持，经多方筹谋，联系到谢涛等几位返乡创业青年，共谋发展太极古茶树产业。

2015年5月7日，七星关区太极茶叶种植农机服务专业合作社成立，在太极村村委旁建茶叶加工临时厂房，购置茶叶加工设备，构建了太极古茶最初雏形。

2015年8月初，在七星关区信访局赵敏局长引荐下，与贵州省茶叶协会达成技术帮扶协议，精准帮扶太极村，由贵州省茶叶协会联系派送专家现场指导太极古树茶叶加工。

2015年10月，为了试验古茶树繁育，七星关区太极茶叶合作社试验古茶树采穗扦插12亩，因缺乏专业技术，古茶树繁育未成功。

2016年2月18日，贵州省茶叶协会会长张达伟在毕节市农工委副书记阮仕君的陪同下，前往七星关区亮岩乡太极村考察古茶树资源保护情况，要求亮岩镇太极村委牵头，对太极村周边村寨进行古茶树普查登记。得益于毕节市农工委、七星关区农业农村局、亮岩镇政府大力支持，普查挂牌古茶树69 877株。

附录一：太极古茶大事纪

2016年3月9日，贵州省茶叶协会授予七星关区亮岩镇太极村"贵州古茶树之乡"。授牌仪式在亮岩镇太极村村委举行，贵州省茶叶协会张达伟会长、广东省茶叶收藏与鉴赏协会会长陈栋、贵州省茶叶协会秘书长赵玉平、贵州省供销社原副主任赵联杰、毕节市人大原副主任、市茶产业协会会长赵英旭、毕节市七星关区信访局局长赵敏、亮岩镇党委书记崔庆鼎、镇长吴传义、太极村驻村支部书记李德亮等参加授牌仪式。广东省茶叶收藏与鉴赏协会会长陈栋、贵州省茶叶协会秘书长赵玉平现场指导太极古树红茶、古树绿茶的加工。

陈栋、张达伟、赵玉平及其他领导一行实地考察太极村古茶树品种、树龄，分出八种不同茶树品系单独加工评审，对不同品种茶叶初步制定太极红茶、绿茶加工技术规程。

2016年4月25—28日，中国茶叶科学研究所茶树种质资源研究中心主任、中国茶叶产业技术体系专家陈亮博士、中国茶叶产业技术体系遵义综合试验站站长王家伦等6名专家组成考察组，在毕节市人大常委会原副主任、市茶产业协会会长赵英旭、市委农工委副书记阮仕君、市农科所聂宗顺主任及七星关相关负责人的陪同

下，深入七星关区亮岩乡太极村察看古茶树，并对古茶树资源保护情况做出批示。

2016年6月6日，贵州省茶叶协会第三次代表大会暨换届大会在贵州省政协会议室召开，贵州省原副省长禄智明当选会长。会上，贵州省茶叶协会秘书长赵玉平与太极村"第一书记"李德亮签订《贵州省茶叶协会精准帮扶太极村协议》，协议内容如下：①由贵州省茶叶协会联系省内外茶叶专家对太极古树茶加工指导；②允许在太极古树茶包装物上印制贵州省茶叶协会监制字样；③三年内太极村茶农在原有茶叶收入的基础上户均增收1 000元。

2016年6月24日，在贵州省茶叶协会张达伟会长帮助下，太极古树茶第一次走出家门，参加北京展览馆马连道国际茶业博览会，在吴裕泰茶庄品鉴会上得到与会专家的一致好评。

2016年8月26日，毕节市"奢香贡茶杯"春季斗茶赛上，由广东省茶叶收藏与鉴赏协会会长陈栋指导加工生产的太极古树红茶荣获"一等奖"。

2016年8月28日，贵州省茶叶协会专家组多次深入七星关区亮燕子口镇、亮岩镇对当地古茶树考察论证，发现古茶树30余万株。以此为载体，中国茶叶流通协会授予毕节市七星关区"中国古茶树之乡"荣誉称号，会议在毕节福鹏喜来登举行，中国茶叶流通协会副会长张达伟、贵州省茶叶协会会长禄智明授牌，七星关区区长胡敬斌、副区长颜岭揭牌。来自国家级的金字招牌，充分肯定七星关区丰富的古树茶资源，对当地古树茶产业发展起到积极作用。

2016年10月11日，贵州省委常委、毕节市委书记陈志刚到亮岩镇太极古茶厂调研，详细了解太极古茶古树品种、资源分布情况，在查看古茶树枝条扦插育苗基地后，强调太极古茶树资源珍稀，务必科学保护、合理开发，实现带领茶农增收早日脱贫致富。

2016年10月29日，贵州秋季斗茶赛在西南国际商贸城贵州茶博城隆重举行。贵州省人大常委会副主任傅传耀，贵州省政协副主席孙国强、陈海峰、谢晓尧、李汉宇、蔡志君，省政协秘书长李月成，省委宣传部、省农委、省工商联等来自全省9市（州）43个茶叶主产县政协系列领导、农委（茶办）、茶叶企业、茶叶行业组织，以及来自政协委员等400余人参加了斗茶赛现场活动。七星关区太极茶叶合作社选送由贵州省茶叶协会秘书长赵玉平指导生产的太极古树绿茶荣获"茶王"奖。

2016年11月15日，毕节七星太极古树茶开发有限责任公司成立，新建太极古树茶加工厂，新厂占地12亩，其中加工车间占1 200 m²，办公楼、展厅、陈列室、检验室共计1 600 m²，一是集茶叶加工、销售、科研于一体的现代化企业。

2017年6月9日，由贵州省茶叶协会、黔南州茶叶产业发展管理局、中国国际茶文化研究会民族民间茶文化研究中心共同举办的首届贵州古茶树斗茶比赛在贵州省都匀市举行，毕节七星太极古树茶开发有限公司选送的太极古树红茶荣获"银奖"。

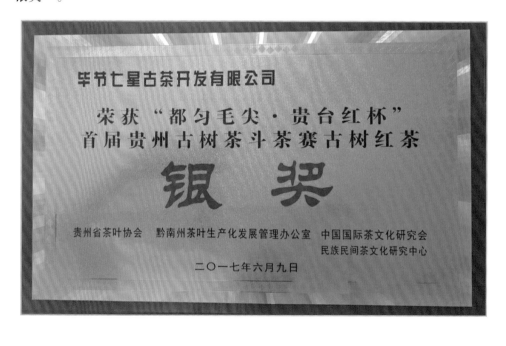

2018年5月12—13日，由贵州省茶叶协会、中国国际茶文化研究会民族民间茶文化研究中心主办，七星关区人民政府承办，毕节七星太极古树茶开发有限责任公司协办。"太极古茶杯"贵州省首届古树茶手工制茶大赛暨第二届贵州古树茶斗茶赛在毕节市七星关区亮岩镇太极古茶公司举行。公司选送的七星太极古树红茶荣获"茶王奖"。

2018年6月9—11日，由贵州省总工会、贵州省人力资源和社会保障厅、贵州省茶叶协会主办，贵州省第七届手工制茶和首届评茶师技能大赛在威宁彝族回族苗族自治县举办。毕节七星太极古树茶开发有限责任公司谢涛荣获手工红条茶加工"三等奖"

2019年9月23日，毕节市第一届农民丰收节在七星关区举办，毕节七星太极古树茶开发有限责任公司被评为"龙头企业"。

2020年8月22日，贵州省茶叶协会会长禄智明（贵州省原副省长）在中国林业出版社，作为编委参加了《中国茶全书·贵州卷》审定，该书收录了贵州毕节七星关区太极古树茶。

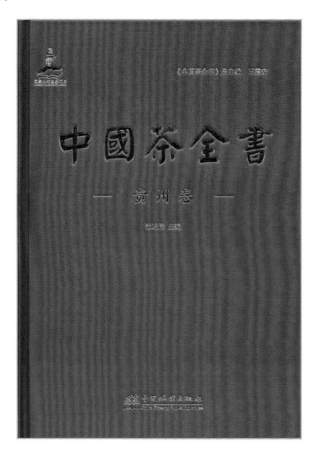

2020年9月17—20日，在贵州省茶叶协会会长禄智明、副会长张达伟、市农委聂忠顺、七星关副区长陈翔宇陪同中央电视台"发现之旅"栏目组刘云宵、付玉龙编导一行到七星关区亮岩镇太极村、燕子口镇阳光村拍摄太极古茶树宣传片。

2020年9月22日，由中央农业农村部，贵州省人力资源和社会保障厅，贵州省总工会，贵州省农业农村厅主办，第三届全国农业行业技能大赛贵州选拔赛茶叶加工精制项目，毕节七星太极古树茶开发（集团）有限责任公司谢涛荣获第二名，10月在福建武夷山全国总决赛获制茶率单项第一名。

2021年3月17日，原贵州省人大常务委员会副主任，现贵州省绿茶品牌促进会会长傅传耀亲临毕节七星太极古树茶开发（集团）有限公司指导春茶加工工作，给予"七星太极"古树茶高度评价，并现场题字赠予公司。

2021年4月18—20日，贵州省第十届手工制茶技能大赛暨第十三届贵州省茶叶博览会在毕节市百里杜鹃展览馆举行，中国农业科学院原院长、中国农业国际合作促进会会长翟虎渠受邀出席。

毕节七星太极古树茶开发（集团）有限责任公司七星太极古树红茶荣获毕节市"红杜鹃杯"斗茶大赛"一等奖"。

2021年4月30日，贵州省春季斗茶赛颁奖会在都匀市举行，毕节七星太极古树茶开发（集团）有限责任公司选送"七星太极"古树绿茶荣获卷曲型绿茶"茶王金奖"，贵州省人大常委会党组书记、副主任、省农村产业革命茶产业领导小组组长幕德贵亲自授牌。

2021年5月19日，市委副书记、七星关区委书记吴东来，在毕节市农业农村局党组书记、局长胡书龙，毕节市农业发展有限公司董事长马友省，七星关区委常委、区委办主任吴伟陪同下，到亮岩镇七星太极茶厂调研，太极古茶公司董事长向程葵详细汇报古树茶规模、管护、开发、茶厂运营、生产工艺、销售推广及群众受益等有关情况。

2021年5月25—27日，由贵州省总工会、贵州省供销社、贵州省茶叶协会主办，七星关区人民政府承办，贵州省第四届古茶树加工技能大赛暨贵州省第五届古

树茶斗茶赛在毕节七星太极古树茶开发（集团）有限责任公司举办。贵州省茶叶协会会长禄智明，副会长张达伟，秘书长赵玉平、蒲蓉，毕节市市人大常委会主任、毕节市茶叶协会会长赵英旭出席会议。公司选送的"七星太极"古树红茶荣获"茶王奖"、古树绿茶荣获"银奖"，手工制茶选手许高玉荣获红条茶加工"三等奖"。

2021年6月2—3日，贵州民院茶文化研究院王芳院长带领科研团队赴毕节市七星关区开展太极古茶保护和开发调研活动，毕节市委副书记、七星关区委书记吴东来及区长胡敬斌出席接待，并与分管副区长陈翔宇及相关茶企负责人开展实地走访和座谈。

2021年6月29日，毕节七星关区太极茶叶合作社入选全国农民合作示范社。总社通知要求，国家农民合作社示范社作为农民合作社的先进典型，要珍惜荣誉，再接再厉，进一步内强素质、外强能力；要强化服务宗旨，不断满足成员联合与合作的需求，带动农民增收；要坚持守法经营，弘扬团结互助、诚信友爱的合作文化，充分发挥示范带头作用，引领广大农民合作社持续健康发展。

贵州45家入选！国家农民合作社示范社名单公布

贵州省人民政府网　2021-06-29 17:42
发表于贵州

近日，农业农村部、国家发展改革委、财政部、水利部、税务总局、市场监管总局、国家林草局、供销合作总社根据《国家农民合作社示范社评定及监测办法》的规定，全国农民合作社发展部际联席会议认定北京圣泉农业专业合作社等1759家农民合作社为2020年国家农民合作社示范社，其中贵州有45家农民合作社示范社榜上有名。

2021年11月10日，贵州省秋季斗茶赛颁奖仪式在贵安新区举行，毕节七星太极古树茶开发（集团）有限责任公司选送的古树红茶荣获"茶王金奖"；古树绿茶荣获"银奖"。

2022年3月16日，贵州省委副书记、省人大常委会党组书记蓝绍敏在毕节市委副书记、七星关区委书记吴东来陪同下到毕节七星太极古树茶开发（集团）有限责任公司调研，在听取公司董事长向程葵对太极古茶树品种、加工工艺、市场销售、利益联结等方面详细汇报后，强调要以古树茶产业为中心，引导毕节茶产业高质量发展。

2022年4月14日，贵州省委常委、毕节市委书记吴强，在市委副书记、七星关区委书记周舟及副区长汤志刚等领导陪同下，到毕节市七星关区太极古茶开发有限公司调研，详细听取公司董事长向程葵对太极古茶古树品种、生产加工、品牌打造及利益联结等情况汇报。而后，市委书记吴强强调要珍惜古茶树资源，坚持守正创新，建立好完善发展机制，进一步发挥古茶树资源优势。

2022年4月21日，毕节市委副书记、七星关区委书记周舟，副书记饶萍，副区长汤志刚到毕节七星太极古树茶开发（集团）有限责任公司调研，听取公司董事长向程葵对古茶树保护、加工、销售及利益联结作了详细汇报后，强调要利用生态优势，充分挖掘古茶文化，加强古茶树管护力度。

2022年5月20日，第十四届贵州省茶产业博览会毕节分会场暨毕节市首届手工制茶大赛颁奖在织金平远古镇举行。毕节七星太极古树茶开发（集团）有限公司选送"七星太极"古树绿茶荣获"银奖"；手工制茶选手许高玉荣获红条茶加工"三等奖"。

2022年5月30日，在广州市天河区委、区政府大力支持下，七星关区副书记饶萍、副区长练惠林、区农业农村局相关领导、毕节七星太极古树茶开发（集团）有限责任公司董事长向程葵与广东省农业科学院茶叶研究所吴华玲研究员、广东省茶叶收藏与鉴赏协会会长陈栋，共同签订战略合作协议、建立广东省茶叶收藏与品鉴协会"毕节技能人才培育基地"、广东省农业科学院茶叶研究所"毕节科研合作基地"及国家茶叶产业技术体系红茶品种改良岗位科学家"太极古茶专家工作站"，将太极古树茶公司纳入广州天河·毕节七星关共建七星太极古树茶产业园。柔性引

进茶叶专家团队，充分将七星关区发展与人才振兴、产业振兴相结合，为七星关区的茶产业发展注入新活力。

2022年6月1日，贵州省春季斗茶大赛在安顺市西秀区颁奖，毕节七星太极古树茶开发（集团）有限责任公司选送的古树茶绿茶获"茶王金奖"。

2022年6月13—15日，毕节市委副书记、七星关区委书记、毕节高新区党工委书记周舟率七星关区、毕节高新区党政代表团赴广州市考察学习，开展招商引资活动，并出席天河区·七星关区党政联席会议、增城区·毕节高新区东西部协作党政联席会议。会议上，周舟介绍了七星关区的历史文化和发展历程，对天河区的倾情帮扶表示衷心感谢，希望双方持续强化互访互往和联系联络，进一步加强沟通、增进友谊，力争取得最大的协作帮扶效果，在共建现代农业产业园、招商引资、劳务输出、教育医疗帮扶，党政干部、科技干部、医教人员交流以及人才培训等领域深化协作，实现更高水平、更宽领域的合作共赢。

2022年6月16日，贵州省第六届古树茶斗茶大赛在兴义市晴隆县茶厂揭晓，毕节七星太极古树茶开发（集团）有限责任公司选送"七星太极"古树绿茶荣获"银奖"。

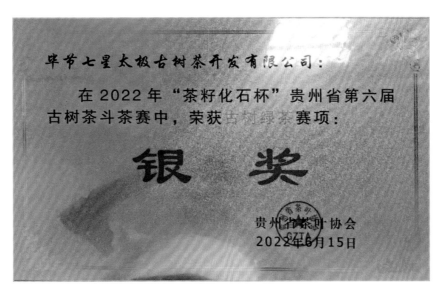

2022年7月4日，"中茶杯"第十二届国际鼎盛茶王赛，毕节七星太极古树茶开发（集团）有限责任公司七星古树绿茶荣获"金奖"。

2022年8月6—7日，2022年贵州省职业技能大赛——第五届"乌蒙古茶杯"古树茶制茶技能大赛在毕节职业技术学院举办，主题是"走进花海毕节、品味古茶醇香，传承工匠技艺、助推产业发展"，宗旨是进一步助推贵州省茶产业高质量发展，传承茶叶传统加工工艺和弘扬工匠精神，打造古树茶加工交流学习平台，提升"毕节古茶"的市场影响力。毕节市选手赵朝文（毕节七星太极古茶开发有限责任公司）荣获古树红茶一等奖。

2022年8月25日，贵州省委常委、毕节市委书记吴胜华，毕节市委副书记、七星关区委书记周舟，副书记饶萍等领导到七星太极古树茶开发有限公司调研工作，吴胜华书记在听取公司董事长向程葵对太极古茶古茶树品种及保护情况、生产加工、品牌打造及利益联结等情况汇报后，强调要珍惜古茶树资源，认真落实《贵州古茶树保护条例》，抓好古茶树日常管护，加强宣传营销，提升太极古茶知名度和影响力，促进茶产业高质量发展。

2022年8月28日，由广东省茶叶收藏与鉴赏协会承办的"2022年粤黔协作毕节市七星关区制茶师培训班"，在毕节职业技术学院隆重开学。经过5天2夜紧张、有序的红茶加工原理、制茶关键控制点和实操制茶实训，有37名学员获得结业并通过了由贵州省茶叶协会组织的茶叶加工（中、高级）职业技能考核认定，于9月1日圆满完成培训任务。

贵州省茶叶协会常务副会长张达伟、副会长兼秘书长赵玉平，七星关区委常委、副区长练惠林，广东省茶叶收藏与鉴赏协会会长、广东省农业科学院原副院长陈栋，毕节职业技术学院副院长杨慧、实训处长陈冰，国家茶叶产业技术体系红茶品种改良岗位科学家吴华玲研究员，以及广东省茶叶收藏与鉴赏协会陆国明、刘容飞高级工程师和贵州省茶叶协会副秘书长蒲蓉、茶旅专委会主任陈雨虹等领导和专家分别出席了开学和结业典礼，并为学员颁发结业证书。

附录一：太极古茶大事纪

　　2022年8月31日，贵州省农业农村厅党组副书记、副厅长胡继承到七星关区亮岩镇太极村调研古茶树保护开发情况，深入了解太极古树茶品种、加工、销售情况，对太极古树茶品质作充分肯定。

　　2022年9月29日，为抗击新冠疫情，毕节七星太极古树茶开发（集团）有限责任公司捐赠价值人民币32万元抗疫救援物资，万众一心、众志成城，为打赢疫情歼灭战尽企业一份社会责任。

　　2022年10月，广东省粤黔协作工作队毕节工作组七星关小组组织了毕节七星太极古树茶开发（集团）有限责任公司与广东农业科学院茶叶研究所、广东省茶叶收

藏与品鉴协会，对"太极古茶"产品进行感官审评和生化成分测定，完成不同等级太极红茶品质特点的定性定量分析及感官品质术语描述，对筛选的优质古茶树种质进行采穗嫁接繁育，培育优良古茶树新品系。

　　2022年11月4日，毕节市副市长李飔在毕节市农业农村局党组书记、局长胡书龙、市茶叶专班班长王立新、七星关区相关领导陪同下，到毕节七星太极古树茶开发（集团）有限责任公司调研，详细了解太极古树茶保护开发、生产工艺、品牌推广及茶农利益联结情况，强调要保护好珍稀古茶树资源，做好品牌宣传，引领毕节市茶产业高质量发展。

2023年3月26日至4月12日，为助力东西部协作，促进黔茶中国式现代化，广东省茶叶收藏与鉴赏协会和国家茶叶产业技术体系红茶品种改良科学家团队，再次深入毕节进行技术服务，前往七星关区"问诊"太极古茶树，包括对古茶树的生物学性状调研，对极具当地特色和风格的单株古茶树进行红茶适制性试验和品质鉴定，同时开展茶叶高级加工技能人才培训。

2023年4月14—15日，贵州省第七届古树茶斗茶赛暨毕节市古树茶加工技能大赛在贵州毕节七星太极古茶开发有限公司举行，"七星太极"古树茶分别荣获贵州

省第七届古树茶斗茶赛绿茶类"茶王奖"、红茶类"金奖"；毕节七星太极古树茶开发（集团）有限公司谢涛荣获毕节市古树茶手工加工技能大赛绿茶"一等奖"。

2023年4月16日，以"生态毕节、古茶之乡、太极古茶、与您共享"为主题的首届贵州古茶文化节在七星关隆重开幕。贵州省委常委、毕节市委书记吴胜华出席开幕式并宣布文化节开幕。中国茶叶流通协会会长、国家茶叶标准技术委员会副主任、中国社会组织促进会副会长王庆致辞。

毕节市委副书记、市长吴东来做茶产业推介。十六届及十七届中央候补委员、中国农业科学院原院长、中国农业国际合作促进会名誉会长翟虎渠，贵州省老领导许正维、傅传耀、禄智明、黄家培，省水库和生态移民局原巡视员陈万桥，致公党中央社会服务部部长马传凯，贵州省社会科学院党委书记吴大华，湖南省体育局局长罗双全，贵州省农业农村厅副厅长胡继承，市人大常委会主任张翊皓，市政协主席杨宏远出席。毕节市委副书记、七星关区委书记周舟致欢迎辞。开幕式由毕节市政府副市长李嫄主持。

2023年4月16日，在首届贵州古茶文化节上发布《太极红茶》和《太极红茶加工技术规程》两个团体标准。这两个标准是由广东省茶叶收藏与品鉴协会会长陈栋研究员和国家茶叶产业技术体系红茶品种改良岗位科学家吴华玲研究员团队经过近两年反复对比研究，筛选、优化和总结，并牵头完成编制，对太极古树茶加工生产意义深远。

2023年5月26日，第十五届"亚泰杯"茶叶博览会颁奖现场，毕节七星太极古树茶开发（集团）有限责任公司"七星太极"古树红茶、古树绿茶分别荣获"特级金奖"和"金奖"。

2023年5月29—31日，在以"匠心筑梦·技能黔行"为主题的贵州省第一届职工职业技能大赛——"朵贝贡茶杯"手工制茶、古树茶加工技能大赛上，毕节七星太极古树茶开发（集团）有限公司谢涛荣获古树红茶赛项第一名。

2023年6月6日，毕节市副市长徐刘蔚带队赴亮岩镇太极村、燕子口镇阳光村调研古茶树保护与产业化开发情况，并对毕节七星太极古树茶开发（集团）有限公司提出了增加茶叶产品花色并满足不同消费者需求的建议。

2023年6月29日，在"中茶杯"第十四届鼎盛国际茶王赛，毕节七星太极古树茶开发（集团）有限责任公司选送的"七星太极"古树红茶、古树绿茶分别荣获"金奖"。

2023年7月3日，省政协副主席孙诚谊赴乡村振兴联系点七星关区开展主题教育蹲点调研。孙诚谊先后前往燕子口镇阳光片区石板坡古茶树基地、亮岩镇太极村毕节七星太极古树茶开发（集团）有限责任公司，重点就七星关区古茶树资源调查、建档、管护情况，古树茶产品开发，太极古茶公司与当地古茶保护管理开发合作联社及农户利益联结机制，以及当地党政部门与太极古茶公司、合作联社共同推动茶产业发展情况进行调研。

2023年7月3日，农业农村部茶叶质量监督检验测试中心原主任、国家茶产业科技创新战略联盟理事长、中国茶叶研究所原副所长、中国科学技术协会茶叶首席科学传播专家、全国茶叶标准化技术委员会绿茶工作组组长、中国国际茶文化研究会学术委员会副主任研究员鲁成银到毕节七星太极古树茶开发（集团）有限责任公司、燕子口镇阳光村调研古茶树保护与产业化开发情况。

2023年7月19日，全国人民代表大会常务委员会、民盟中央专职副主席谢经荣及相关领导到毕节七星太极古树茶开发（集团）有限责任公司调研，在听取公司负责任人向程葵对太极古茶树品种、生产销售、品牌打造和利益联结等情况汇报后，强调要珍惜宝贵的古茶树资源，加强古茶树保护，抓好茶园日常管护，强化宣传营销，提升"太极古茶"知名度和影响力，促进茶产业高质量发展。

2023年9月3日，贵州毕节著名歌唱家李奎老师把太极古茶带到CCTV17《丰收集结号》，让太极古树茶再次走进中央广播电视总台农业栏目。

2023年9月8日，致公党中央参政议政部部长郑业鹭带队到燕子口镇阳光村、亮岩镇太极村调研古茶树保护与产业化开发情况，并对毕节七星太极古树茶开发（集团）有限责任公司提出了加工工艺改进，满足不同消费者需求的建议。

2023年9月17日，由毕节市七星关区人民政府、广州市天河区人民政府主办，广东省茶叶收藏与鉴赏协会、毕节市七星关区农业农村局、广州市天河区农业农村局共同承办的"贵州七星太极古茶"品牌推介会在广州隆重举办。出席本次推介会的有广州市和天河区的领导、毕节市七星关区领导、毕节市茶产业领导、贵州省茶叶协会领导及会员、广东省茶叶收藏与鉴赏协会领导及会员、广东省农业科学院茶叶研究所的专家团队、广东省茶文化促进会、东莞市茶叶行业协会、广州广宁商会、广州花都茶文化促进会等嘉宾，共130余人。推介会以"太极古茶·黔韵粤香"为主题，旨在打造以"太极古茶"为核心品牌，进一步挖掘、提炼和展示毕节古茶文化，把以"古茶"为代表的毕节市七星关区茶产业"出山入湾"、走向全国，助推毕节市七星关区古茶产业高质量发展。推介会上，七星关区委副书记、区长黄海刚和天河区委常委、副区长刘庆进分别进行致辞；广州市协作办党组成员、副主任、广东省粤黔协作工作队广州工作组组长黄焕葆深入介绍了2021年以来，天河区结对帮扶七星关区采取"资金帮扶、技术帮扶、人才帮培"措施，助力毕节市七星关区茶产业全面高质量发展的情况；广东省茶叶收藏与鉴赏协会会长陈栋在推介会上作了贵州太极古茶研究成果专题报告，系统介绍了太极古茶的品质特点和发展优势。贵州省人大常委会副主任、贵州省茶叶协会会长禄智为推介会作总结讲话。他充分肯定了推介会的举办成效，对粤黔协作工作队及广东省农业科学院茶叶研究所、广东省茶叶收藏与鉴赏协会帮扶太极古茶产业振兴发展给予了高度评价，并为贵州太极古茶今后的发展指明了方向。广州市找茶品牌网茶业有限公司、广东茶叶金帆发展有限公司、广州市瑞丰实业发展有限公司、广东粤茶文化有限公司、广州问山茶叶有限公司、广州鸣睿文化传播有限公司、广州福宝留易有限公司等多家企业与七星关区企业代表签署了战略合作推广协议，致力共同推广"太极古茶"。

2023年9月23日，广州市协作办党组书记、主任高耀宗，毕节市委常委、七星关区委书记李飚等领导一行到七星关区亮岩镇、燕子口镇考察调研太极古茶产业发展情况。

2023年10月28日，申报了"太极1号""太极2号""太极3号""太极5号"和"太极6号"5个植物新品种权。植物新品种是在粤黔东西部协作政策的支持下，广东省农业科学院茶叶研究所、广东省茶叶收藏与鉴赏协会等正在对毕节市七星关区古茶树资源开发利用、进行新品种选育，从103株有特色的茶树中精挑细选，选出5个优异新品种。

2023年11月23日，贵州省政府副秘书长、广东省粤黔协作工作队领队胡爱斌，广州工作组组长黄焕葆，毕节工作组组长谢钦伟等赴七星关区亮岩镇、燕子口镇调研太极古茶产业发展情况。

2023年11月和12月，广东省农业科学院茶叶研究所茶树资源与育种团队主任吴华玲研究员带领团队成员倪尔冬和潘晨东多次前往毕节，进行茶树资源性状调研，并指导新品种母本园和品比园的建设。

附录一：太极古茶大事纪

2023年12月26日，天河区委常委、区委统战部部长谢长林率队赴七星关区燕子口镇、亮岩镇调研太极古茶产业发展情况，并在七星关区政府召开天河区·七星关区古树茶产业推进工作联席会议。

2024年4月21日，乡村振兴赋能计划走进贵州毕节七星关暨2024太极古茶文化推广季在七星关区成功举办。会上，广东省茶叶收藏与鉴赏协会会长、太极古茶特聘专家陈栋同志和贵州省茶叶协会副会长赵玉平同志荣获太极古茶开发终身成就奖；国家茶叶产业技术体系红茶品种改良岗位科学家、广东省农业科学院茶叶研究所茶树资源与育种研究室主任吴华玲，广东省农业科学院茶叶研究所倪尔冬博士、原七星关区委常委、副区长练惠林等同志荣获太极古茶开发突出贡献奖。

2024年4月21日，国家茶叶产业技术体系红茶品种改良岗位科学家、广东省农业科学院茶叶研究所茶树资源与育种研究室主任吴华玲研究员，广东省茶叶收藏与鉴赏协会会长陈栋，毕节市七星关区原委常委、副区长练惠林，在毕节市科技局副局长张阳，毕节市七星关区乡村振兴局副局长郭峰等领导的陪同下，走访了广东省农业科学院茶叶研究所指导建设的"太极名枞"新品种品比园和苗圃繁育示范基地。专家们对示范基地的日常管理工作进行了深入技术指导，针对太极地区茶树生长特点提出了科学的管护建议。

附录二：古茶树资源调查内容与方法

一、地理信息及形态学鉴定

利用GPS、坡度仪等采集古树地理信息，参照《茶树种质资源描述规范（NY/T 2943—2016）》调查毛叶茶古树植物学特征和生物学特性，标准如下：

树型：根据植株主干和分枝情况确定树型，树型分为灌木型（从颈部分支，无主干）、小乔木型（基部主干明显，中上部不明显）、乔木型（从下部到中上部明显主干）。

树姿：测量茶树一级分枝与地面垂直线的分枝角度，树姿分为直立（分枝角度≤30°）、半开张（30°～50°）。

树高：地面至主干最高处高度。

树径：地面以上15 cm处的直径。

冠幅：树冠南北和东西方向宽度的平均值。

叶长：叶片基部至叶尖端部的纵向长度。

叶宽：叶片横向最宽处长度。

叶形：按叶片长宽比值确定叶形，叶形分为近圆形（长宽比<2.5）、长椭圆形（2.5≤长宽比<3.0）、披针形（长宽比≥3.0）。

叶色：观察叶片正面颜色，按最大相似原则确定叶色，叶色分为黄绿色、绿色、深绿色。

叶面隆起性：观察叶片正面的隆起情况，分为平、微隆起、隆起。

叶身形态：观察主脉两侧叶片的夹角状态，按最大相似原则确定叶身形态，分为平、内折、背卷。

叶片质地：用手触摸确定叶片质地，分为柔软、中、硬。

叶齿锐度：观察叶缘中部锯齿的锐利程度，分为锐、中、钝。

叶齿密度：测量叶缘中部锯齿的密度，分为稀（密度<2.5个/cm）、中（2.5个/cm≤密度<4个/cm）、密（密度≥4个/cm）。

叶齿深度：观察叶缘中部锯齿的深度，分为浅、中、深。

叶基形态：观察叶片基部的形态，分为楔形、近圆形。

叶尖：观察叶片端部的形态，分为渐尖、钝尖、圆尖。

二、生化成分测定

（一）生物碱及儿茶素含量测定

取古茶树较嫩芽叶，蒸汽杀青5 min，烘箱干燥固样，并用YM203磨碎机（奥克斯，中国）进行研磨，过0.1 mm孔径筛，备用。准确称量0.1 g样品于10 mL玻璃离心管中，用移液管加入10 mL 100℃的超纯水并密封。混匀后置于100℃水浴锅中加热45 min，每隔10 min混匀一次。冷却后用离心机低速离心后抽滤备用。

采用高效液相色谱仪（High performance liquid chromatograph，HPLC）测定生物碱（咖啡碱、可可碱）及儿茶素（GC、EGC、C、EC、EGCG、GCG、ECG、CG）含量。

液相色谱条件：流动相为0.1%甲酸（A相）和100%乙腈（B相），流速为1 mL/min，柱温35℃，检测波长为231 nm。

梯度洗脱：9～15 min，A相由4%线性升至6%，B相由96%线性降至94%；15～30 min，A相由6%线性升至12%，B相由94%线性降至88%；30～55 min，A相由12%线性升至18%，B相由88%线性降至82%；55～58 min，A相由18%线性降至4%，B相由82%线性升至96%。

（二）茶氨酸含量测定

取古茶树较嫩芽叶，蒸汽杀青5 min，烘箱干燥固样，并用YM203磨碎机（奥克斯，中国）进行研磨，过0.1 mm孔径筛，备用。准确称量0.1 g样品于10 mL玻璃离心管中，用移液管加入10 mL 100℃的超纯水并密封。混匀后置于100℃水浴锅中加热45 min，每隔10 min混匀一次。冷却后用离心机低速离心后抽滤备用。

采用高效液相色谱仪测定茶氨酸含量。

液相色谱条件：流动相A为40 mmol/L Na_2HPO_4（pH值为8.0）；流动相B为乙腈：甲醇：水=45：45：10（$v:v:v$）的混合物。流速为2 mL/min，检测波长为338 nm。

洗脱梯度：0～1 min，A相为90%，B相为10%；1.0～9.8 min，A相由90%线性降至43%，B相由10%线性升至57%；9.8～10.0 min，A相由43%线性降至0，B相由57%线性升至100%；10～12 min，A相为0，B相为100%；12.0～12.5 min，A相由0线性升至90%，B相由100%线性降至10%；12.5～14.0 min，A相为90%，B相为10%。

（三）水浸出物含量测定

取古茶树较嫩芽叶，蒸汽杀青5 min，烘箱干燥固样，并用YM203磨碎机（奥克斯，中国）进行研磨，过0.1 mm孔径筛，备用。准确称量1.5 g样品于250 mL锥形瓶中，加入225 mL沸水，然后将其置于沸水浴中浸提45 min，每隔10 min震荡一次，浸提完毕后趁热过滤，待茶汤冷却至室温后定容至250 mL备用。

取100 mL的蒸发皿，置于烘箱中在120℃下恒温烘2 h，取出后置于干燥器中，待冷却至室温称重。吸取50 mL茶汤移入蒸发皿，置于水浴锅上蒸干，然后将蒸发皿置于烘箱中120℃下烘干2 h，置于干燥器中冷却至室温后称重。

（四）可溶性糖含量测定（蒽酮比色法）

取古茶树较嫩芽叶，蒸汽杀青5 min，烘箱干燥固样，并用YM203磨碎机（奥克斯，中国）进行研磨，过0.1 mm孔径筛，备用。准确称量1.5 g样品于250 mL锥形瓶中，加入225 mL沸水，然后将其置于沸水浴中浸提45 min，每隔10 min振荡一次，浸提完毕后趁热过滤，待茶汤冷却至室温后定容至250 mL备用。

称取100 mg蒽酮溶于100 mL硫酸溶液（在15 mL水中缓缓加入50 mL硫酸），以现配现用为宜。

标准曲线绘制：用无水葡萄糖配成200、150、50、2 μg/mL的标准葡萄糖液，分别吸取1 mL不同浓度标准葡萄糖溶液滴入预先装有8 mL蒽酮试剂的容量瓶中，边滴边摇匀，用水作空白对照，在沸水浴上加热7 min，立即取出置于冰浴中冷却至室温后，移入10 mm比色皿中，在620 nm波长处测定吸光度，并绘制标准曲线。

吸取4份8 mL蒽酮试液，分别注入4只25 mL容量瓶中，其中3瓶加入1 mL测试液，另1瓶加入1 mL水作空白。摇匀后置于沸水浴中加热7 min，立即取出置于冰浴中冷却，待恢复至室温，移至10 mm比色皿中，于波长620 nm处测定吸光度，根据吸光度的平均值，查标准曲线得到可溶性糖含量。

（五）茶多酚含量测定

取古树较嫩芽叶，蒸汽杀青5 min，烘箱干燥固样，并用磨碎机进行研磨，过0.1 mm孔径筛。准确称量0.2 g样品于10 mL离心管中，加入70℃水浴中预热过的70%甲醇溶液5 mL，充分摇匀后立即移入70℃水浴中浸提10 min（隔5 min摇一次），浸提后冷却至室温，用离心机低速离心后，取上清液移入10 mL容量瓶。残渣再用5 mL 70%甲醇溶液提取一次，重复以上操作。合并提取液，定容至10 mL，摇匀备用。

标准曲线绘制：称取0.110 g没食子酸，加水溶解并定容至100 mL制成标准储备溶液。分别取1.0、2.0、3.0、4.0、5.0、6.0 mL上述标准储备液于100 mL容量瓶，加水定容至刻度。在765 nm波长处测定吸光度，并绘制标准曲线。

取测试液1.0 mL于10 mL具塞试管内，加入5.0 mL福林酚试剂摇匀，反应5 min。再加入4.0 mL 7.5% Na_2CO_3溶液后摇匀，室温下放置1 h。用10 mm比色杯，用分光光度计在765 nm波长条件下测定吸光度。根据吸光度的值，查标准曲线得到茶多酚含量。

三、叶片切片制作及解剖结构观察

（一）试剂

石蜡、乙醇、二甲苯、番红/固绿染色液、明胶、苯酚FAA固定液（100 mL）：70%乙醇90 mL、冰醋酸5 mL、甲醛5 mL。

（二）器具

主要有石蜡切片机、组织脱水机、展片台、恒温箱、染色缸、载玻片、盖玻片、烧杯、量筒等。

（三）实验取材

取无病、虫、冻害的健康成熟叶，沿叶脉两侧取样，取材时动作应快、轻且用力均匀，可借助解剖镜切取所需试验材料。

（四）固定

试验常使用FAA固定液进行固定，固定液的用量为物料容积的20~50倍，否则物料中的水会稀释固定液的含量，降低固化效率。将植物的根横切面与根纵切面在FAA固化液中固定24 h后充分水洗，去掉留在组织内的固化液以及结晶沉淀，避免影响后期的染色效果。

（五）脱水与透明

脱水反应的具体操作：采用50%、70%、85%、95%、100%的各级乙醇溶液系列脱水反应各40~60 min，可保证脱水透彻，还可以用自动组织脱水机进行快速脱水。将脱水后的植物横切面与根纵切面先在纯乙醇和二甲苯的等比容积的混合物中停留约1 h，而后进入纯二甲苯中停留约1 h后，再更换纯二甲苯2次。

（六）浸蜡与包埋

浸蜡时以石蜡代替透明剂，使石蜡渗透到植物组织中而起支持作用。浸蜡一般在恒温箱中进行，恒温箱温度约为60℃，将已经透明的植物横切面与根部纵切面用镊子分别取出，放入蜡杯内，然后再将碎石蜡（熔点48~50℃）放至蜡杯约2/3处，加盖后置于60℃温箱中，并放置约24 h后进行溶蜡。24 h后揭去蜡杯的盖子，将温箱温度调至56℃并保存约5 d，使其透明剂完全挥发。超前备好包埋法所用纸箱，将经过浸蜡的植物组织连同溶好的石蜡一同注入纸箱，之后立即注入冷水，使之迅速凝结成蜡块，待石蜡全部凝结（约30 min）后，即可取出使用。

（七）切片并粘片

切割时的蜡块要均匀、平整，因为环境温度太高，切割时易于黏着在刀片上，可通过冰块降温来降低切割机的温度。把蜡块在切割机上定位后，调节切距至合适程度，然后旋转调节器，切割厚度控制在5~10 μm，完成切割。切好后就立即开始粘片，用粘片剂将蜡片牢附在载玻片上。具体做法：在载玻片上先涂粘片剂，再滴蒸馏水，最后放上蜡片，用滤纸片吸收多余的水后把载玻片放置在40～60℃的展片台上，烤干。

（八）脱蜡、复水与染色

晾干后的材质切片必须经脱蜡和复水才能在水溶性染液中完成染色。脱蜡、复水和染色的总体步骤：二甲苯→二甲苯：乙醇（1∶1）→100%乙醇→95%乙醇→85%乙醇→番红（4 h以上）→95%乙醇→固绿（迅速）→95%乙醇（迅速）→100%乙醇→二甲苯：乙醇（1∶1）→二甲苯。

上述过程每一步需要5～10 min，已标注具体时间的除外。

染色剂一般为1%番红（95%乙醇配制）和0.1%固绿（95%乙醇配制），在其中的1%番红染色液中10 min，用自来水冲洗除去浮色，用蒸馏水清洗，50%乙醇5 min，70%乙醇脱水5 min，0.5%固绿复染不超过25 s，二甲苯透明5 min。

（九）封片

在二甲苯中拿出透明好的切片后，在载玻片中滴入少许的（1～2滴）加拿大树胶，让它逐渐地往外溢，用镊子把洁净盖玻片倾倒下放，等整张盖玻片的内表面部接触到树胶后，再用镊子轻盖压玻片，以赶出切片中的气泡，要使树胶层尽量薄而平整，在封片时也要小心切勿形成气泡。将封好的切片置于60℃温箱中，干燥一夜后进行镜检并将合格的切片贴上标签，然后永久保存。

附录三：《太极红茶》团体标准

ICS 01.020
CCS B35

团　　体　　标　　准

T/GZTA-003—2023

太极红茶

Taiji black tea

按照标准内容的功能将标准划分为术语标准、符号标准、分类标准、试验标准、规范标准、规程标准、指南标准。

规范标准，为产品、过程或服务规定需要满足的要求并且描述用于判定该要求是否得到满足的证实方法的标准。

规程标准，为活动的过程规定明确的程序并且描述用于判定该程序是否得到履行的追溯/证实方法的标准。

指南标准，以适当的背景知识提供某主题的普遍性、原则性、方向性的指导，或者同时给出相关建议或信息的标准。

2023-04-24 发布　　　　　　　　　　2023-05-1 实施

贵州省茶叶协会　　　发　布

前　言

本文件按照GB/T 1.1—2020《标准化工作导则　第1部分：标准化文件的结构和起草规则》的规定起草。

本标准由毕节市七星关区农业产业服务中心提出。

本文件由毕节市七星关区农业农村局归口。

本标准起草单位：广东省农业科学院茶叶研究所、广东省茶叶收藏与鉴赏协会、贵州省茶叶协会、贵州毕节七星太极古茶业发展有限公司、贵州半亩祥田文化传播有限公司。

本标准主要起草人：吴华玲、倪尔冬、陈栋、赵玉平、潘晨东、谢涛、秦丹丹、方开星、陈雨虹、蒲蓉、陈慧英、李红建、王秋霜、王青、姜晓辉、牟杰、于新国、李定郁、杨留勇。

引　言

　　毕节市亮岩镇太极村附近是贵州的老茶区，早在清朝时期所产制的"太极茶"就已成为中国名优茶叶，在当时称为"贡茶"。经实地考证，七星关区现有100年以上古茶树30余万株，已挂牌69 877株，2016年3月贵州省茶叶协会授予"贵州古茶树之乡"，2016年8月中国茶叶流通协会授予"中国古茶树之乡"。但突出问题较多，一是由于毕节的生产茶园多种植从浙江引进的鸡坑群体种、龙井43和从福建引进的福鼎大白、福云六号等品种，分别按照浙江和福建的工艺代加工成龙井、毛尖、福鼎绿茶和红茶等产品，与国内其他大面积种植龙井43、福鼎大白的茶区的产品形成较为严重的同质化竞争，产品卖价低、销售难、生产效益较低；或是直接沦为外地茶商的茶青供应基地，售卖初级产品，严重制约当地茶产业发展的后劲。二是毕节茶虽有丰富的古茶树资源，悠久的七星关"太极茶""贡茶"文化，但目前未能以"太极贡茶"为核心，充分讲好本土茶史文化故事。同时，缺乏本土古茶树群体选育的优异主导茶树品种，至今尚无一家茶场、公司或科研机构对毕节古茶树地方品种进行全面、深入、仔细地调查和选育，更谈不上推广，而标准的缺少，导致当地各厂家开发的古茶树产品品控差、外形杂、无品牌，古茶树资源利用低效，导致"太极茶"区域公共品牌在本省乃至全国的影响力、公信力和知名度仍处于原始状态。三是茶叶企业、种植户总体规模小而散，并且缺乏知识型、技术型、创新型的高素质茶业人才队伍，严重影响了毕节茶产业的长远发展。为打造毕节高端茶叶品牌，提高毕节茶叶知名度，促进粤黔东西部协作和乡村振兴战略实施，2022年在广州市天河区对口帮扶七星关区工作队的领导和支持下，以广东省农业科学院茶叶研究所整合广东省茶叶收藏与鉴赏协会的科技团队为骨干，根据七星关区太极红茶的特点分为太极红茶、太极红茶（古树）两类。通过对其外形、汤色、香气、滋味、叶底都进行了不同程度的划分，太极红茶分为特级、一级、二级和三级四个等级，太极红茶（古树）分为珍品、特级、一级和二级四个等级。申报"太极红茶"产品地方标准，为打造太极茶品牌奠定了扎实基础、开创良好开端。

太极红茶

Taiji black tea

1 范围

本文件规定了太极红茶的术语和定义、地理范围、等级、要求、试验方法、检验规则及标志、标签、包装、运输、贮存。

本文件适用于太极红茶产品。

2 规范性引用文件

下列文件中的内容通过文中的规范性引用而构成本文件必不可少的条款。其中，注日期的引用文件，仅该日期对应的版本适用于本文件；不注日期的引用文件，其最新版本（包括所有的修改单）适用于本文件。

GB/T 191—2008 包装储运图示标志

GB 2762—2022 食品安全国家标准 食品中污染物限量

GB 2763—2023 食品安全国家标准 食品中农药最大残留限量

GB 5009.3—2016 食品安全国家标准 食品中水分的测定

GB 5009.4—2016 食品安全国家标准 食品中灰分的测定

GB 7718—2011 食品安全国家标准 预包装食品标签通则

GB/T 8302—2013 茶 取样

GB/T 8303—2013 茶 磨碎试样的制备及其干物质含量测定

GB/T 8305—2013 茶 水浸出物测定

GB/T 8311—2013 茶 粉末和碎茶含量测定

GB 14881—2013 食品安全国家文件 食品生产通用卫生规范

GB/T 14487—2017 茶叶感官审评术语

GB/T 23776—2018 茶叶感官审评方法

GB/T 30375—2013 茶叶贮存

GB/T 32744—2016 茶叶加工良好规范

GH/T 1070—2011 茶叶包装通则

JJF 1070—2005 定量包装商品净含量计量检验规则

国家质量监督检验检疫总局令［2005］年第75号定量包装商品计量监督管理办法

国家质量监督检验检疫总局令［2009］年第123号《食品标识管理规定》

3 术语和定义

GH/T 1124—2016界定的以及下列术语和定义适用于本文件。

3.1 太极红茶Taiji black tea

在贵州省毕节市七星关区范围内，地理坐标东经104°51′~105°55′，北纬27°3′~27°46′。包括三板桥街道、德溪街道、碧海街道、对坡镇、小吉场镇、杨家湾镇、大银镇、田坝桥镇、龙场营镇、撒拉溪镇、林口镇、水箐镇、青场镇、清水铺镇、田坝镇、朱昌镇、亮岩镇、燕子口镇、鸭池镇、层台镇、何官屯镇、长春堡镇、海子街镇、八寨镇、生机镇、普宜镇、放珠镇、大河乡、野角乡、田坎彝族乡、团结彝族苗族乡、阴底彝族苗族白族乡、千溪彝族苗族白族乡、阿市苗族彝族乡、大屯彝族乡。共计3个街道、24个镇、2个乡、6个民族乡范围内，以贵州省毕节市七星关区本土的大、中或小叶茶树的鲜叶为原料，按萎凋、揉捻、发酵、干燥的方法加工而成，并符合本文件规定的红条茶。

3.2 太极红茶（古树）Taiji black tea（old tree）

在贵州省毕节市七星关区范围内，地理坐标东经104°51′~105°55′，北纬27°3′~27°46′。包括三板桥街道、德溪街道、碧海街道、对坡镇、小吉场镇、杨家湾镇、大银镇、田坝桥镇、龙场营镇、撒拉溪镇、林口镇、水箐镇、青场镇、清水铺镇、田坝镇、朱昌镇、亮岩镇、燕子口镇、鸭池镇、层台镇、何官屯镇、长春堡镇、海子街镇、八寨镇、生机镇、普宜镇、放珠镇、大河乡、野角乡、田坎彝族乡、团结彝族苗族乡、阴底彝族苗族白族乡、千溪彝族苗族白族乡、阿市苗族彝族乡、大屯彝族乡。共计3个街道、24个镇、2个乡、6个民族乡范围内，以贵州省毕节市七星关区本土树龄100年以上的古茶树鲜叶为原料，按萎凋、揉捻、发酵、干燥的方法加工而成，并符合本文件规定的红条茶。

4 适用地理范围

太极红茶保护范围以贵州省毕节市七星关农业农村局《太极贡茶农产品地理标志目录外审定请示》（七星农呈〔2021〕231号）提出的范围为准，为贵州省毕节市七星关区范围内，地理坐标东经104°51′~105°55′，北纬27°3′~27°46′。包括三板桥街道、德溪街道、碧海街道、对坡镇、小吉场镇、杨家湾镇、大银镇、田坝桥镇、龙场营镇、撒拉溪镇、林口镇、水箐镇、青场镇、清水铺镇、田坝镇、朱昌镇、亮岩镇、燕子口镇、鸭池镇、层台镇、何官屯镇、长春堡镇、海子街镇、八寨镇、生机镇、普宜镇、放珠镇、大河乡、野角乡、田坎彝族乡、团结彝族苗族乡、阴底彝族苗族白族乡、千溪彝族苗族白族乡。

5 分级

太极红茶分特级、一级、二级和三级；太极红茶（古树）分珍品、特级、一级和二级。

6 要求

6.1 海拔与土质

6.1.1 太极红茶核心产区海拔800 m以上。

6.1.2 土壤为弱酸性黄壤、紫色酸性土壤（俗称"马血泥"）；土壤有机质含量中等以上，pH值为5.5～6.5。

6.2 茶树品种

本标准适用地理范围内本土大、中、小叶茶树。

6.3 鲜叶要求

6.3.1 鲜叶采自符合太极红茶产地环境条件的古茶树及农家种茶树新梢，芽叶新鲜、匀净、无污染和无其他非茶类夹杂物。并应符合GB 2762—2022、GB 2763—2023的要求。

6.3.2 鲜叶分类等级见表1。

表1 鲜叶等级要求

级别	芽叶组成
特级	1芽2叶初展占90%以上，同等嫩度对夹叶及1芽2叶占10%以下
一级	1芽2叶至1芽3叶初展占80%以上，同等嫩度对夹叶及1芽3叶占20%以下二级
二级	1芽3叶占80%以上，同等嫩度对夹叶占20%以下
三级	1芽3叶占50%以上，同等嫩度对夹叶占50%以下

6.4 卫生要求

应符合GB 14881—2013、GB/T 32744—2016的规定。

6.5 产品质量

6.5.1 基本要求

品质正常，无劣变、无异味、不得含有非茶夹杂物，不得加入任何添加剂。

6.5.2 感官品质

6.5.2.1 太极红茶感官品质要求

太极红茶感官品质要求见表2。

表2　太极红茶感官品质要求

等级	外形	内质			
		汤色	香气	滋味	叶底
特级	条索紧结，乌褐润，显锋苗，略带毫，匀净	红亮	花果甜香高长持久	甜醇、鲜爽带蜜韵	匀齐、红亮、柔软
一级	条索紧结，乌褐润，略带毫，匀净	红亮	甜香、木香高长持久	甜醇、鲜爽	匀齐、红亮、柔软
二级	条索紧结，乌褐较润，略带毫，较匀净	红较亮	甜香、木香高长	浓醇、较甜爽	较匀齐、红亮、较柔软
三级	条索紧结，乌褐较润，略带毫，尚匀净	红较亮	甜香、木香尚持久	浓、尚醇	尚匀软、较红

6.5.2.2　太极红茶（古树）感官品质要求

太极红茶（古树）感官品质要求见表3。

表3　太极红茶（古树）感官要求

等级	外形	内质			
		汤色	香气	滋味	叶底
珍品	条索紧细或肥壮，乌褐润，有锋苗，略带毫，匀净	红亮	花果甜香馥郁持久	甜醇、鲜爽带蜜韵	匀齐、红亮、柔软
特级	条索紧细，乌褐润，略带毫，匀净	红亮	甜香略带花香清长持久	浓醇、鲜爽	匀齐、红亮、柔软
一级	条索紧细，乌褐较润，略带毫，较匀净	红较亮	甜香、木香高长持久	浓醇、较甜爽	较匀齐、红亮
二级	条索紧结，乌褐较润，略带毫，较匀净	红较亮	甜香、木香尚持久	浓、尚醇	较匀齐、较红亮

6.5.3　理化指标

理化指标见表4。

表4　太极红茶理化指标

项目	指标
水分（%）	≤7.0
粉末（%）	≤2.0
总灰分（%）	≤6.5
水浸出物（%）	≥32.0

6.5.4　净含量

按JJF 1070—2005的规定执行。

6.5.5 质量安全指标

污染物限量应符合GB/T 2762—2022的规定。农药最大残留限量应符合GB/T 2763—2023的规定。

7 检验方法

7.1 取样

按GB/T 8302—2013的规定执行。

7.2 感官品质

按GB/T 14487—2017和GB/T 23776—2018的规定执行。

7.3 理化指标

7.3.1 试样制备

按GB/T 8303—2013的规定执行。

7.3.2 理化指标

7.3.2.1 水分

按GB 5009.3—2016的规定执行。

7.3.2.2 粉末

按GB/T 8311—2013的规定执行。

7.3.2.3 总灰分

按GB 5009.4—2016的规定执行。

7.3.2.4 水浸出物

按GB/T 8305—2013的规定执行。

7.4 净含量

按JJF 1070—2005的规定执行。

7.5 安全指标

7.5.1 污染物限量指标

按GB/T 2762—2022的规定执行。

7.5.2 农药最大残留限量指标

按GB/T 2763—2023的规定执行。

8 检验规则

8.1 组批

取样以"批"为单位，同一批投料生产、同一条生产线、同一班次生产加工过程中形成的独立数量的产品为一个批次，同批产品的品质和规格一致。

8.2 检验

8.2.1 出厂检验

每批产品均应做出厂检验，经过检验合格签发合格证后方可出厂。出厂检验项目为感官品质、水分、粉末、净含量、碎茶及包装标签。

8.2.2 型式检验

型式检验项目为本文件第6章规定的全部项目。

有下列情况之一时，应对产品进行型式检验：

a. 正常生产情况下每年检验一次；

b. 原料有较大改变，可能影响产品品质时；

c. 生产地址、生产设备或生产工艺有较大改变，可能影响产品质量时；

d. 停产一年及以上恢复生产时；

e. 国家法定质量监督机构提出型式检验要求时。

8.3 判定规则

按本文件第6章规定的全部项目，任一项不符合规定的产品均判为不合格。

8.4 复检

对检验结果有争议时，应对留存样或在同批产品中重新按GB/T 8302规定加倍取样进行不合格项目的复验，以复验结果为准。

9 标志标签、包装、运输和贮存

9.1 标志标签

包装标签、标识除应符合GB 7718—2011以及国家质量监督检验检疫总局令［2009］年第123号规定。包装储运图应符合GB/T 191—2008的规定。

9.2 包装

应符合GH/T 1070—2011的规定。

9.3 运输

运输工具应清洁、干燥、无异味、无污染。运输时应有防雨、防潮、防暴晒措施。严禁与有毒、有害、有异味、易污染的物品混装、混运。装卸时轻装轻卸，防撞击、防重压。

9.4 贮存

应符合GB/T 30375—2013的规定。

附录四：《太极古树红茶加工技术规程》团体标准

ICS
CCS

团　　体　　标　　准

T/GZTA-001—2023

太极古树红茶加工技术规程

Technical code of Practice for processing Taiji old tree black tea

2023-03-31 发布　　　　　　　　　　　　　　2023-04-16 实施

贵州省茶叶协会　　　发 布

前　言

　　本文件按照GB/T 1.1—2020《标准化工作导则第1部分：标准化文件的结构和起草规则》的规定起草。

　　请注意本文件的某些内容可能涉及专利。本文件的发布机构不承担识别这些专利的责任。

　　本文件由贵州省茶叶协会提出并归口。

　　本文件起草单位：广东省茶叶收藏与鉴赏协会、广东省农业科学院茶叶研究所、贵州省七星关区农业农村局、贵州太极古茶有限公司、贵州省茶叶协会。

　　本文件主要起草人：陈栋、吴华玲、陈慧英、谢涛、马绵霞、赵冉、倪尔冬、赵玉平、胡小苏、黄海英、刘容飞、孙苗苗、陈雨虹、潘晨东、蒲蓉、牟杰、杨留勇、于新国、李定郁。

太极古树红茶加工技术规程

1 范围

本文件规定了太极古树红茶加工的术语和定义、基本要求、工艺流程、初加工技术、精加工技术、质量管理及标志、标签、包装、运输和贮存。

本文件适用于以大、中、小叶种老龄茶树鲜叶为原料的红茶加工。

2 规范性引用文件

下列文件中的内容通过文中的规范性引用而构成本文件必不可少的条款。其中，注日期的引用文件，仅所注日期的版本适用于本文件。凡是不注日期的引用文件，其最新版本（包括所有的修改单）适用于本文件。

GB/T 191—2008 包装储运图示标志

GB 2762—2022 食品安全国家标准 食品中污染物限量

GB/T 2763—2023 食品安全国家标准 食品中农药最大残留限量

GB 7718—2011 食品安全国家标准 预包装食品标签通则

GB 14881—2013 食品安全国家标准 食品生产通用卫生规范

GB/T 30375—2013 茶叶贮存

GB/T 32744—2016 茶叶加工良好规范

GH/T 1070—2011 茶叶包装通则

GH/T 1124—2016 茶叶加工术语

3 术语和定义

下列术语和定义适用于本文件。

3.1 太极古树红茶 Taiji old tree black tea

采自贵州省七星关区亮岩镇以太极村行政区域为核心产地，树龄在50年以上的本土大、中、小叶茶树鲜叶，轻晒青、轻碰青、经萎凋、揉捻、发酵、干燥和精制工艺制成的带有花果甜香和老茶树韵味的条形红茶。

3.2 小开面 slightbanjhi

当茶树新梢的顶芽形成驻芽后，其第一叶的面积小于或等于成熟叶面积的三分之一时，称为小开面。

3.3 轻晒青 weak sun withering

鲜叶进厂后，直接利用上、下午柔和的太阳光，进行轻度、均匀的晾晒工序，也称日光轻萎凋。

3.4 轻碰青 faint gently shaking

在太极古树红茶萎凋过程中，借鉴乌龙茶"做青"工艺原理，对萎凋叶进行柔和抖动碰撞的加工工序，也称轻做青或轻摇青。

4 基本要求

4.1 鲜叶要求

4.1.1 采摘天气

鲜叶采摘前，至少有1天的晴天或2天以上的多云天气，雨天不采茶。

4.1.2 采摘时间

宜上午9：30至下午1：30、下午3：00~5：30采茶，不宜采正午茶、露水茶、暑天茶、萌枝茶、虫口。

4.1.3 采摘要求

特级鲜叶以采摘一芽一叶初展和同等嫩度小开面二叶为主，一级鲜叶以采摘一芽二叶初展和同等嫩度小开面三叶为主。各级鲜叶应叶片柔软、肥厚。

4.1.4 质量要求

各嫩度等级的鲜叶应新鲜、均匀、肥嫩、无异物，无老叶及非茶类夹杂物。

4.2 加工场地

茶叶加工厂的场地选择、加工用水用电、废物处理、人流与物流安排、厂区和加工车间功能布局应符合GB/T 32744—2016的规定。

4.3 加工条件

加工过程中的机械、设备、用具和人员应符合GB/T 32744—2016的规定。

5 工艺流程

5.1 初加工

鲜叶→轻晒青→室内萎凋轻碰青→萎凋→揉捻→发酵→干燥→毛茶→分级检验

5.2 精加工

毛茶→筛分→拣剔→拼配匀堆→补火→成品→出厂检验

6 初加工技术

6.1 轻晒青

6.1.1 轻晒青工具

在离地80 cm处搭建竹木或不锈钢萎凋架，上置竹帘、竹筛或纱网作为承载鲜叶的工具。

6.1.2 轻晒青时间

多云天气可选择10：00～16：00，晴天应选择9：30～10：30和15：30～16：00。

6.1.3 光照强度

宜选择20 000～35 000 lx的柔和阳光。当光照强度>45 000 lx、气温≥30℃时，应在离地2.5～3 m处遮盖浅橙色或浅绿色遮阳网，遮光度50%～70%。

6.1.4 轻晒青适度

将鲜叶轻轻抖松并摊放在晒青架的竹帘、竹筛或纱网上，摊叶厚度宜1～3 m，应摊叶松软、均匀，叶温控制28℃以内，时间控制15～30 min，中间轻轻翻拌一次，以鲜叶第一片叶子呈微萎垂状、减重约5%为适度，再转移至室内水筛或萎凋槽上摊凉，摊叶厚度2～3 cm。轻晒青过程不应鲜叶红变、灼伤。

6.2 轻碰青

6.2.1 第一次轻碰青

在轻晒青叶充分摊凉后，叶片减重率（对比鲜叶）达到10%～15%时进行第一次轻碰青：

a. 手工轻碰青以手指抖翻为主，来回碰青2次；

b. 摇笼轻碰青，装叶容量控制在1/3～1/2之间，转速10～20 r/min，轻摇1～3 min（10～60转），摇至略显青气时终止摇青；

c. 将碰（摇）青叶薄摊收堆，静置摊放2～3 h，待青气消退，再进行第二次轻碰青。

6.2.2 第二次手工轻碰青

以手指和手腕同时抖翻为主，来回碰青4～6次；摇笼碰青应控制转速10～20 r/min，时间5～10 min。碰青完毕，将碰（摇）青叶收堆静置至适度为止，收堆厚度宜5～10 min。若第二次轻碰青后，萎凋叶经静置2～3 h花果香依然不显，可进行第三次轻碰青，碰青力度应适当加大。

6.3 室内萎凋

6.3.1 常温萎凋

经过轻碰青的在加工叶采用水筛或萎凋槽进行室内萎凋。可根据气温高低情况选择自然萎凋或鼓风萎凋。摊叶厚度宜在3～5 cm。萎凋环境温度宜20～28℃，萎凋时间宜16～24 h。当室内温度高于30℃时，可采用制冷萎凋。

6.3.2 加温萎凋

当气温低于20℃或鲜叶带表面水时，应采取加温萎凋。摊叶厚度可增加至10～20 cm摊叶时应抖散摊平呈蓬松状态，保持厚薄一致。加温萎凋进风口温度控制在25～35℃，室内温度控制在30℃以内，温度先高后低，下叶前10～15 min停止加温，改吹冷风。雨水叶应先用冷风吹干表面水，再进行加温萎凋。加温萎凋时间控制在12～20 h。

6.3.3 萎凋适度

萎凋适度以鲜叶减重率达到40%～45%为宜。感官特征为：

a. 叶面失去光泽，叶色转为暗绿；

b. 经过轻碰青工艺处理的叶缘微显红边；青草气减退，花香或果香开始显露；

c. 叶质柔软，梗折不断，紧握成团，松手可缓慢散开。

6.4 揉捻

当轻碰青萎凋叶达到适度标准后即开始揉捻。揉捻全程掌握"轻—重—轻"原则，揉捻时间为60～80 min，至叶片成条率90%以上，茶条紧卷、茶汁溢出而不滴流、茶条85%泛红黄色为适度。嫩度不一的揉捻叶经解块筛分后，筛面茶应进行复揉。

6.5 发酵

发酵室温度宜24～28℃，空气相对湿度≥80%～85%，摊叶厚度15～20 cm，发酵时间4～8 h，中间翻拌2～4次，并保持空气流通。当发酵叶的叶色85%～90%以上达到黄红或红色，并呈现出花果香，且香味由辛青转清醇、馥郁时为适度。

6.6 干燥

6.6.1 毛火

进风口温度110～130℃，烘箱内温度90～105℃，摊叶厚度2～3 cm，有效温度作用时间8～15 min，烘至含水率约20%（七成干），手握茶叶以条索中间尚软而两端有刺手感为适度。

6.6.2 摊凉

将毛火茶叶均匀摊开，当叶温降至室温、水分重新平衡分布后，即可进行足火干燥。

6.6.3 足火

进风口温度90～100℃，或箱体内温度达80～90℃，摊叶厚度3～4 cm，烘至毛茶含水量约6%，用手指搓揉茶可成粉末为止。毛茶经摊凉至室温后，装袋、进仓，按批次标识和保管，等待审评、分类、归堆。

6.7 毛茶审评分级

在毛茶足火后1~2 d，应对各批次毛茶进行感官品质审评，标注、记录其品质优点、弊端，给出分值，并根据感官审评结果分出A、B、C三大类。合并同类项，分类管理，等待进入精制。

7 精加工技术

7.1 筛分

7.1.1 抖筛

毛茶先经滚筒圆筛机（筛网配备4目、5目、7目）或抖筛机（筛网配备8目、9目）初步分离粗细、长短、老嫩。

7.1.2 撩筛（平圆筛）

滚筒圆筛机或抖筛机的筛下茶，经平面圆筛机（筛网配备5~10目）进一步筛分，分出长短；其10目筛下茶经平面圆筛机（筛网配备12、14、16、18目）分清碎、片茶，再经24~50目筛网分出末茶。筛面茶经齿切机切细后，再经平面圆筛机反复操作。

7.1.3 紧门抖筛

经抖筛、撩筛工序得到的5~8目筛下茶，经紧门抖筛机10目和11目筛网抖筛分出外形特级茶，经9目和10目筛网分出一级茶，经8目和9目筛网分出二级茶，经配7目和8目筛网分出三级茶。

7.2 拣剔

采用机拣、电拣、色选、手拣等，剔除茶梗、老叶、黄片及非茶类夹杂物，保障茶叶净度。

7.3 拼配匀堆

根据产品各等级的感官指标要求，选择半成品筛号茶，按比例拼配匀堆，保证产品品质符合各等级的感官指标。

7.4 补火

温度80~100℃，厚度2~3 cm，时间1~3 h，烘至含水率≤6%，以保证茶叶在仓储、分包、运输过程中不发生质变，符合产品标准。

8 质量管理

8.1 加工过程应符合GB 1488—2013的规定，且不能添加任何非茶类物质。

8.2　鲜叶、毛茶、半成品应按批次经检验符合要求后方可进入下一生产工序，并做好检验记录。

8.3　应对出厂的产品逐批进行检验，出厂检验项目包括感官品质、净含量、水分、碎茶、粉末和标签。

8.4　产品污染物限量应符合GB 2762—2022的规定，产品农药最大残留限量应符合GB/T 2763—2023的规定。

9　标志、标签、包装、运输和贮存

9.1　标志、标签

9.1.1　各批次、等级毛茶产品应有标签。标签内容应包含产品的品名、产地、生产者、生产日期、保质期、产品质量等级、数量等。

9.1.2　成品茶的标签应符合GB 7718—2011等相关规定。

9.1.3　产品的包装储运标志应符合GB/T 191—2008的规定。

9.2　包装

各等级茶叶的产品包装应符合GH/T 1070—2011的规定。

9.3　运输

运输作业应符合GB 31621—2014的规定。运输工具应清洁、干净、无异味、无污染。运输时应防雨、防潮、防暴晒，不得与其他物品混装、混运。

9.4　贮存

毛茶、半成品、成品茶应分开存放，贮存条件应符合GB/T 30375和GB 31621的规定。